Electron实战

入门、进阶与性能优化

刘晓伦◎著

ELECTRON IN ACTION

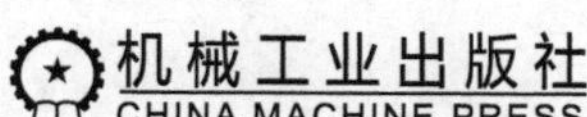

机械工业出版社
CHINA MACHINE PRESS

图书在版编目（CIP）数据

Electron 实战：入门、进阶与性能优化 / 刘晓伦著．—北京：机械工业出版社，2020.5（2024.6 重印）

ISBN 978-7-111-65374-5

I. E… II. 刘… III. 电子电路 – 电路设计 IV. TN702

中国版本图书馆 CIP 数据核字（2020）第 062639 号

Electron 实战：入门、进阶与性能优化

出版发行：机械工业出版社（北京市西城区百万庄大街 22 号 邮政编码：100037）

责任编辑：朱 巍　　责任校对：殷 虹

印　　刷：北京建宏印刷有限公司　　版　　次：2024 年 6 月第 1 版第 6 次印刷

开　　本：186mm×240mm 1/16　　印　　张：17

书　　号：ISBN 978-7-111-65374-5　　定　　价：79.00 元

客服电话：（010）88361066 68326294

Foreword 推荐序

早些年的时候，人们往往认为 Web 软件和桌面软件是两个截然不同的技术领域，应用于不同的场景。而现在，人们越来越多得去尝试将这两种技术结合，发挥它们的优势，快速构建性能好、交互友好的跨平台软件。本书作者多年研究如何将 Web 技术应用到桌面软件，有着多年的实战经验，在该领域内经验丰富。本书系统全面地介绍了开发 Electron 桌面应用所需要的知识点，由浅入深带你走进 Electron 的世界，其中有不少作者实战过程中总结出来的难点解决方案和最佳实践，让你轻松避开一些“坑”。无论你是想简单了解，还是想深入学习研究，或是在实际商业项目中用作参考，都强烈推荐！

——裘　逑　菜鸟国际技术部技术专家

近年来前端技术发展迅猛，其触角已延伸到桌面软件开发领域，Electron 就是这个领域首屈一指的开源项目，有很多优秀的桌面软件都是基于 Electron 开发的。Electron 开发灵活度高，涉及知识繁多，导致很多初学者面临着入门容易进阶难的问题。作者结合多年的一线实战经验，围绕着桌面应用开发这个大课题，将丰富的实践知识集结成此书。晓伦同时也是码云推荐项目的作者，希望读者读完本书后也能在码云上开源自己的项目，为中国开源事业添砖加瓦。

——红　薯　开源中国和码云创始人 &CTO

Electron 在把前端开发技术引入到桌面开发领域中的同时，还使这两个领域的技术碰撞出了很多火花，比如为网站注入脚本、截获并修改请求、访问受限的资源等，这些能力使它受到了很多极客开发者的青睐。阅读本书你不仅能学到 Electron 开发桌面应用的基础知识，还能学到很多极客知识。即使你没打算开发传统的桌面应用，这本书也不容错过。

——肖　佳　VMware 技术专家、《HTTP 抓包实战》作者

使用 Electron 在 PC 端开发跨平台桌面应用非常流行，但国内缺少相关书。作者在

Electron 领域深耕多年，用 Electron 开发过多款产品，在开发过程中作者踩过很多“坑”。他把这些经历提炼总结，撰成此书。本书中有大量的实战内容，并且兼顾了知识的深度和广度，对于想在 Electron 领域发展的人很有帮助。

——李　根　前高德地图资深开发工程师

作为目前热度很高的桌面开发工具，Electron 已经在很多场景中使用，阿里企业级基础办公平台产品桌面端就基于 Electron 技术开发。作者通过沉淀多年的实战案例，手把手教大家走进 Electron 的世界。通过本书可以快速学习 Electron 技术栈，开发出自己的应用。

——周宜勤　阿里企业智能事业部高级工程师

作者像一位颇有耐心的老师傅，把开发实战中关键的 HTML、CSS、JS、HTTP、Electron 知识由浅入深地梳理给大家，让初级 Web 前端工程师也能跟着一步步完成一个应用的开发，同时又不浮于表面，指明了后期改进的方向与机理。对于希望学习并深度理解 Electron 开发的同学来说，这显然是一本干货满满的手边书。

——水　歌　WebCell 框架作者、freeCodeCamp 成都社区负责人

Web 发展日新月异，浏览器端的技术也在这几年发生了巨大的变革，数据驱动、组件化、工程化等一系列手段使得在 Web 端构建一个复杂应用不再成为问题。如今，这些前端技术的成功经验也将被用来满足桌面应用领域的需求，跨平台优势和背后庞大的开源资源让开发者有了更多的选择空间，Electron 正是从一系列方案中脱颖而出的佼佼者。本书为想学习和使用这项技术的开发者们提供了丰富且成体系的学习参考，更可贵的是，作者设身处地地站在开发者的角度，为大家提供了一条平滑的学习曲线，引导读者逐步掌握书中的技术，并结合了完整的范例供读者实战。作者同时也对当下 Electron 中存在的问题进行了剖析和思考，相信入门 Electron 的读者会在书中找到自己的答案。

——崔西航　美团点评研发工程师

控制技术栈的复杂度，一直以来都是许多开发者和项目管理人员的追求。Electron 为我们提供了一种舒适且优雅的方案，您只需要使用熟悉的开发工具、熟悉的 Web 开发语言和框架，就可以轻松开发桌面应用。本书基于作者长时间实践的积累，非常系统地介绍了 Electron 的现状、入门知识以及深度开发的各种技巧，同时穿插了各类解决方案的优劣对比，是一本非常实用的好书！

——苏震巍　盛派网络创始人、微软 MVP、《微信开发深度解析》作者

Preface 前　言

我为什么要撰写本书

我在 2015 年上半年的时候开始关注 NW.js 和 Electron，下半年开始在实际项目中应用 NW.js，那个时候两个项目的发展势头同样迅猛，分不出孰优孰劣。后来 Electron 领域出了几个杀手级应用（Visual Studio Code、Slack 等），开发团队和社区维护者越来越积极地维护此项目，很多开发者在做技术选型的时候就更倾向于使用 Electron 了。

我也不例外，在公司内部做的项目和我业余时间做的项目，只要涉及桌面 GUI，我基本都会选择 Electron。用 Electron 开发的应用非常稳定，运行效率可媲美原生 C/C++ 应用，且社区资源丰富，即使是一些冷门的需求也能找到解决方案；Electron 维护者非常专业、友善，开发者的 Issue 和 Pull Request 回复得也非常及时。

但开发者想进入这个领域并开发出一个成熟、稳定的商业应用并没有那么简单，这主要是以下几方面原因导致的。

- **官方文档片面**：Electron 使用 JavaScript、HTML 和 CSS 构建跨平台的桌面应用，但官方文档涉及的 JavaScript、HTML 和 CSS 相关的知识并不多，以介绍 Electron 自身的 API 为主，另一个重要成员——Node.js 几乎未涉及。如何把这些知识与 Electron 的知识结合起来构建应用，成为开发者入门面临的第一个困难。
- **学习资料匮乏**：目前国内图书市场中只有两本由国外引入的与 Electron 相关的书，其中一本花了一半的篇幅讲解 NW.js。书中存在无关内容多、关键知识点及周边知识少、与国内开发者实际需求不符、存在过时内容等问题，不利于读者自学。另外，虽然 Electron 社区中有相关内容，但内容良莠不齐，不具备系统性学习的条件。这是新手面临的第二个困难。
- **Electron 本身自由度太高，导致“坑多、坑深”**：为了保证开发者的自由度和使用的便捷度，Electron 提供了丰富的 API，使开发者通过 Electron 可以轻松开发各领域五花八门的应用，但这也给开发者带来了诸多隐患，比如，API 使用不当可能导致应用程序存在严重的安全问题（用户计算机控制权被窃取）和性能问题（百倍千倍的性能差异）。这是新手面临的第三个困难，而且可能是他们自己也还不知道的问题。

- **用对、用好 Electron 生态内的资源具有相当大的挑战：**在 Electron 本身迅猛发展的同时，其社区生态也呈爆发式增长，兼之 Electron 可以复用 Web 和 Node.js 生态内的组件，这使得开发者在组件选型时经常会犯错。比如，我就不推荐在 Electron 应用内使用 jQuery、axios 和 electron-vue 等组件。这是新手面临的第四个困难。

以上这些困难也曾使我备受困扰，为让广大开发者不再重走我的痛苦之路，我决定撰写本书。

本书主要内容及特色

1. 本书大部分内容是官方文档中没有的

在书中我用大量篇幅介绍了 ES6、HTML5 和 CSS3 是如何与 Electron 结合的，比如动画效果、Web 安全、HTML 系统通知、WebSocket 通信、音视频设备访问、CSS 扩展语言等。

本书还用很大篇幅介绍了 Node.js 是如何与 Electron 结合的，比如：Node.js 为何擅长处理 IO 密集型业务；Node.js 是如何使用命名管道进行通信的；Node.js 是如何完成加密、解密的（其中包括我为什么不推荐使用网上大量传播的加密、解密方法）。

本书用了一整章的篇幅介绍现代前端框架如何与 Electron 整合，其中包括 Vue、React、Angular、webpack。

本书介绍了众多在 Electron 项目中常用的优秀第三方库，比如 electron-builder（打包发布工具）、Debugtron（生产环境调试工具）、Dexie（IndexedDB 封装库）、Jimp（图像处理库）等。

2. 本书以更合理的方式组织内容

我在撰写本书时始终秉持以渐进的方式传递知识的理念。因此，我并没单独拿出几章内容枯燥地介绍 ES6、HTML5 和 CSS3 等相关知识，而是把这些知识分散到书中各个章节中，以 Electron 为主线，由浅入深地传递给读者。

我把分散在各个角落的知识点按应用场景组织在一起，比如 kiosk 本是 Electron 窗口类的一个 API（用于自助服务机），print 是 webContents 类的 API（用于控制打印机），我把它们与 HTML5 访问媒体设备的知识、Electron 电源控制的知识整合在一起放在“硬件”章节。类似的知识组合在本书中随处可见。此外对于其他很多官网没有介绍但对 Electron 应用很有价值的 CSS、JavaScript 知识，我都做了较合理的整理和编排。读者阅读本书时即能有所体会。

与实战类的图书不同，本书不会试图组织一些实际案例来从头到尾讲它们是如何实现的，而是把实际案例中涉及的问题、难点、易错点剥离出来，讲精讲透。本书最后一章安排了一个真实案例，但也只讲关键环节的内容，不会大量地粘贴与 Electron 无关的代码。

那些一看就会、一看就懂的 Electron 知识我没有过多讲解，但诸如如何在 Electron 中读取访问受限的 Cookie、如何保护客户数据等知识，本书都是用一线案例讲解的。

本书并不试图面面俱到地讲解 Electron 的所有内容，而是只讲解项目一线实战中会涉及的重要内容，比如脚本注入、无边框窗口等。被官网或社区标记为已过时的接口和插件本书不会讲解。在选择第三方社区插件时，我尽量选择了更新较频繁、使用用户较多的来使用。

3. 本书有足够的知识广度和知识深度

本书并不是一本专门讲解 Electron 的书，除 Electron 相关知识外，还介绍了大量的 JavaScript、HTML、CSS、Node.js、桌面软件开发、多进程控制、安全、社区资源及背景故事等知识。Electron 是本书的主线，每章知识全部是为 Electron 服务的，所以说本书的知识有广度。

本书的知识也有深度。举个例子，初学者可能苦于渲染进程与主进程通信的难度而大量使用 remote 技术。但初学者不知道的是，remote 技术使用不当可能导致某些关键环节有百倍千倍的性能差异，甚至会导致不易排查的错误和安全问题的出现。这些问题背后的原理是怎样的呢？类似这样有深度的知识，在本书中有很多。

如何阅读本书

如果把所有技术书的学习难度系数从低到高设为 1 ～ 10，那么本书难度系数应该在 7 左右。书中涉及从桌面软件开发到前端网页开发的知识，知识点非常多，虽然不涉及 Electron 的源码，但对关键点的运行原理都做了介绍。

本书力图每一章讲一个方面的知识，每一小节讲一个知识点，每一小节尽量不安排太多内容，让读者能更轻松地获取知识，以提升阅读体验。

如果几个小节的知识间有关联，我会尽量把基础的、工具类的知识安排在前面。比如，我会讲完主进程与渲染进程之后，马上讲如何引入现代前端框架，因为后面的知识需要用到现代前端框架。

至于广为人知的 HTML5、CSS3 和 ES6，本书不会展开讲解。而一些 JavaScript 的知识是在 ES6 之后才被加入标准的，但由于 ES6 的巨大变革，业内普遍把 ES6 及以后加入的知识统称为 ES6，本书也遵循这一共识。

书中带边框的区域，放置重点内容或扩展阅读的内容，重点内容前面会标记“重点”二字，扩展阅读内容前面会标记“扩展”二字，比如：

此处为需要重点注意的内容。

此处为扩展内容。

书中无边框且有灰色背景的区域放置与内容相关的源代码、命令行指令或命令行输出内容，如：

```
//Hello World
```

读者要求

本书假定读者具备一定的前端知识，读者应该有使用 HTML、CSS、JavaScript 开发网页的经验，能熟练使用 JavaScript 操作网页中的 Dom 元素；对 Node.js 有一定的了解，能使用 Node.js 常用的包管理工具 npm 或 yarn 创建项目并给项目添加依赖包；对浏览器的工作原理有一定的认识，知道怎么用开发者工具调试前端代码；了解 HTTP 协议，知道如何使用 AJAX 发起 HTTP 请求。

学习从来不是一件容易的事情，然而是一件能使你快乐的事情。如果你购买了本书，希望它能给你带来快乐。

在线答疑及勘误

虽然有多年的 JavaScript 和 Electron 项目开发经验，但我深知这个领域的知识浩渺无边，自己的技术水平十分有限，故本书中难免会有谬误，若你发现了不妥之处，希望能与我联系。

如果读者对本书的内容有疑问，我会尽可能地给大家提供帮助，请大家加 QQ 群联系我：949674481。如果你有关于本书的建议或意见，欢迎发送邮件至 yfc@hzbook.com。

特别致谢

这本书要献给我的爱人，她的支持和鼓励使我有持续的动力完成本书。

感谢 GitHub 的 Electron 开发团队及其维护者，是他们开发了这个令人兴奋的项目，使我们有机会基于 Electron 开发各种有趣的应用，没有 Electron 就没有这本书。

在我使用 Electron 开发项目及创作本书的过程中，参考了很多网友发布的技术文章，在此向这些乐于分享的开发者们表示感谢。

感谢本书的编辑杨福川。我和杨老师在十多年前相识，虽天各一方，疏于联系，但我心底一直知道有这么一位朋友，是他让我有了写一本技术书籍的机会。书稿付梓前杨老师及其同事也给予了很多非常专业的指点，感激不尽。

感谢所有帮忙审稿的小伙伴儿，包括但不限于（不分先后）水歌、谭知魏、楚牛香、KiviZhang、克劳德等。

Contents 目 录

推荐序

前 言

第1章 认识Electron ………… 1

1.1 Electron的由来 ………… 1

1.2 基于Electron的应用 ………… 4

1.3 Electron的生态 ………… 5

1.4 Electron的优势 ………… 5

1.5 Electron的不足 ………… 6

1.6 未来的竞争者PWA ………… 7

1.7 本章小结 ………… 9

第2章 轻松入门 ………… 10

2.1 搭建开发环境 ………… 10

2.2 创建窗口界面 ………… 13

2.3 启动窗口 ………… 14

2.4 引用JavaScript ………… 16

2.5 Electron API演示工具 ………… 19

2.6 试验工具Electron Fiddle ………… 20

2.7 本章小结 ………… 22

第3章 主进程和渲染进程 ………… 23

3.1 区分主进程与渲染进程 ………… 23

3.2 进程调试 ………… 25

3.2.1 调试主进程 ………… 25

3.2.2 调试渲染进程 ………… 27

3.3 进程互访 ………… 29

3.3.1 渲染进程访问主进程对象 ………… 29

3.3.2 渲染进程访问主进程类型 ………… 30

3.3.3 渲染进程访问主进程自定义内容 ………… 31

3.3.4 主进程访问渲染进程对象 ………… 32

3.4 进程间消息传递 ………… 32

3.4.1 渲染进程向主进程发送消息 ………… 32

3.4.2 主进程向渲染进程发送消息 ………… 34

3.4.3 渲染进程之间消息传递 ………… 36

3.5 remote模块的局限性 ………… 36

3.6 本章小结……38

第4章 引入现代前端框架……39

4.1 引入 webpack……39

4.1.1 认识 webpack……39

4.1.2 配置 webpack……40

4.1.3 主进程入口程序……42

4.1.4 渲染进程入口程序……43

4.1.5 自定义入口页面……45

4.1.6 使用 jQuery……46

4.2 引入 Angular……46

4.2.1 认识 Angular……46

4.2.2 环境搭建……47

4.2.3 项目结构……48

4.3 引入 React……48

4.3.1 认识 React……48

4.3.2 环境搭建……49

4.3.3 项目结构……50

4.3.4 项目引荐……50

4.4 引入 Vue……50

4.4.1 认识 Vue……50

4.4.2 环境搭建……51

4.4.3 项目结构……52

4.4.4 调试配置……53

4.5 本章小结……55

第5章 窗口……56

5.1 窗口的常用属性及应用场景……56

5.2 窗口标题栏和边框……58

5.2.1 自定义窗口的标题栏……58

5.2.2 窗口的控制按钮……62

5.2.3 窗口最大化状态控制……63

5.2.4 防抖与限流……65

5.2.5 记录与恢复窗口状态……67

5.2.6 适时地显示窗口……68

5.3 不规则窗口……69

5.3.1 创建不规则窗口……69

5.3.2 点击穿透透明区域……71

5.4 窗口控制……72

5.4.1 阻止窗口关闭……72

5.4.2 多窗口竞争资源……74

5.4.3 模态窗口与父子窗口……75

5.4.4 Mac 系统下的关注点……76

5.5 本章小结……78

第6章 界面……79

6.1 页面内容……79

6.1.1 获取 webContents 实例……79

6.1.2 页面加载事件及触发顺序……81

6.1.3 页面跳转事件……82

6.1.4 单页应用中的页内跳转……83

6.1.5 页面缩放……84

6.1.6 渲染海量数据元素……85

6.2 页面容器……88

6.2.1 webFrame……88

6.2.2 webview……90

6.2.3 BrowserView……91

6.3 脚本注入……93

6.3.1 通过 preload 参数注入脚本……93

6.3.2 通过 executeJavaScript 注入脚本 …… 97
6.3.3 禁用窗口的 beforeunload 事件 …… 99
6.4 页面动效 …… 100
6.4.1 使用 CSS 控制动画 …… 100
6.4.2 使用 JavaScript 控制动画 …… 101
6.5 本章小结 …… 102

第 7 章 数据 …… 103

7.1 使用本地文件持久化数据 …… 103
7.1.1 用户数据目录 …… 103
7.1.2 读写本地文件 …… 105
7.1.3 值得推荐的第三方库 …… 106
7.2 使用浏览器技术持久化数据 …… 107
7.2.1 浏览器数据存储技术对比 …… 107
7.2.2 使用第三方库访问 IndexedDB …… 108
7.2.3 读写受限访问的 Cookie …… 110
7.2.4 清空浏览器缓存 …… 112
7.3 使用 SQLite 持久化数据 …… 112
7.4 本章小结 …… 115

第 8 章 系统 …… 116

8.1 系统对话框 …… 116
8.1.1 使用系统文件对话框 …… 116
8.1.2 关于对话框 …… 118
8.2 菜单 …… 119
8.2.1 窗口菜单 …… 119
8.2.2 HTML 右键菜单 …… 121
8.2.3 系统右键菜单 …… 124
8.2.4 自定义系统右键菜单 …… 125
8.3 快捷键 …… 126
8.3.1 监听网页按键事件 …… 126
8.3.2 监听全局按键事件 …… 126
8.4 托盘图标 …… 127
8.4.1 托盘图标闪烁 …… 127
8.4.2 托盘图标菜单 …… 128
8.5 剪切板 …… 129
8.5.1 把图片写入剪切板 …… 129
8.5.2 读取并显示剪切板里的图片 …… 130
8.6 系统通知 …… 131
8.6.1 使用 HTML API 发送系统通知 …… 131
8.6.2 主进程内发送系统通知 …… 132
8.7 其他 …… 133
8.7.1 使用系统默认应用打开文件 …… 133
8.7.2 接收拖拽到窗口中的文件 …… 134
8.7.3 使用系统字体 …… 135
8.7.4 最近打开的文件 …… 137
8.8 本章小结 …… 138

第 9 章 通信 …… 139

9.1 与 Web 服务器通信 …… 139
9.1.1 禁用同源策略以实现跨域 …… 139

9.1.2 Node.js 访问 HTTP 服务的不足 ··· 141
9.1.3 使用 WebSocket 通信 ··· 142
9.1.4 截获并修改网络请求 ··· 144
9.2 与系统内其他应用通信 ··· 146
9.2.1 Electron 应用与其他应用通信 ··· 146
9.2.2 网页与 Electron 应用通信 ··· 148
9.3 自定义协议（protocol）··· 150
9.4 使用 socks5 代理 ··· 152
9.5 本章小结 ··· 153
第 10 章 硬件 ··· 154
10.1 屏幕 ··· 154
10.1.1 获取扩展屏幕 ··· 154
10.1.2 在自助服务机中使用 Electron ··· 156
10.2 音视频设备 ··· 158
10.2.1 使用摄像头和麦克风 ··· 158
10.2.2 录屏 ··· 159
10.3 电源 ··· 160
10.3.1 电源的基本状态和事件 ··· 160
10.3.2 监控系统挂起与锁屏事件 ··· 161
10.3.3 阻止系统锁屏 ··· 162
10.4 打印机 ··· 162
10.4.1 控制打印行为 ··· 162
10.4.2 导出 PDF ··· 164
10.5 硬件信息 ··· 165
10.5.1 获取目标平台硬件信息 ··· 165
10.5.2 使用硬件串号控制应用分发 ··· 166
10.6 本章小结 ··· 170
第 11 章 调测 ··· 171
11.1 测试 ··· 171
11.1.1 单元测试 ··· 171
11.1.2 界面测试 ··· 174
11.2 调试 ··· 177
11.2.1 渲染进程性能问题追踪 ··· 177
11.2.2 自动追踪性能问题 ··· 180
11.2.3 性能优化技巧 ··· 182
11.2.4 开发环境调试工具 ··· 185
11.2.5 生产环境调试工具 ··· 186
11.3 日志 ··· 188
11.3.1 业务日志 ··· 188
11.3.2 网络日志 ··· 189
11.3.3 崩溃报告 ··· 190
11.4 本章小结 ··· 193
第 12 章 安全 ··· 194
12.1 保护源码 ··· 195
12.1.1 立即执行函数 ··· 195
12.1.2 禁用开发者调试工具 ··· 196
12.1.3 源码压缩与混淆 ··· 198
12.1.4 使用 asar 保护源码 ··· 201
12.1.5 使用 V8 字节码保护源码 ··· 202
12.2 保护客户 ··· 204
12.2.1 禁用 Node.js 集成 ··· 204

12.2.2 启用同源策略 …………… 204
12.2.3 启用沙箱隔离 …………… 205
12.2.4 禁用 webview 标签 ……… 205
12.3 保护网络 ……………………… 206
12.3.1 屏蔽虚假证书 …………… 206
12.3.2 关于防盗链 ……………… 209
12.4 保护数据 ……………………… 211
12.4.1 使用 Node.js 加密解密数据 ……………… 211
12.4.2 保护 lowdb 数据 ………… 213
12.4.3 保护 electron-store 数据 ……………… 213
12.4.4 保护用户界面 …………… 214
12.5 提升稳定性 …………………… 214
12.5.1 捕获全局异常 …………… 214
12.5.2 从异常中恢复 …………… 215
12.6 本章小结 ……………………… 216

第 13 章 发布 ……………………… 218

13.1 生成图标 ……………………… 218
13.2 生成安装包 …………………… 219
13.3 代码签名 ……………………… 221
13.4 自动升级 ……………………… 222
13.5 本章小结 ……………………… 224

第 14 章 实战：自媒体内容发布工具 ……………………… 225

14.1 项目需求 ……………………… 225
14.2 项目架构 ……………………… 226
14.2.1 数据架构 ………………… 226
14.2.2 技术架构 ………………… 228
14.3 核心剖析 ……………………… 229
14.3.1 创建窗口并注入代码 …… 229
14.3.2 开始同步文章数据 ……… 230
14.3.3 检查是否登录 …………… 232
14.3.4 上传文章图片 …………… 233
14.3.5 设置文章标题 …………… 235
14.3.6 设置文章正文 …………… 236
14.3.7 其他工作 ………………… 236
14.4 辅助功能 ……………………… 237
14.4.1 图片缩放 ………………… 237
14.4.2 用户身份验证 …………… 239
14.5 本章小结 ……………………… 240

附录 A Mac 代码签名 …………… 242

结语 ………………………………… 256

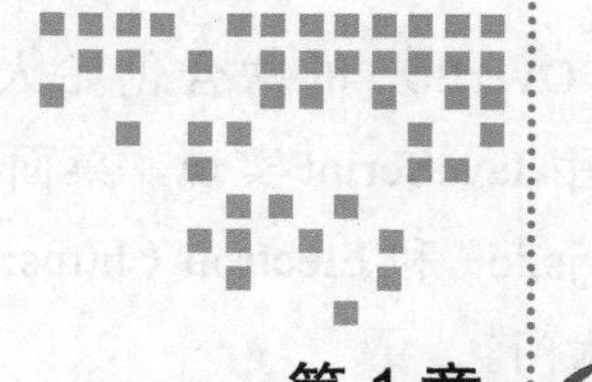

第 1 章 Chapter 1

认识 Electron

经济学中的“有需求就有市场”在技术领域也适用，Electron 就是应需求而生的。Electron 面世之后，不仅满足了大部分现有的开发需求，还创造了大量的新需求，开辟了一个新的生态。

本章从 Electron 的由来讲起，包括需求从何而来，Electron 如何满足这些需求，它有哪些杀手级的应用，以及创造出了怎样的生态。

1.1 Electron 的由来

如果想开发一个桌面 GUI 应用软件，希望其能同时在 Windows、Linux 和 Mac 平台上运行，可选的技术框架并不多，在早期人们主要用 wxWidgets（https://www.wxwidgets.org）、GTK（https://www.gtk.org）或 Qt（https://www.qt.io）来做这类工作。这三个框架都是用 C/C++ 语言开发的，受语言开发效率的限制，开发者想通过它们快速地完成桌面应用的开发工作十分困难。

近几年相继出现了针对这些框架的现代编程语言绑定库，诸如 Python、C#、Go 等，大部分都是开源社区提供的，但由于历史原因，要想用到这些框架的全部特性，还是需要编写 C/C++ 代码。并且由于几乎没有高质量的 Node.js 的绑定库，前端程序员想通过这三个框架开发桌面应用更是难上加难。

Stack Overflow 的联合创始人 Jeff Atwood 曾经说过，凡能用 JavaScript 实现的，注定会被用 JavaScript 实现。桌面 GUI 应用也不例外，近几年两个重量级框架 NW.js（https://nwjs.io）和 Electron（https://electronjs.org）横空出世，给前端开发人员打开了这个领域的大门。

扩展 这两个框架都与中国人有极深的渊源，2011 年左右，中国英特尔开源技术中心的王文睿（Roger Wang）希望能用 Node.js 来操作 WebKit，而创建了 node-webkit 项目，这就是 NW.js 的前身，但当时的目的并不是用来开发桌面 GUI 应用。

中国英特尔开源技术中心大力支持了这个项目，不仅允许王文睿分出一部分精力来做这个开源项目，还给了他招聘名额，允许他招聘其他工程师来一起完成。

2012 年，故事的另一个主角赵成（Cheng Zhao）加入王文睿的小组，并对 node-webkit 项目做出了大量的改进。

后来赵成离开了中国英特尔开源技术中心，帮助 GitHub 团队尝试把 node-webkit 应用到 Atom 编辑器上，但由于当时 node-webkit 并不稳定，且 node-webkit 项目的走向也不受赵成的控制，这个尝试最终以失败告终。

但赵成和 GitHub 团队并没有放弃，而是着手开发另一个类似 node-webkit 的项目——Atom Shell，这个项目就是 Electron 的前身。赵成在这个项目上倾注了大量的心血，这也是这个项目后来广受欢迎的关键因素之一。再后来 GitHub 把这个项目开源出来，最终更名为 Electron。

你可能从没听说过这两个人的名字，但开源界就是有这么一批“英雄”，他们不为名利而来，甘做软件行业发展的铺路石，值得这个领域的所有从业者尊敬。

两个框架都是基于 Chromium 和 Node.js 实现的，这就使得前端程序员可以使用 JavaScript、HTML 和 CSS 轻松构建跨平台的桌面应用。

NW.js 和 Electron 问世之后，之前很多传统桌面应用开发的难点变得异常容易，比如简单界面绘图可以使用 HTML 的 SVG 或 Canvas 技术实现，简单动效可以用 CSS Animations 或 Web Animations API 来实现（复杂的动效、图形处理、音视频处理等可以借助 Node.js 的原生 C++ 模块实现）。

为了弥补 Node.js 和前端技术访问系统 API 方面的不足，这两个框架内部都对系统API做了封装，比如系统对话框、系统托盘、系统菜单、剪切板等。开发者基于Electron开发应用时，可以直接使用JavaScript访问这些API。

其他API，诸如网络访问控制、本地文件系统的访问控制等则由Node.js提供支持。

两个框架对于开发者来说差别并不是特别大，最主要的差别无过于Electron区分主进程和渲染进程。主进程负责创建、管理渲染进程以及控制整个应用的生命周期，渲染进程负责显示界面及控制与用户的交互逻辑。在Electron中主进程和渲染进程间通信需要经由ipcMain和ipcRenderer传递消息来实现。NW.js则无须关注这些问题，它需要关注的是所有窗口共享同一个Node.js环境带来的问题。

扩展 NW.js和Electron都是基于Chromium和Node.js实现的，Chromium和Node.js的应用场景完全不同，它们的底层虽有一部分是相同的，但要想把它们两个整合起来并非易事。

显然NW.js和Electron都做到了，然而它们底层使用的整合技术却截然不同。NW.js通过修改源码合并了Node.js和Chromium的事件循环机制，Electron则是通过各操作系统的消息循环打通了Node.js和Chromium的事件循环机制（新版本的Electron是通过一个独立的线程完成这项工作的）。

NW.js的实现方式更直接，但这也导致Node.js和Chromium耦合性更高。Electron的实现方式虽然保证了Node.js和Chromium的松耦合，但也间接地创造出了主进程和渲染进程的概念，给开发人员实现应用带来了一定的困扰。

除此之外，其他方面的比较如表1-1所示。

表1-1 Electron与NW.js部分能力的对比表

能力	Electron	NW.js
崩溃报告	内置	无
自动更新	内置	无
社区活跃度	良好	一般
周边组件	较多，甚至很多是官方团队开发的	一般
开发难度	一般	较低
知名应用	较多	一般
维护人员	较多	一般

可以说NW.js和Electron各有优劣，我个人认为Electron更胜一筹，更值得推荐。

Electron 最初由赵成和 GitHub 的工程师于 2013 年 4 月创建，当时名字为 Atom Shell，用来服务于 GitHub 的开发工具 Atom，2014 年 5 月开源，2015 年 4 月才正式更名为 Electron。

目前 GitHub 公司内部仍有一个团队在维护这个开源项目，且社区内也有很多的贡献者。Electron 更新非常频繁，平均一到两周就会有新版本发布，Issue 和 Pull request 的回复也非常及时，一般关系到应用崩溃的问题（Crash Issue）一两天就能得到回复，普通问题一周内也会有人跟进。社区活跃程度由此可见一斑。

1.2 基于 Electron 的应用

在软件开发领域，最为开发人员所熟知的无过于 Visual Studio Code 了。Visual Studio Code 依靠丰富的功能、极速的响应、极佳的用户体验赢得了广大开发人员的青睐。作为一个新兴的 IDE 工具，其在最近一期的 IDE 排行榜单中排名第七，用户量持续迅猛增长。另外，MongoDB 桌面版管理工具 Compass 也是基于 Electron 开发的。

社交通信领域风靡全球的 Skype 桌面版和 WhatsApp 桌面版、高效办公领域的 Slack 和飞书、视听领域的 Nuclear（一款很有趣的音乐播放器）和 WebTorrent Desktop（以 P2P 协议播放音视频的应用）、金融交易领域的 OpenFin、早期的以太坊客户端 Mist 和 Brave 浏览器（由前 Mozilla CEO 和 JavaScript 之父 Brendan Eich 创建）等，都是基于 Electron 打造的。

除了以上这些常见的领域外，Electron 还被用于 Web 界面测试。自 PhantomJS 宣布停止更新后，Electron 成了有力的替代者。测试工程师可以通过编写自动化测试脚本，轻松地控制 Electron 访问网页元素、提交用户输入、验证界面表现、跟踪执行效率等。另外，知名的 HTTP 网络测试工具 Postman 也是基于 Electron 开发的。

由于 Electron 有自定义代理、截获网络请求、注入脚本到目标网站的能力，它也成了众多极客的趁手工具，比如有开发者开发过一个音乐聚合软件，把 QQ 音乐、网易云音乐、虾米音乐聚合在一个软件里播放。我也曾开发过一个自媒体内容管理软件，可以一键把文章发布到百家号、大鱼号、头条号等自媒体平台。

如果你基于 Electron 开发了软件，也完全可以自由地把你的产品分享到 Electron 的官网（https://github.com/electron/apps/blob/master/contributing.md#adding-your-app）。

1.3 Electron的生态

electron-builder是一个Electron的构建工具，它提供了自动下载、自动构建、自动打包、自动升级等能力，是Electron生态中的基础支持工具，大部分流行的Electron应用都使用它进行构建和分发。

在Electron应用内存取本地数据，可以使用Cookie、LocalStorage或IndexedDB这些传统的前端技术，也可以选择Electron生态内的一些方案，例如rxdb是一个可以在Electron应用内使用的实时NoSQL数据库；如果希望使用传统的数据库，也可以在Electron内使用SQLite数据库。

Vue CLI Plugin Electron Builder和electron-vue是两个非常不错的工具，开发者可以基于它们轻松地在Electron应用内使用Vue及其组件（包括HMR热更新技术）。虽然后者拥有更多的GitHub star，更受欢迎，但我推荐使用前者。前者基于Vue CLI Plugin开发，更新频繁，而后者已经有近一年时间没更新过了。

electron-react-boilerplate是一个项目模板，它把Electron、React、Redux、React Router、Webpack和React Hot Loader组合在一起。开发者基于此模板可以快速构建React技术体系的Electron应用。

angular-electron也是一个项目模板，开发者可以基于它快速构建基于Angular和Electron的应用。

如果不希望使用上述前端框架，仅希望使用webpack与传统Web前端开发技术开发Electron应用，可以考虑使用electron-webpack组件完成工作。

另外，awesome-electron项目记录了大量与Electron有关的有趣的项目和组件。

1.4 Electron的优势

Electron基于Web技术开发桌面应用。Web技术是现如今软件开发领域应用最广泛的技术之一，入门门槛非常低，周边生态繁荣而且历史悠久。

相较于基于C++库开发桌面软件来说，基于Electron开发更容易上手且开发效率更高。由于JavaScript语言是一门解释执行的语言，所以C++语言固有的各种问题都不再是问题，比如：C++没有垃圾回收机制，开发人员要小心翼翼地控制内存，以免造成内存泄漏；C++语言特性繁多且复杂，学习难度曲线陡峭，需要针对不同平台进行编译，应用分发困难。使用 Electron 开发桌面应用就不用担心这些问题。

在执行效率上，如果前端代码写得足够优秀，Electron 应用完全可以做出与 C++ 应用相媲美的用户体验，Visual Studio Code 就是先例。另外，Node.js 本身也可以很方便地调用 C++ 扩展，Electron 应用内又包含 Node.js 环境，对于一些音视频编解码或图形图像处理需求，可以使用 Node.js 的 C++ 扩展来完成。

随着 Web 应用大行其道，Web 前端开发领域的技术生态足够繁荣。Electron 可以使用几乎所有的 Web 前端生态领域及 Node.js 生态领域的组件和技术方案。截至本书完稿时，发布到 npmjs.com 平台上的模块已经超过 90 万个，覆盖领域广，优秀模块繁多且使用非常简单方便。

在完成 Web 前端开发工作时，开发者需要考虑很多浏览器兼容的问题，比如：用户是否使用了低版本的 IE 浏览器，是否可以在样式表内使用 Flexbox（弹性盒模型）等。这些问题最终会导致前端开发者束手束脚，写出一些丑陋的兼容代码以保证自己的应用能在所有终端表现正常。

但由于 Electron 内置了 Chromium 浏览器，该浏览器对标准支持非常好，甚至支持一些尚未通过的标准，所以基于 Electron 开发应用不会遇到兼容问题。开发者的自由度得到了最大化保护，你可以在 Electron 中使用几乎所有 HTML5、CSS3 、ES6 标准中定义的 API。

另外，Web 前端受限访问的文件系统、系统托盘、系统通知等，在 Electron 技术体系下均有 API 供开发者自由使用。

1.5 Electron 的不足

基于 Electron 开发桌面 GUI 应用并不是完美的方案，它也有它的不足，综合来说有以下几点。

- 打包后的应用体积巨大：一个功能不算多的桌面应用，通过 electron-builder 压缩打包后至少也要 40MB。如果开发者不做额外的 Hack 工作的话，用户每次升级应用程序，还要再下载一次同样体积的安装包，这对于应用分发来说是一个不小的负担。但随着网络环境越来越好，用户磁盘的容积越来越大，此问题给用户带来的损失会慢慢被削弱。
- 开发复杂度较大，进阶曲线较陡：跨进程通信是基于 Electron 开发应用必须要了解的知识点，虽然 Electron 为渲染进程提供了 remote 模块来方便开发人员实现跨进程通信，但这也带来了很多问题，比如某个回调函数为什么没起作用、主进程为什么报了一连串的错误等，这往往给已经入门但需要进阶的开发者带来困惑。

- 版本发布过快：为了跟上 Chromium 的版本发布节奏，Electron 也有非常频繁的版本发布机制，每次 Chromium 改动，都可能导致 Electron 出现很多新问题，甚至稳定版本都有很多未解决的问题。幸好 Electron 的关键核心功能一直以来都是稳定的。
- 安全性问题：Electron 把一些有安全隐患的模块和 API 都设置为默认不可用的状态，但这些模块和 API 都是非常常用的，因此有时开发者不得不打开这些开关。但是，一旦处理不当，就可能导致开发的应用存在安全隐患，给开发者乃至终端用户带来伤害。安全问题有很多值得关注的技术细节，以至于 Electron 官方文档中专门开辟出来一个章节号召程序员重视安全问题。但我认为，很多时候安全和自由是相悖的，在不损失自由的前提下提升安全指标的工作是值得肯定的，如果哪天 Electron 以安全为由停用脚本注入的技术，相信很多开发者都会反对。
- 资源消耗较大：Electron 底层基于的 Chromium 浏览器一直以来都因资源占用较多被人诟病，目前来看这个问题还没有很好的解决办法，只能依赖 Chromium 团队的优化工作。

除了以上这些问题外，Electron 还不支持老版本的 Windows 操作系统，比如 Windows XP。在中国还有一些用户是使用 Windows XP 的，开发者如果需要面向这些用户，应该考虑使用其他技术方案。

1.6　未来的竞争者 PWA

PWA（Progressive Web App），即渐进式 Web 应用。MDN 上的定义为：运用现代的 Web 开发技术以及传统的渐进式增强策略来创建跨平台 Web 应用程序。

各浏览器厂商遵循一定的标准来为 PWA 应用赋能，只要用户系统内安装了任何一款现代浏览器，那么用户就可以下载、安装 PWA 应用，这使得 PWA 应用体积足够小巧，而不用像 Electron 或 NW.js 应用那样需要下载一个巨大的安装包。

利用浏览器提供的能力，PWA 可以访问用户操作系统 API，用户需要的话也可以在自己的桌面创建一个 PWA 应用的快捷方式。PWA 应用还很容易被搜索引擎发现，并被分类、排名。用户断网的时候，也可以使用 PWA 提供的功能。即使用户没有打开 PWA 应用，只要宿主浏览器进程在，它也可以收到消息推送通知。

图 1-1 所示是我安装的 PWA 应用以及它在我的桌面上创建的图标。

图 1-1　示例 PWA 应用及其桌面图标

看上去是不是很诱人？然而现实并没有想象中那么好。

PWA 应用与传统的 Web 应用相比安全限制少了很多，能力也多了很多，但绝对不会像 Electron 这样给开发人员最大的发挥空间。比如它基本不会允许开发人员在 PWA 应用内访问 Node.js 环境或者为第三方网站注入脚本等。

因不同浏览器对 PWA 应用支持情况不同而导致 PWA 表现出不同的能力。不同浏览器在各个平台上的实现差异巨大，这就导致一个 PWA 应用在 Windows 系统、Mac 系统和 Android 系统下所拥有的能力也有很多不同。如果开发者只用那些各平台共有的能力，那么大概也就只剩下现代 Web 技术和 Service Worker 了。

PWA 是谷歌主导的一项技术，然而谷歌对于此技术的重视程度不高，在这个领域的开发者现状也不是很好，相关资料可看国内 PWA 的早期布道者与实践者黄玄的文章（https://www.zhihu.com/question/352577624/answer/901867825）。

目前来看，PWA 还不足以给 Electron 造成太大的竞争压力，即使未来会有，我认为也不必担心，毕竟两项技术所面向的场景有非常大的不同：PWA 是传统 Web 应用向桌面端的延伸，它的本质还是一个 Web 应用；而 Electron 应用则是一个实实在在的传统桌面 GUI 应用。

1.7　本章小结

本章我们从 Electron 的由来讲起，介绍了 Electron 和 NW.js 的历史，以及它们和中国人的渊源。

接着我们讲了各行各业基于 Electron 的典型应用以及 Electron 的生态。开发者开发一个基于 Electron 的应用离不开 Electron 的生态，至于如何使用现代化的 Web 前端技术开发 Electron 应用，我们在本书后续章节将会详细讲解。

然后讲解了 Electron 的优势和不足，为开发者技术选型提供帮助。用 Electron 开发桌面 GUI 应用优势很多，虽然其也有不足，但优势明显大于不足。

本章最后讲解了 Electron 的竞争者 PWA 技术，并且分析了 Electron 和 PWA 的不同，目前来看 PWA 还不足以给 Electron 造成太大的竞争压力。

Chapter 2 第2章

轻松入门

本书自始至终都不希望讲解的知识点过于密集，使读者学习的难度曲线太过陡峭。千里之行始于足下，第2章就是读者学习 Electron 的第一步。这一步我们从讲解一个最简单的例子——创建一个最基本的窗口开始，从而了解一些关于 Node.js 和 ES6 的最基本的知识，希望读者喜欢这道开胃小菜。

2.1 搭建开发环境

大部分时候开发者是使用 Node.js 来创建 Electron 项目的，Node.js 是一个基于 Chrome V8 引擎的 JavaScript 运行环境。如果读者操作系统中尚未安装 Node.js，需要到 Node.js 官网下载安装，下载地址：https://nodejs.org/en。

另外，本书大部分示例中均使用 yarn 作为依赖包管理工具。yarn 由 Facebook 的工程师开发，相对于 Node.js 自带的 npm 包管理工具来说，它具有速度更快、使用更简捷、操作更安全的特点，建议读者安装使用，安装命令如下：

```
> npm install -g yarn
```

接下来，我们创建第一个 Electron 应用，先新建一个目录，在此目录下打开命令行，执行如下命令创建一个 Node.js 项目：

```
> yarn init
```

该命令执行完成后，会有一系列提示，要求用户输入项目名称、项目版本、作者等信息。这里我们全部采用默认设置，直接按回车键即可。

项目创建完成之后，该目录下会生成一个 package.json 文件，此文件为该项目的配置文件，内容如下：

```
{
    "name": "chapter1",
    "version": "1.0.0",
    "main": "index.js",
    "license": "MIT"
}
```

在编写具体的项目代码之前，需要先安装 Electron 依赖包，它大概有 50 ～ 70MB（实际上是一个精简版的 Chromium 浏览器），而且默认是从 GitHub 下载的，下载地址是 https://github.com/electron/electron/releases（文件实际上存放在 Amazon 的 AWS 服务器上，须经由 GitHub 域名跳转）。对于中国用户来说，下载速度很慢，大部分时候无法安装成功。

好在阿里巴巴的工程师在国内搭建了 Electron 的镜像网站：https://npm.taobao.org/mirrors/electron/（注意，此地址与下方命令行中的地址不同）。我们可通过如下指令配置 Electron 的镜像网站：

```
> yarn config set ELECTRON_MIRROR https://cdn.npm.taobao.org/dist/electron/
```

环境变量设置好之后，再在命令行执行如下命令，以安装 Electron：

```
> yarn add electron --dev --platform=win64
```

`--dev` 声明安装的 electron 模块只用于开发。

`--platform=win64` 标记着我们只安装了 64 位版本的 Electron。

稍微等待几秒钟，electron 模块就安装好了，安装完成后，package.json 增加了如下配置节：

```
"devDependencies": { "electron": "^8.1.0" }
```

这说明我们安装的是 Electron 最新稳定版本 8.1.0（Electron 版本发布很频繁，读者阅读本书时，可能已经不是这个版本号了）。

如果 yarn 提示安装成功，但稍后执行启动程序的命令时收到如下错误提示：

```
Electron failed to install correctly, please delete node_modules/electron
and try installing again
```

这说明 Electron 还是没有安装成功，这时你可以打开 [your_project_path]\node_modules\electron 目录，创建一个 path.txt 文本文件，输入以下内容：

```
electron.exe
```

Mac 系统下，同样也是创建 path.txt，但其中的内容为：

```
Electron.app/Contents/MacOS/Electron
```

然后自己手动从阿里巴巴的镜像网站下载相应版本的 Electron 的压缩包，解压到此目录：[your_project_path]\node_modules\electron\dist，再执行命令即可正常运行了。

扩展 package.json 通过 dependencies 和 devDependencies 配置节记录项目依赖的第三方库。开发者把项目源码提交到源码仓储时，一般不会把 node_modules 目录下的内容一起提交上去。项目的其他开发者下载源码后，只要执行 yarn 指令即可根据 package.json 内记录的依赖项安装这些第三方库。

dependencies 配置节内记录生产环境需要用到的第三方库。devDependencies 配置节内记录在开发环境下依赖的第三方库，比如测试框架、预编译工具等。项目编译打包时一般不会把 devDependencies 配置节下的库打包到最终发布包内。

一个 Node.js 模块的版本号一般会包含三个数字，其中第一个数字代表主版本号，第二个数字代表次版本号，第三个数字代表修订版本号。

Electron 版本号前面还有一个“^”符号，此符号的意义为：安装此依赖库时允许次版本号和修订版本号提升，但不允许主版本号提升。举例来说，如果 package.json 里记录的是 ^1.1.1 版本号，那么通过 yarn 指令安装依赖包后，可能安装的是 1.5.8 版本，但不会是 2.x.y 版本。

另外，如果版本号前面的符号不是“^”而是“~”，这种情况下则只允许修订版本号提升，主版本号和次版本号均不允许提升。

如果主版本号为 0 或主版本号、次版本号均为 0，以上规则则应另当别论。

安装成功后，项目目录下还增加了 node_modules 子目录，该目录下存放着项目运行时依赖的 Node.js 包。Electron 依赖包也包含其中。Electron 依赖包是一个普通的 Node.js 包，

它导出了 Electron 的安装路径（安装路径指向 Electron 依赖包所在目录的 dist 子目录）。

Node.js 有三种模块。第一种是核心模块，其存在于 Node.js 环境内，比如 fs 或 net 等。

第二种是项目模块，其存在于当前项目中，一般都是项目开发者手动提供的。require 这类模块，一般以 ./path/fileName 这种相对路径寻址。

第三种是第三方模块，这种模块一般都是项目开发者通过 yarn 或 npm 工具手动安装到项目内的。require 此类模块一般传入模块名即可，Node.js 环境会为我们到当前 node_modules 目录下寻找模块。

此处，我们安装的就是一个第三方模块。

为了使用 Electron 依赖包，我们需要在 package.json 中增加一个 scripts 配置节，代码如下：

```
"scripts": { "start": "electron ./index.js" }
```

scripts 配置节允许我们为当前项目设置一组自定义脚本，这里 start 脚本代表我们要使用 Electron 启动本项目。待业务代码开发完成后，只要在命令行输入以下启动命令，即可运行程序：

```
> yarn start
```

至此，项目运行必备的开发环境已经搭建完成。如果你是 Vue、React 或 Angular 的开发者，可以在后面章节查看相关的环境搭建说明。

启动脚本运行前会先自动新建一个命令行环境，然后把当前目录下的 node_modules/.bin 加入系统环境变量中，接着执行 scripts 配置节指定的脚本的内容，执行完成后再把 node_modules/.bin 从系统环境变量中删除。所以，当前目录下的 node_modules/.bin 子目录里面的所有脚本，都可以直接用脚本名调用，不必加上路径。

2.2 创建窗口界面

虽然搭建了项目环境，但此时项目内还没有业务代码，因此还是不能运行。使用

Visual Studio Code 在项目根目录下，新建 index.html 文件并输入如下代码：

```
<html>
    <head>
        <title>窗口标题</title>
    </head>
    <body>
        <div style="padding: 60px;font-size:38px;font-weight: bold;text-align: center;">
            Hello World
        </div>
    </body>
</html>
```

这是一个简单的网页，在屏幕上显示了 Hello World 字样。网页的 title 被设置为“窗口标题”，后面你会发现网页的 title 会被 Electron 设置为窗口的标题。

2.3 启动窗口

接下来，我们在项目根目录下新建 index.js 文件，代码如下：

```
var electron = require('electron');
var app = electron.app;
var BrowserWindow = electron.BrowserWindow;
var win = null;
app.on('ready', function(){
    win = new BrowserWindow({
        webPreferences: { nodeIntegration: true }
    });
    win.loadFile('index.html');
    win.on('closed', function(){
    win = null
    });
})
app.on('window-all-closed',function(){
    app.quit();
});
```

上述代码中，有些地方如果用 ES6 语言实现会更加简洁，但我并没有这么做，目的是想使学习难度曲线更平缓，给读者提供渐进式的学习体验。在后面章节中，我会一点一点地把 ES6 语言的知识点输送给读者。

我们知道 Electron 内部集成了 Node.js，所以上述代码第一行使用 Node.js 的 require 指令加载了 Electron 模块。本例中只用到了 Electron 模块的 app 对象和 BrowserWindow 类型。

长久以来JavaScript都不支持模块化，但随着前端工程越来越庞大、复杂，模块化的需求也越来越高。为此，社区推出了多种模块化的实现和规范，比如AMD规范、CMD规范和CommonJs规范等。Node.js使用的是CommonJs规范，它通过module.exports导出模块，通过require导入模块。演示代码如下：

```
// 模块文件：module.js
module.exports = {
    title: 'My name is module',
    say: function() {
        console.log('log from module.js');
    }
}
// 入口文件：main.js
var myModule = require('./module');
myModule.say();
console.log(myModule.title);
```

把以上两个文件放到同一个目录下，在该目录下打开命令行，在命令行执行如下指令：

```
> node main
```

最终程序输出：

```
> log from module.js
> My name is module
```

这说明入口程序已经加载了模块module.js，并且能访问此模块下导出的内容。这就是Node.js为开发者提供的模块机制。

一旦一个模块被导入到运行环境中，就会被缓存。当再次尝试导入这个模块时，就会读取缓存中的内容，而不会重新加载一遍这个模块的代码。这种机制不仅避免了重复导入相同模块冲突的问题，还保证了程序的执行效率。

app代表着整个应用，通过它可以获取应用程序生命周期中的各个事件。我们在app的ready事件中创建了窗口，并且把窗口对象交给了一个全局引用，这样做是为了不让JavaScript执行引擎在垃圾回收时回收这个窗口对象。

在创建窗口时，我们传入了配置对象webPreferences: { nodeIntegration: true }，此配

置对象告知 Electron 需要为页面集成 Node.js 环境，并赋予 index.html 页面中的 JavaScript 访问 Node.js 环境的能力。

窗口创建完成后，我们让窗口加载了 index.html。

重点 如果加载的页面是一个互联网页面，你无法验证该页面提供的内容是否可靠，应该关闭这个选项：`webPreferences: { nodeIntegration: false}`，否则这个页面上的一些恶意脚本也会拥有访问 Node.js 环境的能力，可能会给你的用户造成损害。

在窗口关闭时，我们把 win 这个全局引用置空了。所有窗口关闭时，我们退出了 app，由于在本应用中我们其实只有一个窗口，所以 app 退出的代码完全可以写在窗口关闭的事件中。

现在在命令行运行 yarn start，窗口成功启动了。窗口的标题即为网页的 title，窗口内容即为网页 body 内的元素，如图 2-1 所示。

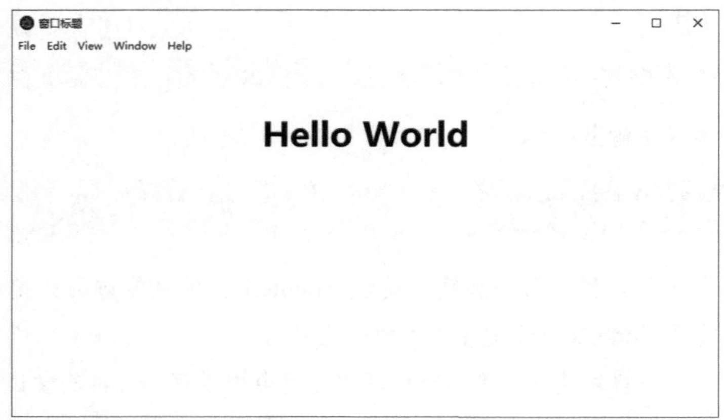

图 2-1 Electron 窗口示例

这是一个非常简陋的窗口，但不要着急，相信读者读完后续章节后，能自己开发出美观且实用的桌面应用。

2.4 引用 JavaScript

Electron 给 index.js 提供了完整的 Node.js 环境的访问能力，index.js 可以像所有

Node.js 程序一样，通过 require 引入其他 js 文件。

在 index.html 中，我们完全可以像正常的网页一样引入 js 文件，新建一个 objRender.js 文件，代码如下：

```
window.objRender = { key: 'value' }
```

在 body 标签的末尾，增加如下代码：

```
<script src="./objRender.js"></script>
<script>
    alert(window.objRender.key)
</script>
```

运行程序，会弹出相应的对话框如图 2-2 所示，这说明 objRender.js 已经被引入到 index.html 中。

图 2-2　引入 js 文件示例

由于我们在创建窗口时，允许页面访问 Node.js 的环境，所以在 index.html 内也可以通过 require 的方式访问其他 js 文件。我们先新建一个 ObjRender2.js 文件，代码如下：

```
module.exports = {
    key: 'value'
}
```

再在 index.html 的 script 标签内增加如下两行代码：

```
let ObjRender2 = require('./ObjRender2');
alert(ObjRender2.key)
```

程序依然正常运行，并且弹出两个 alert 对话框，内容都是 value。这说明 ObjRender2.js 也成功被 require 到 index.html 中了。

let 是 ES6 提供的一个新的关键字，与 var 类似，用于声明变量。其与 var 不同的地方主要有以下两点。

（1）let 可以创建暂时性死区，以屏蔽变量提升带来的问题，帮助开发者轻松捕获错误。

变量提升是指变量的声明会提升到所在作用域的顶部，示例如下：

```
console.log(a); //没有报错，输出 undefined
var a = "1";
```

上述代码等价于：

```
var a;
console.log(a); //输出 undefined
a = "1";
```

var 的这个特性可能会在不知不觉中给开发者带来难以察觉的问题，代码示例如下：

```
var param = 'test';        //声明一个全局变量
var testFunc = function() {
    //......假设此处有大量的业务代码
    //下面这行代码想要访问全局变量 param，但是你发现它的值是 undefined，百思不得解。
    console.log(param);
    //......假设此处有大量的业务代码
    //你没注意到，下面这个变量与全局变量重名。
    var param = "函数内业务需要的变量值"; //此变量的声明会提升到函数开始时。
    //......假设此处有大量的业务代码
}
testFunc();
```

用 let 声明变量能让开发者很容易定位到问题。上面的代码改用 let 声明后，运行时会得到一个错误提示，代码如下：

```
let param = 'test';        //声明一个全局变量
let testFunc = function() {
//......假设此处有大量的业务代码
    console.log(param);  //此行报错: Identifier 'param' has already been
                         //declared
    let param = "函数内业务需要的变量值";
}
testFunc();
```

在 testFunc 方法内执行 let param 前，param 变量处于暂时性死区中，因此此时使用 param 变量程序就会抛出异常。这个特性很好地规避了以 var 关键字声明变量才能带来的问题。

（2）let 可以更方便地控制变量所在的作用域。

再来看一个例子：

```
for (var i = 0; i < 10; i++) {
```

```
    setTimeout(() => { console.log(i) }, 300);  //输出10次，全部输出10
}
for (let i = 0; i < 10; i++) {
    setTimeout(() => { console.log(i) }, 300);  //输出10次，依次为0、1、2、…、9
}
```

两个循环体的执行结果完全不同。第一个循环体使用var声明变量，声明的是一个全局变量，每次循环都相当于给这个全局变量加1，到setTimeout回调执行时，这个全局变量值为10，所以不管setTimeout回调执行多少次，输出结果都是10。

let声明会将变量绑定到块级作用域，虽然每次循环也会给变量加1，但每次循环都会创建一个新的绑定，也就是说每次执行setTimeout回调时，都是使用自己的i变量。

很多开发者会把jQuery当作网页开发的脚手架工具来使用，然而你会发现一旦开启了nodeIntegration配置项，就无法通过<script>标签引入jQuery了。这是因为新版jQuery内部会对require变量进行判断，导致其与Node.js的require指令冲突，所以不能成功引入。

但可以通过如下方式引入jQuery：

```
window.$ = window.jQuery = require('./jquery-3.4.1.min');
```

如果不需要页面集成node环境，则只需要把nodeIntegration设置成false，就可以通过<script>标签引入jQuery。

我不推荐在Electron应用中使用jQuery，具体原因将会在性能优化章节讲解。

2.5 Electron API演示工具

Electron有非常丰富的API。虽然Electron团队在官方文档上做了大量的讲解，但文档描述对于使用一些复杂API来说颇有局限性，所以Electron团队又推出了Electron API演示工具Electron API Demos（https://github.com/electron/electron-api-demos/releases）。

下载Electron API Demos并安装好后，启动应用程序，如图2-3所示。

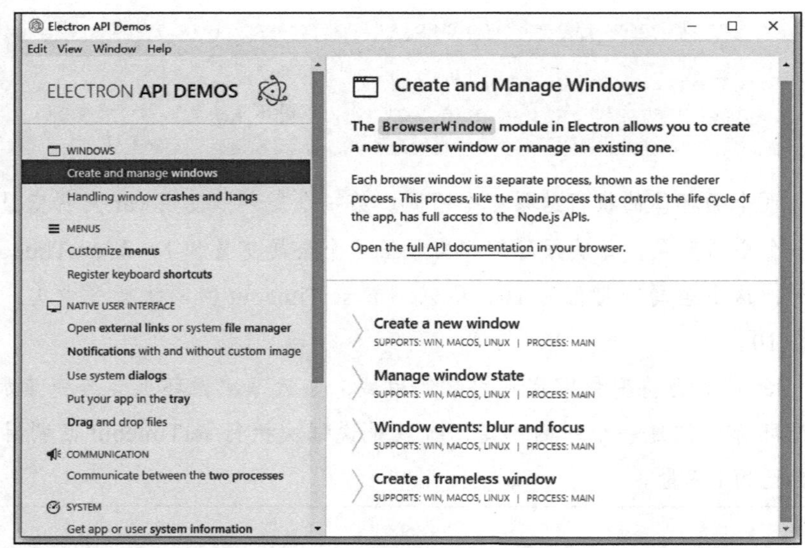

图 2-3　Electron API 演示工具的界面

此应用中集成了一些关于 Electron API 的示例，我们可以通过左侧菜单查阅这些示例。

选中一个主题后，右侧将出现与此主题相关的演示程序及程序描述，点击图 2-4 中①处的 View Demo 按钮，将启动此演示程序。

图 2-4　如何查看演示 Demo

此应用可以快速地帮助开发者理解 Electron API 的使用细节和应用场景，对刚入门的开发者很有帮助。

2.6　试验工具 Electron Fiddle

如果你只是想验证一段简短的代码是否可以在 Electron 框架内正常运行，那么以之前介绍的方式创建 Electron 项目就略显复杂了。Electron 官方团队为开发者提供了一个试验工具：Electron Fiddle（https://github.com/electron/fiddle/releases）。

在 GitHub 上下载最新的 Electron Fiddle 并安装，启动程序，界面如图 2-5 所示。

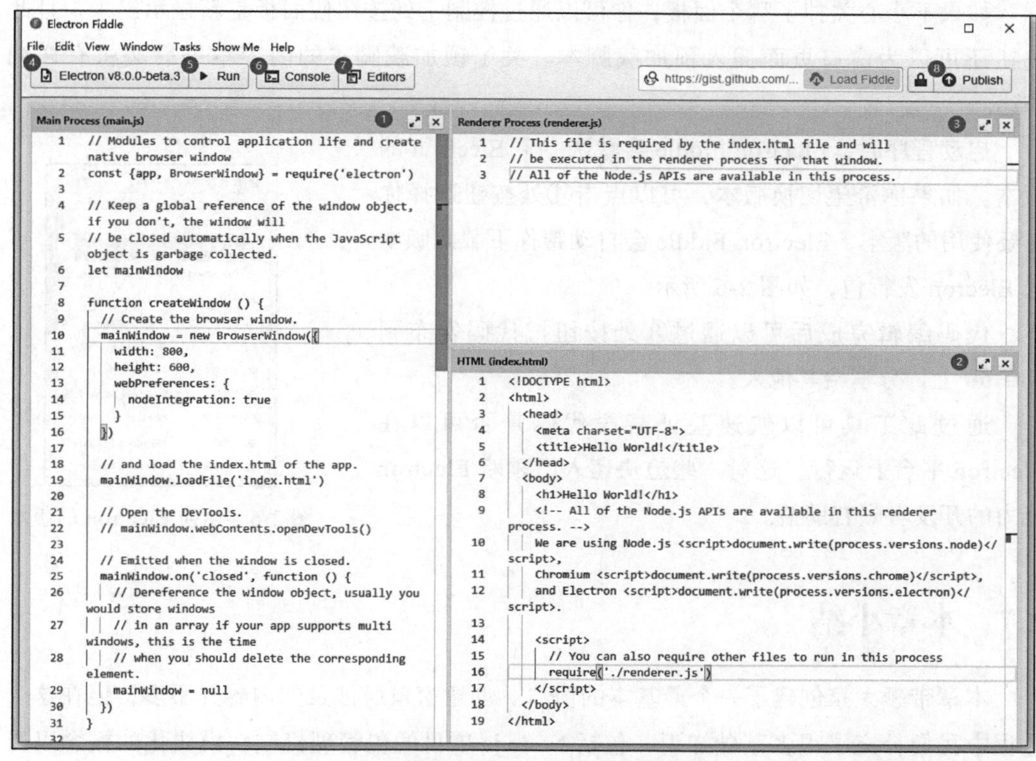

图 2-5　Electron Fiddle 的界面

其中①处显示的文件为启动窗口的代码文件，与 2.3 节对应的文件相同。②处显示的文件为窗口界面文件，与 2.2 节对应的文件相同。在此文件中通过 require 的方式引入了另一个文件 renderer.js，即③处显示的文件。

通过这三个文件就可以创建一个最简单的 Electron 应用程序，你可以在这三个面板中任意编辑文件，编辑完成后，点击⑤处的 Run 按钮即可启动程序。此时，⑥处按钮控制的控制台面板会显示出来，并在控制台输出：

```
Saving files to temp directory...
Saved files to C:\Users\ADMINI~1\AppData\Local\Temp\tmp-10612ml0NvIeIyhXY
Electron v8.0.0-beta.3 started.
For help, see: https://nodejs.org/en/docs/inspector
Electron exited with code 0.
```

这说明 Electron Fiddle 已将这三个面板的代码保存到系统的缓存目录中，你可以通过 File 菜单的 Save As 功能修改默认保存文件的目录。

如果不小心关掉了哪个面板，你可以通过控制⑦处按钮使面板重新显示出来，且此按钮还可以为窗口页面插入预加载脚本。关于预加载脚本的内容本书后文将有详细描述。

启动程序时，Electron Fiddle 会默认一个 Electron 的版本。如果你希望切换版本，可以点击④处按钮选择你需要使用的版本，Electron Fiddle 会自动帮你下载此版本的 Elecron 发行包，如图 2-6 所示。

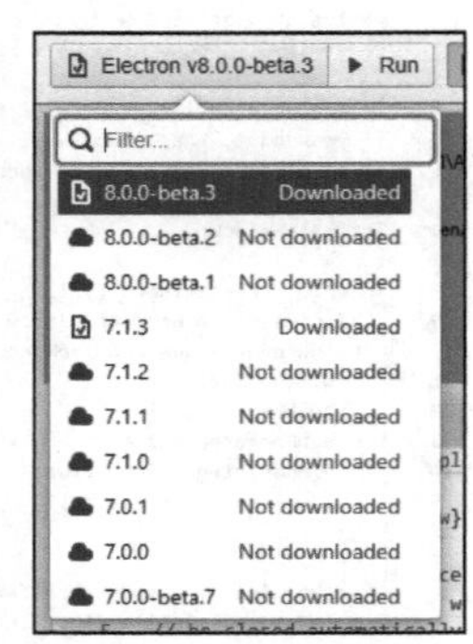

图 2-6 切换 Electron 的版本

代码编辑完成后可以通过⑧处按钮把代码发布到 GitHub 上，分享给其他人。

通过此工具可以快速验证某段代码是否可以在 Electron 平台上运行，这对一些想快速入门领略 Electron 能力的开发者颇有助益。

2.7 本章小结

本章带领大家创建了一个最基本的窗口。创建窗口所涉及的内容并不多，但在这个过程中我们补充了很多基础知识，包括 Node.js 项目的包管理机制、模块化的概念以及 ES6 中新增的关键字 let 等。

除此之外，本章还介绍了 Electron 窗口的一个重要配置项：webPreferences.nodeIntegration。它是开发者的利器，也是安全隐患的源头。

本章最后介绍了 Electron 团队提供给初学者的两个工具：Electron API Demos 和 Electron Fiddle。

希望读者能通过学习本章的内容快速进入 Electron 的世界。

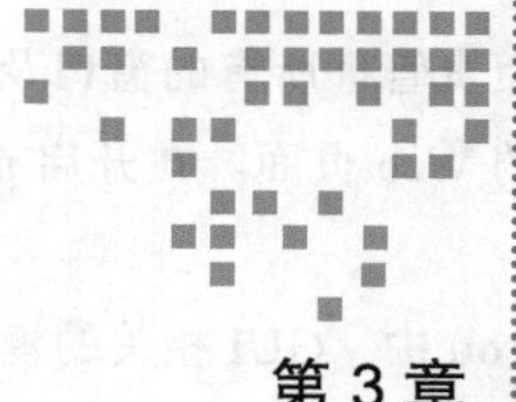

第 3 章 Chapter 3

主进程和渲染进程

基于 Electron 开发的应用程序与一般的应用程序不同。一般的应用程序在处理一些异步工作时，往往需要开发人员自己创建线程，并维护好线程和线程之间的关系。Electron 应用程序开发人员不用关心线程的问题，但要关心进程的问题。Electron 应用程序区分主进程和渲染进程，而且主进程和渲染进程互访存在着很多误区，因此开发人员一不小心就会犯错。本章将带领大家初步了解主进程和渲染进程的知识。

3.1 区分主进程与渲染进程

在第 2 章中，yarn start 命令运行的其实是 electron ./index.js 指令，该指令让 Electron 的可执行程序执行 index.js 中的代码。index.js 中的代码逻辑即运行在 Electron 的主进程中。主进程负责创建窗口并加载 index.html，而 index.html 中编写的代码将运行在 Electron 的渲染进程中。

在这个示例中，主进程负责完成监听应用程序的生命周期事件、启动第一个窗口、加载 index.html 页面、应用程序关闭后回收资源、退出程序等工作。渲染进程负责完成渲染界面、接收用户输入、响应用户的交互等工作。

一个 Electron 应用只有一个主进程，但可以有多个渲染进程。一个 BrowserWindow 实例就代表着一个渲染进程。当 BrowserWindow 实例被销毁后，渲染进程也跟着终结。

主进程负责管理所有的窗口及其对应的渲染进程。每个渲染进程都是独立的，它只关心所运行的 Web 页面。在开启 nodeIntegration 配置后，渲染进程也有能力访问 Node.js 的 API。

在 Electron 中，GUI 相关的模块仅在主进程中可用。如果想在渲染进程中完成创建窗口、创建菜单等操作，可以让渲染进程给主进程发送消息，主进程接到消息后再完成相应的操作；也可以通过渲染进程的 remote 模块来完成相应操作。这两种方法背后的实现机制是一样的。

Electron 框架内置的主要模块归属情况如表 3-1 所示（表中大部分模块在后文都有所讲解）。

表 3-1　Electron 框架内置的主要模块归属情况

归属情况	模块名
主进程模块	app、autoUpdater、BrowserView、BrowserWindow、contentTracing、dialog、globalShortcut、ipcMainMenu、MenuItem、net、netLog、Notification、powerMonitor、powerSaveBlocker、protocol、screen、session、systemPreferences、TouchBar、Tray、webContents
渲染进程模块	desktopCapturer、ipcRenderer、remote、webFrame
公用的模块	clipboard、crashReporter、nativeImage、shell

扩展

以前，计算机的世界内只有单进程应用程序，程序执行一项操作前必须等待前一项操作结束。这种模式有很大的局限性，因为进程和进程之间内存是不共享的，要开发大型应用程序需要很复杂的程序模型和较高的资源消耗。

后来出现了线程技术，同一进程可以创建多个线程，线程之间共享内存。当一个线程等待 IO 时，另一个线程可以接管 CPU。这给开发者带来了一个问题，开发者很难知道在给定的时刻究竟有哪些线程在执行，所以必须仔细处理对共享内存的访问，使用诸如线程锁或信号量这样的同步技术来协调线程的执行工作。如果应用中此类控制逻辑很多，很容易产生难以排查的错误。

JavaScript 是事件驱动型的编程语言，是单线程执行的。以 Node.js 为例，其内部有一个不间断的循环结构来检测当前正在发生什么事件，以及与执行事件相关联的处理程序，且在任一给定的时刻，最多运行一个事件处理程序。

以 Node.js 的写操作为例：

```
fs.writeFile(filePath, data, callback);
```

在发起写操作后，这个函数并不会等待写操作完成，而是直接返回，把 CPU 的控制权交给这行代码之后的业务代码，没有任何阻塞。当实际的写操作完成后，会触发一个事件，这个事件会执行 callback 内的逻辑（需要注意的是，JavaScript 是单线程的，但 Node.js 并不是单线程的，写文件的工作是由 Node.js 的其他部分完成的，完成后再触发 JavaScript 执行线程的回调事件）。

早期的 C++、C# 或 Java 处理类似的业务时，如果不开新线程，就只能等待 IO 操作完成之后，才能处理后面的逻辑。

这一特性使得 JavaScript 语言在处理高 IO 的应用时如鱼得水。但也正是因为这一点，JavaScript 语言不适合处理 CPU 密集型的业务。假如一个任务长时间地占用 CPU，整个应用就会“卡住”而无法处理其他业务，只能等待这个任务执行完成。

国内很多大厂也很看重 JavaScript 语言的这个能力，一般使用 Node.js 来接管 Web 请求（IO 操作），复杂的业务逻辑（CPU 操作）再由 Node.js 转交给 Java 执行。

Electron 显然具有利用 JavaScript 语言的能力，但它同时也具有多进程模型，所以读者基于 Electron 开发应用时要多加留意，避免犯错。

3.2 进程调试

3.2.1 调试主进程

使用 Visual Studio Code 打开第 2 章创建的项目，点击 Visual Studio Code 左边菜单栏 debug 图标，然后在图 3-1 中下拉选择“添加配置”。

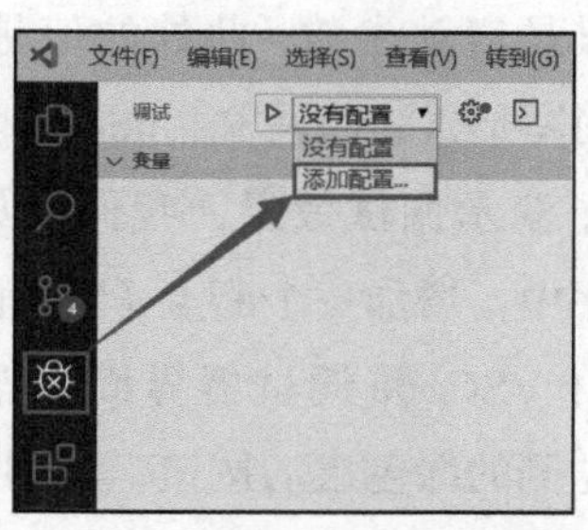

图 3-1　Visual Studio Code 添加调试配置图一

接着在弹出的选项中选择 Node.js 环境，如图 3-2 所示。

VSCode 会为你在项目根目录下创

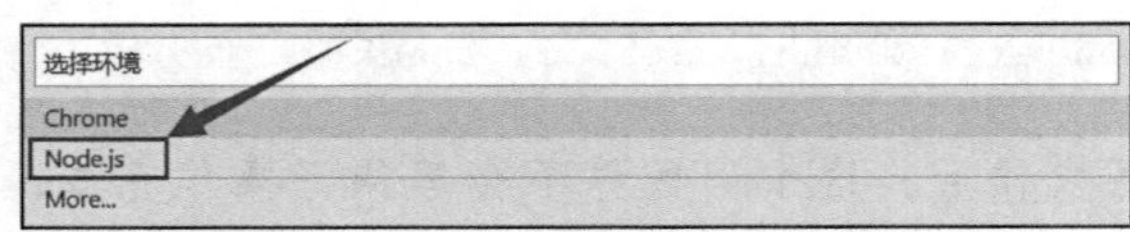

图 3-2　Visual Studio Code 添加调试配置图二

建 .vscode/launch.json 配置文件，用如下配置代码替换原有的配置代码。

```
{
    "version": "0.2.0",
    "configurations": [
        {
            "name": " 调试主进程 ",
            "type": "node",
            "request": "launch",
            "cwd": "${workspaceRoot}",
            "runtimeExecutable": "${workspaceRoot}/node_modules/.bin/electron",
            "windows": {
              "runtimeExecutable": "${workspaceRoot}/node_modules/.bin/
electron.cmd"
            },
            "args": ["."],
            "outputCapture": "std"
        }
    ]
}
```

其中，name 是配置名称，此名称将会显示在调试界面的启动调试按钮旁边。

type 是调试环境，此处调试环境是 Node.js 环境。

runtimeExecutable 指向的是批处理文件，该批处理文件用于启动 Electron。

${workspaceRoot} 是正在进行调试的程序的工作目录的绝对路径。

args 是启动参数（此处的值是主进程程序路径的简写形式，填写“./index.js”亦可）。

为了演示调试效果，我们在如图 3-3 的主进程程序中，增加一个断点（注意圆点）。

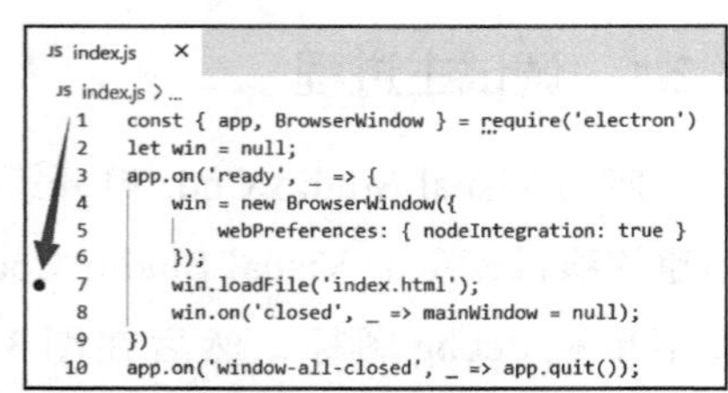

图 3-3　在主进程程序中增加一个断点

打开 VSCode 调试器界面，点击“调试主进程”左侧的绿色启动按钮，如图 3-4 所示。

图 3-4　启动调试

程序启动后会停止在断点所在行。当鼠标

移动到 win 对象时，界面会悬浮显示 win 对象的属性，如图 3-5 所示。

```
JS index.js  >
JS index.js > 
const
let w
app.o
  w
  |
  }
  win.loadFile('index.html');
  win.on('closed', _ => mainWindow = null);
})
app.on('window-all-closed', _ => app.quit());

BrowserWindow {setBounds: , _events: Object, _eve…
> _events: Object {blur: , focus: , show: ,
  _eventsCount: 7
  devToolsWebContents: null
  id: 1
> setBounds: (bounds, ...opts) => { … }
> webContents: WebContents
> __proto__: TopLevelWindow {focusOnWebView
```

图 3-5　断点中断处显示的 win 对象属性

开发者也可以在 VSCode 的“调试控制台”下方的输入栏输入 win，然后按下 Enter 键，调试控制台也会显示 win 对象的详细属性，如图 3-6 所示。

```
问题　输出　调试控制台　终端
win
v BrowserWindow {setBounds: , _events: Object, _eventsCount: 7, devToolsWebContents: <accessor>}
  > _events: Object {blur: , focus: , show: , …}
    _eventsCount: 7
    devToolsWebContents: null
    id: 1
  > setBounds: (bounds, ...opts) => { … }
  > webContents: WebContents
  > __proto__: TopLevelWindow {focusOnWebView: , blurWebView: , isWebViewFocused: , …}
```

图 3-6　查看 win 对象的详细属性

如果想控制程序的运行，可以通过调试控制器，使程序单步进入某函数的执行逻辑，单步跳过某函数的执行逻辑，重启调试，停止调试等。调试控制器如图 3-7 所示。

如果主进程包含大量的业务逻辑，建议开发者直接使用调试模式启动应用，这样有利于随时在主进程业务代码中下断点进行调试。

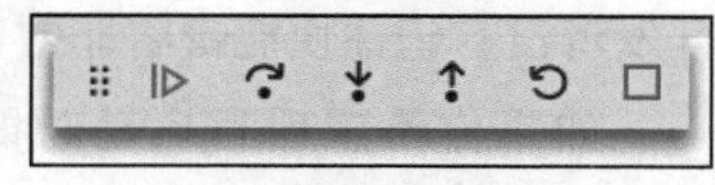

图 3-7　调试控制器

3.2.2　调试渲染进程

程序运行后，保持窗口处于激活状态，同时按下 Ctrl+Shift+I 快捷键（Mac 系统下快捷键为 Alt+Command+I）即可打开渲染进程的调试窗口，如图 3-8 所示。

这其实就是 Chrome 浏览器的开发者工具，开发者可以使用它来调试与界面相关的 HTML、CSS 和 JavaScript 代码。

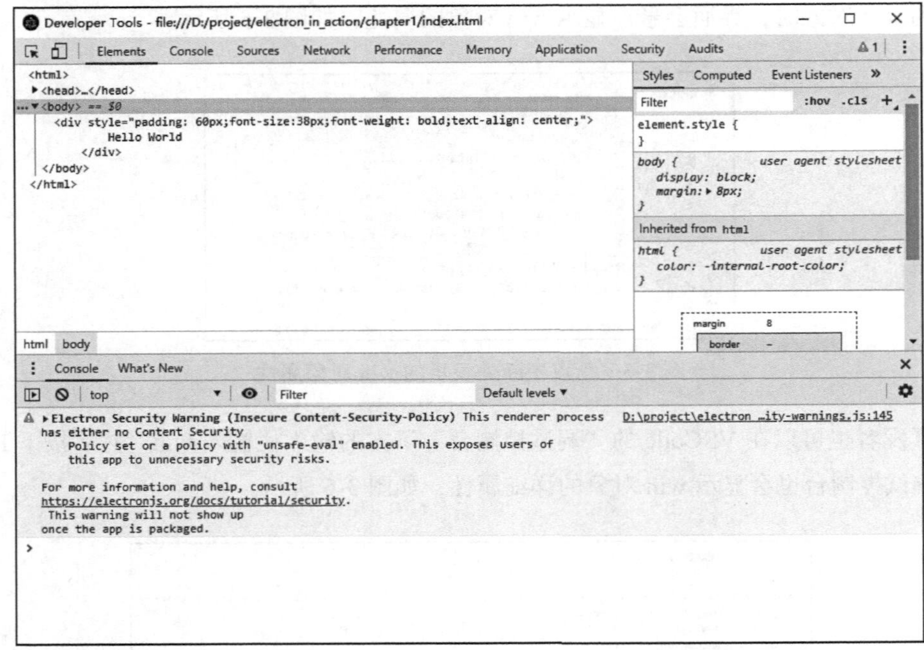

图 3-8　开发者调试工具

你也可以通过窗口的默认菜单 View->Toggle Developer Tools 来打开调试工具，如图 3-9 所示，不过我还是建议你记住快捷键，因为默认的窗口菜单对于用户意义不大，开发者往往需要禁用掉 Electron 提供的窗口菜单，此时如果开发者没有记住快捷键将非常麻烦。

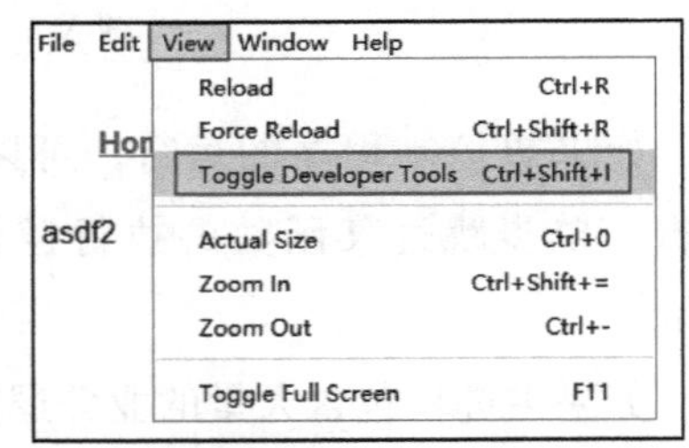

图 3-9　从窗口菜单打开开发者调试工具

如果你希望项目启动时即打开开发者工具，可以在主进程 win 对象 loadFile 之后，使用如下代码打开该工具：

```
win.webContents.openDevTools();
```

该代码的含义是调用 win 对象的 webContents 属性，使其打开调试工具。webContents 是 Electron 中一个非常重要的对象，负责渲染和控制页面，后文有对此对象的详细介绍。

界面代码更新后，可以通过 Ctrl+R 快捷键刷新页面（Mac 系统下快捷键为 Command+R）。与 Electron 有关的热重载技术，我们将在后文讲解。

3.3　进程互访

3.3.1　渲染进程访问主进程对象

在 index.html 中增加如下代码：

```
    <button id="openDevToolsBtn">打开开发者工具</button>
    <script>
        let { remote } = require('electron');
        document.querySelector("#openDevToolsBtn").addEventListener('click',
function() {
            remote.getCurrentWindow().webContents.openDevTools();
        });
    </script>
```

require 是 Node.js 模块加载指令，因为我们开启了 nodeIntegration，所以这里可以加载任何你安装的 Node.js 模块。在此我们加载了 Electron 内部的 remote 模块。渲染进程可以通过这个模块访问主进程的模块、对象和方法。

扩展

本代码块的第一行用到了对象解构赋值语法。

在开发过程中经常会把一个对象的属性值赋值给另一个变量，且往往这个变量名和对象的属性名是相同的，比如：

```
let obj = { param1:"test1", param2:"test2" };
let param1 = obj.param1;
```

此时就可以用对象解构赋值语法来进行简化，代码如下：

```
let { param1 } = { param1:"test1" , param2:"test2" };
```

如果你希望同时创建 param2 变量，可以写成如下形式：

```
let { param1, param2 } = { param1:"test1" , param2:"test2" };
```

如果你希望更改变量的名字，可以通过如下方式实现：

```
let { param1:yourNewParamName } = { param1:"test1", param2:"test2" };
```

现在 yourNewParameName 是自定义变量。

解构赋值特性不仅可以用于对象，还可以用于数组，比如：

```
let [ param1, param2 ] = [ "test1", "test2" ];
```

接下来我们在 button 的 click 事件中，通过 remote.getCurrentWindow 方法获取当前窗口，使用当前窗口的 webContents 属性打开开发者工具。

重点 remote 对象的属性和方法（包括类型的构造函数）都是主进程的属性和方法的映射。在通过 remote 访问它们时，Electron 内部会帮你构造一个消息，这个消息从渲染进程传递给主进程，主进程完成相应的操作，得到操作结果，再把操作结果以远程对象的形式返回给渲染进程（如果返回的结果是字符串或数字，Electron 会直接复制一份结果，返回给渲染进程）。在渲染进程中持有的远程对象被回收后，主进程中相应的对象也将被回收。渲染进程不应超量全局存储远程对象，避免造成内存泄漏。

在上面的示例中，我们先通过 getCurrentWindow 方法得到了当前窗口，再通过当前窗口的 webContents 对象打开了开发者工具。我们还可以通过另一种更简单的方法来访问当前窗口的 webContents 对象，如下所示：

```
let webContents = remote.getCurrentWebContents();
```

这和上一种方法的执行原理是一样的。

3.3.2 渲染进程访问主进程类型

除了常用的 getCurrentWindow 方法和 getCurrentWebContents 方法外，你还可以通过 remote 对象访问主进程的 app、BrowserWindow 等对象和类型。接下来，我们在渲染进程创建一个新的窗口：

```
let win = null;
document.querySelector("#makeNewWindow").addEventListener('click', function() {
    win = new remote.BrowserWindow({
        webPreferences: { nodeIntegration: true }
    });
    win.loadFile('index.html');
})
```

makeNewWindow 是页面中新增加的一个按钮的 id（具体 HTML 代码不再提供），如你所见，通过 remote 创建新窗口与在主进程中创建窗口并无太大差别。

虽然上述代码看起来就像简单地在渲染进程中创建了一个 BrowserWindow 对象一样，然而背后的逻辑并不简单。创建 BrowserWindow 的过程依然在主进程中进行，是由 remote 模块通知主进程完成相应操作的，主进程创建了 BrowserWindow 对象的实例后，把对象的实例以远程对象的形式返回给渲染进程。这些工作都是 Electron 帮开发者完成的，开发者因此可以更简单地访问主进程的类型，但与此同时也带来了很多不容易排查出的问题，后文我们会有介绍。

3.3.3 渲染进程访问主进程自定义内容

以上内容介绍的是在渲染进程中通过 remote 访问 Electron 提供的内部对象和类型，那么是否可以通过 remote 模块访问用户自己定义的对象或类型呢？

先在工程内新建一个 mainModel.js 文件，代码如下：

```
let { BrowserWindow } = require('electron')
exports.makeWin = function() {
    let win = new BrowserWindow({
        webPreferences: { nodeIntegration: true }
    });
    return win;
}
```

此模块导出了一个创建窗口的函数，再在 index.html 中增加如下代码：

```
let mainModel = remote.require('./mainModel');
let win2 = null;
document.querySelector("#makeNewWindow2").addEventListener('click', () => {
    win2 = mainModel.makeWin();
    win2.loadFile('index.html');
});
```

makeNewWindow2 亦是页面中的一个按钮，点击此按钮，依然会打开一个新窗口。

在此按钮点击事件中，我们使用了更简洁的箭头函数。箭头函数的基本用法如下：

```
(参数1, 参数2, …, 参数N) => { 函数声明 }
```

与声明 function 函数最大的区别是，箭头函数不绑定 this。function 函数内部会初始化它自己的 this，箭头函数则是使用当前上下文的 this。因此箭头函数语法实现也更简洁明了。

如果箭头函数的函数体只有一行代码，那么花括号可以省略不写。如果箭头函数只有一个参数，那么参数外面的小括号也可以省略不写。代码示例如下：

```
let func = a => console.log(a);
func('hello');
```

由于使用了 remote.require 加载 mainModel.js，而 mainModel.js 中创建窗口的逻辑其实是在主进程中运行的，因此如果去掉 remote，直接用 require 加载 mainModel.js，则会提示如下错误：

```
BrowserWindow is not a constructor
```

因为此时虽然可以正确地加载 mainModel.js，但是此操作是在渲染进程中进行的，然而渲染进程是不能直接访问 BrowserWindow 类型的，因此窗口无法创建，并给出了报错。

3.3.4 主进程访问渲染进程对象

因为渲染进程是由主进程创建的，所以主进程可以很方便地访问渲染进程的对象与类型，比如创建一个窗口之后，马上控制这个窗口加载一个 URL 路径 winObj.webContents.loadURL('...')。

除此之外，主进程还可以访问渲染进程的刷新网页接口、打印网页内容接口等。关于这些内容，读者可参阅官方文档，此处不再一一举例。

由于主进程内没有类似 remote 的模块，所以在主进程内加载渲染进程的自定义内容也就无从谈起了，一般情况下也不会有这样的业务需求。

3.4 进程间消息传递

3.4.1 渲染进程向主进程发送消息

渲染进程使用 Electron 内置的 ipcRenderer 模块向主进程发送消息，我们通过在 Index.html 页面上加入如下代码来演示这项功能。

```
let { ipcRenderer } = require('electron');
document.querySelector("#sendMsg1").addEventListener('click', () => {
    ipcRenderer.send('msg_render2main', { name: 'param1' }, { name: 'param2' });
});
```

ipcRenderer.send 方法的第一个参数是消息管道的名称，主进程会根据该名称接收消息；后面两个对象是随消息传递的数据。该方法可以传递任意多个数据对象。

> **重点**　无论是渲染进程给主进程发送消息，还是主进程给渲染进程发送消息，其背后的原理都是进程间通信。此通信过程中随消息发送的 json 对象会被序列化和反序列化，所以 json 对象中包含的方法和原型链上的数据不会被传送。

主进程通过 ipcMain 接收消息，代码如下：

```
let { ipcMain } = require('electron')
ipcMain.on('msg_render2main', (event, param1, param2) => {
    console.log(param1);
    console.log(param2);
    console.log(event.sender);
});
```

ipcMain.on 方法的第一个参数为消息管道的名称，与渲染进程发送消息的管道名称一致。第二个参数为接收消息的方法（此处我们使用了一个匿名箭头函数），其中的第一个参数包含消息发送者的相关信息，后面的参数就是消息数据，可以有多个消息数据（此案例中有两个）。param1、param2 与发送过来的消息数据相同，event.sender 是渲染进程的 webContents 对象实例。我们以 Visual Studio Code 的调试模式运行程序，最终主进程调试控制台会显示如图 3-10 所示信息。

```
{ name: 'param1' }
{ name: 'param2' }
WebContents {
  webContents: [Circular],
  history: [ 'file:///D:/project/electron_in_action/chapter2/index.html' ],
  currentIndex: 0,
  pendingIndex: -1,
  inPageIndex: -1,
  _events: [Object: null prototype] {
```

图 3-10　主进程接收到的消息数据

如果在主进程中设置了多处监听同一管道的代码，当该管道有消息发来时，则多处监听事件都会被触发。

以上传递消息的方式是异步传送，如果你的消息需要主进程同步处理，那么可以通过 ipcRenderer.sendSync 方式发送消息，但由于以此方式发送消息会阻塞渲染进程，所以主进程应尽量迅速地完成处理工作，如果做不到，那还是应该考虑使用异步消息。

> 重点　阻塞 JavaScript 的执行线程是非常危险的，因为 JavaScript 本身就是单线程运行，一旦某个方法阻塞了这个仅有的线程，JavaScript 的运行就停滞了，只能等着这个方法退出。假设此时预期需要有一个 setTimeout 事件或 setInterval 事件被执行，那么此预期也落空了。这可能使你的业务处于不可知的异常当中。
>
> JavaScript 语言本身以"异步编程"著称，因此我们应该尽量避免用它的同步方法和长耗时方法，避免造成执行线程阻塞。

3.4.2　主进程向渲染进程发送消息

如果我们想在主进程中通过控制渲染进程的 webContents 来向渲染进程发送消息，需要在主进程 index.js 文件中增加如下代码：

```
ipcMain.on('msg_render2main', (event, param1, param2) => {
    win.webContents.send('msg_main2render', param1, param2)
});
```

这段代码依然是在监听渲染进程发来的消息，唯一不同的是，在渲染进程发来消息后，主进程将控制 webContents 给渲染进程发送消息。

webContents.send 方法的第一个参数是管道名称，后面可以跟多个消息数据对象。其形式与渲染进程给主进程发送消息形式很相似。

渲染进程依旧使用 ipcRenderer 接收消息。ipcRenderer.on 的第一个参数是管道名称，须和主进程发送消息的管道名称相一致。在渲染进程中增加接收消息的代码如下：

```
ipcRenderer.on('msg_main2render', (event, param1, param2) => {
    console.log(param1);
    console.log(param2);
    console.log(event.sender);
});
```

运行程序，渲染进程给主进程发送消息后，渲染进程也马上接到主进程发来的消息，如图 3-11 所示。

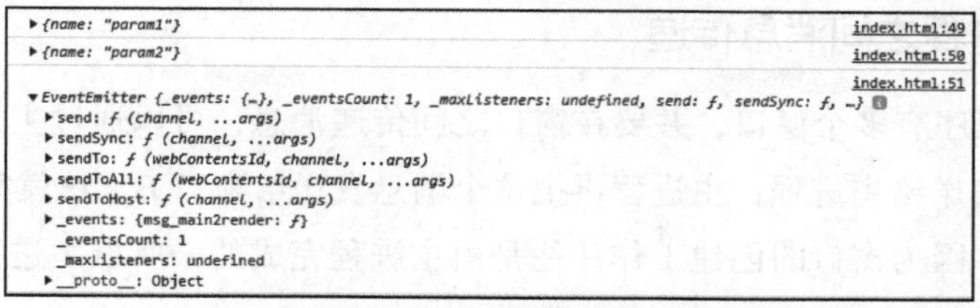

```
▶{name: "param1"}                                                    index.html:49
▶{name: "param2"}                                                    index.html:50
                                                                     index.html:51
▼EventEmitter {_events: {…}, _eventsCount: 1, _maxListeners: undefined, send: ƒ, sendSync: ƒ, …}
  ▶send: ƒ (channel, ...args)
  ▶sendSync: ƒ (channel, ...args)
  ▶sendTo: ƒ (webContentsId, channel, ...args)
  ▶sendToAll: ƒ (webContentsId, channel, ...args)
  ▶sendToHost: ƒ (channel, ...args)
  ▶_events: {msg_main2render: ƒ}
   _eventsCount: 1
   _maxListeners: undefined
  ▶__proto__: Object
```

图 3-11　渲染进程接到主进程发来的消息

当前页面无论增加多少个消息监听函数，一旦主进程发来消息，这些消息监听函数都会被触发。然而如果我们打开新窗口，并让新窗口加载同样的页面，设置同样的消息监听函数，当主进程再发送的消息时，新窗口却不会触发监听事件，这是因为我们在向渲染进程发送消息时，使用的是 win.webContents.send。这就明确地告诉 Electron 只给 win 所代表的渲染进程发送消息。

如果我们需要在多个窗口的渲染进程中给主进程发送同样的消息，消息发送完成之后，需要主进程响应消息给发送者，也就是发送消息给对应的渲染进程，该如何处理呢？

我们知道主进程接收消息事件的 event.sender 就代表着发送消息的渲染进程的 webContents，所以可以通过这个对象来给对应的窗口发送消息，代码如下：

```
ipcMain.on('msg_render2main', (event, param1, param2) => {
    event.sender.send('msg_main2render', param1, param2)
});
```

除了上面的方法外，还可以直接使用 event.reply 方法，响应消息给渲染进程（与以上方法底层逻辑相同）：

```
ipcMain.on('msg_render2main', (event, param1, param2) => {
    event.reply('msg_main2render', param1, param2)
});
```

如果渲染进程传递的是同步消息，可以直接设置 event 的 returnValue 属性响应消息给渲染进程。需要注意的是，以这种方式返回数据给渲染进程，渲染进程是不需要监听的，当消息发送调用成功时，返回值即为主进程设置的 event.returnValue 的值，代码如下：

```
// returnValue 为主进程的返回值
let returnValue = ipcRenderer.sendSync('msg_render2main', {  name: 'param1' },
{ name: 'param2' });
```

3.4.3 渲染进程之间消息传递

如果一个程序有多个窗口，并要在窗口之间传递消息，可以通过主进程中转，即窗口 A 先把消息发送给主进程，主进程再把这个消息发送给窗口 B，这就完成了窗口 A 和窗口 B 的通信。因为窗口的创建工作往往是由主进程完成的，所以主进程持有所有窗口的实例，通过主进程中转窗口间消息非常常见。

但如果你在窗口 A 的渲染进程中知道窗口 B 的 webContents 的 id，就可以直接从窗口 A 发送消息给窗口 B，代码如下：

```
// win1 窗口发送消息的代码
document.querySelector("#sendMsg2").addEventListener('click', _ => {
    ipcRenderer.sendTo(win2.webContents.id, 'msg_render2render', { name:
'param1' }, { name: 'param2'
    })
});
// win2 窗口接收消息的代码
ipcRenderer.on('msg_render2render', (event, param1, param2) => {
    console.log(param1);
    console.log(param2);
    console.log(event.sender);
});
```

ipcRenderer.sendTo 的第一个参数设置为目标窗口的 webContents.id，第二个参数才是管道名称。

注意，在发送消息之前，你应该先打开 win2 所代表的窗口。接收消息的监听函数与接收主进程消息的监听函数是一样的。

3.5 remote 模块的局限性

Electron 团队提供 remote 模块给开发者，主要目的是降低渲染进程和主进程互访的难度，这个目的确实达到了，但也带来了很多问题。归纳起来主要分为以下四点：

- 性能损耗大。

前文我们提到通过 remote 模块可以访问主进程的对象、类型、方法，但这些操作都是跨进程的，跨进程操作在性能上的损耗可能是进程内操作的几百倍甚至上千倍。假设你在渲染进程中通过 remote 模块创建了一个 BrowserWindow 对象，不仅你创建这个对象的过程很耗时，后面你使用这个对象的过程也很耗时。小到更新这个对象的属性，大到使用这个对象的方法，所有操作都是跨进程的，这种累积性的性能损耗，影响有多大可想而知。

- 制造混乱。

假设我们在渲染进程中通过 remote 模块使用了主进程的某个对象，此对象在某个时刻会触发一个事件（BrowserWindow 对象中就有很多这样的事件)，事件处理程序是在渲染进程中注册的，那么当事件发生时，实际上是主进程的原始对象先接到这个事件，再异步地通知渲染进程执行事件处理程序，但此时可能已经错过很多事情了，类似 event.preventDefault() 的操作可能变得毫无意义。在业务复杂的应用中，这类错误非常难以排查。关于这方面的实际案例后文中我们还会有描述。

- 制造假象。

我们在渲染进程中通过 remote 模块使用了主进程的某个对象，得到的是这个对象的映射。虽然它看起来像是真正的对象，但实际上是一个代理对象。首先，这个对象原型链上的属性不会被映射到渲染进程的代理对象上。其次，类似 NaN、Infinity 这样的值不会被正确地映射到渲染进程，如果一个主进程方法返回一个 NaN 值，那么渲染进程通过 remote 模块访问这个方法将会得到“undefined”。

- 存在安全问题。

因为 remote 模块底层是通过 IPC 管道与主进程通信的，那么假设你的应用需要加载第三方网页，即使这些网页运行在安全沙箱内，恶意代码仍可能通过原型污染攻击来模拟 remote 模块的远程消息以获取访问主进程模块的权力，从而逃离沙箱的控制，导致安全问题出现。

Electron 官方团队也意识到了 remote 模块带来的问题，目前正在讨论把 remote 模块标记为“不赞成”，从而逐步把它从 Electron 内部移除，但由于需要考虑兼容性等因素，这势必是一个漫长的过程。读者在实际生产中使用 remote 模块尤其需要注意其带来的诸多问题。我还是会在本书中使用它来演示样例代码，因为它有足够简单明了的优势，不用我写冗长拖沓的进程间通信代码即能表达清楚样例代码的意图。

3.6 本章小结

本章前两节介绍了 Electron 的进程模型，什么是主进程，什么是渲染进程，以及如何调试主进程和渲染进程。后两节介绍主进程和渲染进程如何互相访问，以及如何传递消息。

本章最后介绍了 remote 模块的不足之处，虽然 Electron 提供 remote 模块为开发人员简化了从渲染进程访问主进程模块的工作，但使用这个模块需要小心谨慎，尤其是涉及事件和回调函数的部分。此处的陷阱我们在后文还会有详细讲解。

除以上内容外，本章还介绍了对象解构赋值语法和箭头函数语法。

本章所述内容是 Electron 框架的基础知识，读来可能略显枯燥，但学习从来不是一件容易的事，希望读者能坚持下去。

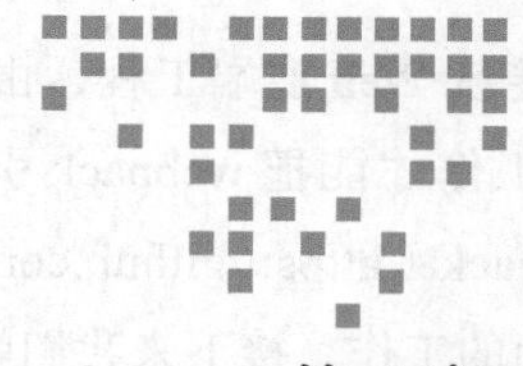

第 4 章 Chapter 4

引入现代前端框架

在前端技术发展的早期阶段，前端开发工程师并没有太多工程化的工具来辅助其开发工作，前端开发工作在整个 Web 开发体系的占比也非常低。但是随着 Node.js、webpack 和一系列前端 MVVM 框架的推出，大型前端项目越来越多，为大型前端项目服务的前端工程化技术也越来越被开发人员接受并使用。

本章将着重讲述如何在 Electron 项目内引入这些现代前端开发框架，为完成高复杂度的大型桌面 GUI 应用奠定基础。

4.1 引入 webpack

4.1.1 认识 webpack

webpack 是一个现代前端应用程序的静态模块打包器。当使用 webpack 处理应用程序时，它会递归地构建一个依赖关系图，其中包含应用程序需要的每个模块，然后将所有这些模块打包成一个或多个代码块。

webpack 是很多现代前端框架的基础，你可以把 webpack 看成一个基础工具。著名的 Vue、React 等前端框架都默认 webpack 作为打包工具。

webpack 非常强大，但强大的背后是复杂，其非常复杂的配置甚至创造一个新的岗位——webpack 配置工程师。

不同于传统 Web 前端工程，由于 Electron 应用是本地 GUI 应用，这又进一步需要额外的配置工作才能把 webpack 引入 Electron 的世界。好在 Electron 的工程师开发了 electron-webpack（https://github.com/electron-userland/electron-webpack）项目，为我们简化了这方面的工作。接下来我们就使用 electron-webpack 来创建一个项目。

4.1.2 配置 webpack

按照本书第 2 章内容新建一个项目，通过以下命令安装 webpack 和 electron-webpack 模块：

```
> yarn add webpack --dev
> yarn add electron-webpack --dev
```

注意，这两个模块都是开发依赖，生产环境并不需要它们，所以在安装命令中都增加了 `--dev` 参数。

接下来我们把 package.json 中的 start 命令修改一下，同时再增加一个 build 指令：

```
"scripts": {
    "start": "electron-webpack dev",
    "build": "electron-webpack build"
}
```

可见我们不再使用 Electron 启动项目，而是使用 electron-webpack 启动。

在命令行执行 yarn start 命令，出现错误提示：

```
    Error: Cannot find entry file src\main\index.ts (or main.ts, or app.ts, or
index.js, or main.js, or app.js)
    at computeEntryFile (...\electron-webpack\src\main.ts:389:11)
```

electron-webpack 默认主进程入口代码文件路径为 ./src/main，但 electron-webpack 并没有在这个路径下找到 index.js（或 main.ts、app.ts、index.js、main.js、app.js 等），所以无法启动程序。

electron-webpack 使用“约定大于配置”的原则为开发者提供服务，它约定的项目目录结构如下：

```
project/
├── dist/
├── src/
│   ├── main/
```

```
│   │   └── index.js
│   ├── renderer/
│   │   └── index.js
│   └── common/
└── static/
```

以上路径中：

- src/main 目录：放置主进程相关的代码，此目录下需要有主进程的入口文件，默认为 index.js。
- src/renderer 目录：放置渲染进程相关的代码，此目录下需要有渲染进程的入口文件，默认亦为 index.js。
- src/common 目录：放置既会被主进程代码用到，又会被渲染进程代码用到的公共代码，一般为一些工具类代码。
- src/static 目录：放置不希望被 webpack 打包的内容，程序可以通过 __static 全局变量访问到这个目录的绝对路径，例如 path.join(__static, '/a.txt') 为该目录下 a.txt 文件的绝对路径。
- dist 目录：放置 webpack 打包后输出的内容，一般来说开发者不会操作此目录。

开发者可以自由地修改这些默认路径，但我认为 electron-webpack 提供的默认路径非常合理，属于最佳实践，因此尽量不要做改动。

本例就按上面的路径进行配置，新建相关目录，然后把主进程 index.js 移入 src/main 目录中，这就是主进程的入口程序。

删除原有 index.html，并在 src/renderer 目录下新建 index.js 文件，这就是渲染进程入口程序。

扩展　你可以在项目的 package.json 中增加 electronWebpack 节点来配置项目中的 webpack 及默认路径，比如：

`electronWebpack:{main:{sourceDirectory:"....."}}` 可以配置主进程源码目录；

`electronWebpack:{renderer:{sourceDirectory:"......"}}` 可以配置渲染进程源码目录；

`"electronWebpack":{"renderer":{"webpackConfig": "webpack-config.js"}}` 可以指定 webpack 的配置文件路径。

4.1.3 主进程入口程序

至此，项目依然不能正常启动，我们还需要修改两个入口程序，先把主进程入口程序中的 win.loadFile('index.html')：替换为如下代码：

```
let path = require('path');
let URL = require('url');
let url = '';
if (process.env.NODE_ENV !== 'production') {
    url = 'http://localhost:' + process.env.ELECTRON_WEBPACK_WDS_PORT;
} else {
    url = URL.format({
        pathname: path.join(__dirname, 'index.html'),
        protocol: 'file'
    });
}
win.loadURL(url);
```

在此代码中，通过 process.env.NODE_ENV 来判断当前代码是在生产环境中运行还是在开发环境中运行。如果是在生产环境，则通过 File 协议加载本地 HTML 文件；如果是在开发环境，则通过 HTTP 协议加载本地 localhost 的 Web 服务。

这里读者可能会有疑问，我们并未在本地创建 Web 服务，这个 localhost 服务是哪来的呢？这是 electron-webpack 内部集成的 webpack-dev-server 模块提供的服务，在项目启动时，electron-webpack 通过 webpack-dev-server 创建了这个 Web 服务。

除此之外，webpack-dev-server 还提供了 live-reload 和 hot-module-replacement 的功能。当我们更改业务代码之后，不用重启项目和刷新页面，就可以直接看到改动后的结果。

扩展

以前调试前端代码非常痛苦，开发者需要通过刷新浏览器来检验代码是否正确运行。直到 live-reload 工具出现，此工具只要检测到代码有改动，即帮助开发者自动刷新页面，才减轻了开发者的调试负担。

webpack 则更进一步，做到了可以不刷新页面即更新改动后的代码，这就是 hot-module-replacement 技术，简称 HMR。

此能力对于大型前端项目非常有用。假设某应用组件较多，且层级较深，如果开发者正在调试一个很深层级的组件，此时刷新页面，可能导致当前页面的所有状态全部重置，开发者再想恢复页面到刷新前的状态将非常麻烦。此时 HMR 技术对开发者的帮助就十分巨大了。

代码中 __dirname（注意此处有两个下划线）是 Node.js 环境的一个全局变量，变量的值是当前 Node 运行环境所在目录的绝对路径。

除 __dirname 外，Node.js 环境还有以下几个全局变量：

- __filename：其值为当前运行的脚本的绝对路径（包含文件名）。
- global：其表示 Node 所在的全局环境，类似于浏览器中的 window 对象。
- process：其指向 Node 内置的 process 模块，允许开发者使用此对象操作当前进程。
- console：其指向 Node 内置的 console 模块，提供命令行环境中的标准输入、标准输出功能，比如 console.log("electron");。

4.1.4　渲染进程入口程序

在编写渲染进程入口程序的代码之前，我们要先创建一个简单的 JavaScript 模块。在 src/renderer 目录下，新建 renderModule.js 文件，代码如下：

```
    export default {
    say : function() {
    document.write('Hello webpack');
    }
}
```

再修改 src/renderer 目录下的 index.js 文件，代码如下：

```
import renderModule from './renderModule'
renderModule.say();
```

此后在命令行下运行 yarn start，程序成功运行，并在窗口内输出了 Hello webpack 字样，如图 4-1 所示。

保持窗口开启，我们把 renderModule.js 程序中的 Hello webpack 改为 Hello electron-webpack。你会发现虽然我们没有重启应用，也没有刷新窗口内的页面，但窗口内的 Hello webpack 字样也改为了 Hello electron-webpack，这就是上一节中提到的 live-reload 和 HMR 的能力。

另外，此处我们使用了 ES6 的模块导入、导出标准——通过 export 导出模块，通过 import 导入模块。

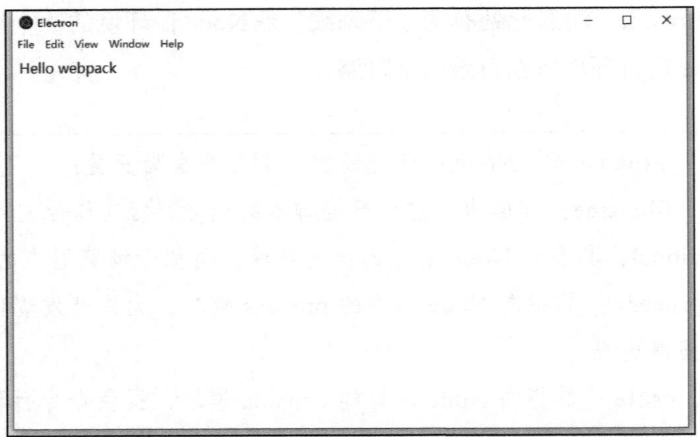

图 4-1 使用了 webpack 的 Electron 窗口一

扩展

前面我们介绍了 Node.js 的模块机制，此处我们又用到了 ES6 的模块机制。其中 export 导出内容有两种方式。一种是导出默认绑定，就像我们上文所示的例子一样，export default 后面的对象就是被导出的内容，一个模块只能有一个导出默认绑定。

另一种是命名导出，可以导出一系列的变量、方法、对象等，代码如下：

```
export let param1 = 'allen';
export let param2 = function() { console.log(param1) };
export let param3 = { param4:'test1', param5:'test2' };
```

命名导出必须导出变量声明语句，而不能先声明变量，再导出变量。之所以这样要求是为了方便对代码做静态分析。

导入指令中，import 后面的 from 指定模块文件的位置，可以是相对路径，也可以是绝对路径，.js 后缀可以省略。

如果导入的是默认绑定模块，那么可以直接导出一个自定义的变量；如果导入的是一个命名导出，则必须把变量包在花括号内（注意，此处不是前文所说的对象解构赋值），形如：

```
import {param1,param2,param3 as myParam3} from './module'
```

如你所见，我们给第三个变量设置了一个别名。在你的程序里，变量 param3 是不可用的，myParam3 才是可用的。

4.1.5　自定义入口页面

细心的读者会发现，即使我们特意删除了 index.html，页面依然会正常显示，这是因为 electron-webpack 为我们创建了一个主页，在打包完成后，该主页被放置到了 dist 目录下，名为：.renderer-index-template.html。

现在我们尝试定义自己的主页，先在 package.json 文件中增加如下配置节：

```
"electronWebpack": {
    "renderer": {
        "template": "src/renderer/index.html"
    }
}
```

此配置节标志着渲染进程的主页模板为 src/renderer/index.html，再在 src/renderer 目录下新建一个 index.html 文件，代码如下：

```
<html>
<head>
    <meta charset="utf-8" />
</head>
<body>
    <div> 你好，渲染进程主页 </div>
</body>
</html>
```

运行程序，打开的窗口如图 4-2 所示。

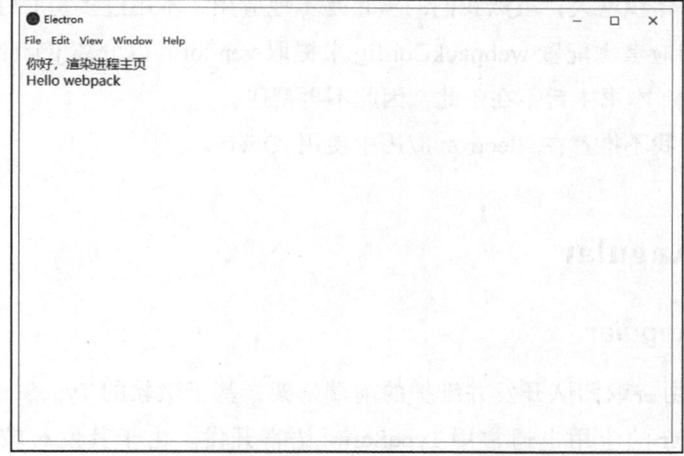

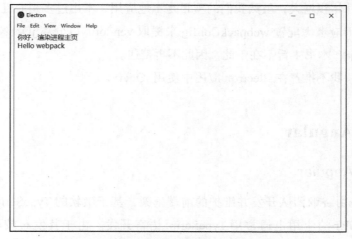

图 4-2　使用了 webpack 的 Electron 窗口二

由此可见，我们新配置的主页已经成功渲染出来了。但是这个主页并没有引入渲染进程入口 js 文件，那么"Hello webpack"是怎么显示出来的呢？

我们按 Ctrl+Shift+I 快捷键打开渲染进程调试工具，发现主页 body 内多了如下代码：

```
<script type="text/javascript" src="renderer.js"></script>
```

这行代码是 webpack 帮我们引入的，增加了这行引用后，再由 webpack-dev-server 把最终的页面提供给 Electron 客户端。

在执行 yarn build 指令编译源码的时候，webpack 会帮我们引用打包过的渲染进程入口 js 文件。

4.1.6 使用 jQuery

我们把 jquery-3.4.1.min.js 移动到 src/renderer 目录下，并将 index.js 的代码修改为：

```
import $ from './jquery-3.4.1.min'
import renderModule from './renderModule'
$(function() {
    renderModule.say();
})
```

运行程序，发现 jQuery 已经被正常引入了。第 2 章中我们通过 <script> 标签引入 jQuery 时遇到了问题，但此处通过 import 指令就毫无阻碍了。由于 jQuery 只会被渲染进程用到，所以我们把它直接放在 src/renderer 目录下。它会被 webpack 打包，这导致打包产出的文件体积增大，虽然我们的项目是本地应用，不用过多担心性能问题，但如果追求完美，则应考虑配置 webpackConfig 来提取 vendor，以分离 jQuery。webpack 配置项繁多且复杂，本书主旨不在于此，因此不再赘述。

再说一次，我不推荐在 Electron 应用中使用 jQuery。

4.2 引入 Angular

4.2.1 认识 Angular

Angular 是由谷歌团队开发并维护的前端框架，基于微软的 TypeScript 语言开发完成。基于 Angular 的应用也通常用 TypeScript 语言开发。由于其发布较早，使用者非常多。

Angular 官方宣称其可以开发跨平台桌面应用，但官方维护的 angular-electron 项目（https://github.com/angular/angular-electron）已经停止更新很久了。好在有开发者在社区提供了一个 angular-electron 项目（https://github.com/maximegris/angular-electron），其有着很高的受欢迎程度和不错的更新及时性，因此本节我们就基于此项目将 Angular 引入 Electron 应用。

4.2.2　环境搭建

angular-electron 是一个模板项目，所以我们先在命令行下通过 git 工具把项目源码克隆到本地：

```
> git clone https://github.com/maximegris/angular-electron.git
```

克隆完成之后，分别执行如下两条命令以安装项目依赖包，并启动程序：

```
> yarn
> yarn start
```

此项目模板 package.json 内包含很多指令，包括编译、测试和针对不同平台的打包等，此处不再一一说明。程序运行成功后界面如图 4-3 所示。

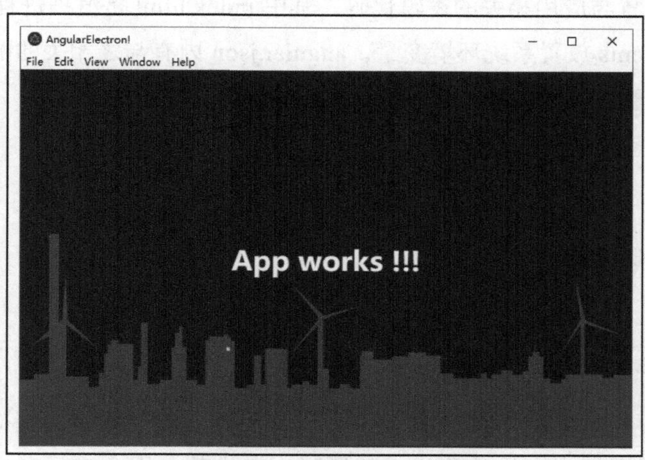

图 4-3　使用了 Angular 的 Electron 窗口

程序运行时，如果我们修改项目根目录下的 index.html 中 title 的内容，会发现窗口的标题栏也跟着变更了，这说明该项目模板具备 live-reload 的能力。

4.2.3 项目结构

此项目代码用 TypeScript 语言编写，其目录结构如下所示：

```
project/
 ├── src/
 ├ ├ app/
 ├ ├ assets/
 ├ ├ environments/
 ├ └── index.html
 ├ electron-builder.json
 ├ angular.json
 └── main.ts
```

项目根目录下的 main.ts 是主进程入口，程序在此创建了第一个窗口。如果是测试环境，则启动一个 HTTP 服务，通过窗口加载本地 URL 路径；如果是生产环境，则通过 file:// 路径访问本地文件。

angular.json 是此项目的配置文件，其中 projects.angular-electron 节点放置了与 Electron 相关的配置，比如主进程入口程序、渲染进程入口程序、系统样式、应用图标等。

electron-builder.json 是应用打包相关的配置文件。

src 子目录放置与应用相关的逻辑代码，其中 index.html 是渲染进程打开的主页面。

src/environments 放置系统环境变量，angular.json 内有与之相关的配置项。

src/assets 放置应用静态资源，如图片、字体或语言资源等。

src/app 放置系统主要逻辑代码。

4.3 引入 React

4.3.1 认识 React

React 最早由 Facebook 的工程师建立，以声明式、组件化、跨端应用为主要目标。React 在全世界范围拥有大量的用户，其社区生态成熟，周边工具和组件库也非常多。此外，值得一提的是由阿里工程师开发并开源的 AntDesign（https://ant.design/index-cn）是一个非常有名的基于 React 的界面元素库。

本节我们介绍如何在 Electron 应用中使用 React。

4.3.2　环境搭建

为了快速引入 React，我们使用 electron-react-boilerplate（https://github.com/electron-react-boilerplate/electron-react-boilerplate）项目模板。该模板把 Electron、React、Redux、React Router、webpack 和 React Hot Loader 都结合了起来，可谓是集齐了“React 家族”的所有常见成员。

首先我们创建一个目录，然后把该模板项目克隆到此目录下：

```
git clone --depth 1 --single-branch --branch master https://github.com/
electron-react-boilerplate/electron-react-boilerplate.git
```

接着在项目根目录下分别执行如下两条命令，安装项目依赖包并以调试模式运行程序：

```
yarn
yarn dev
```

程序启动后运行界面如图 4-4 所示。

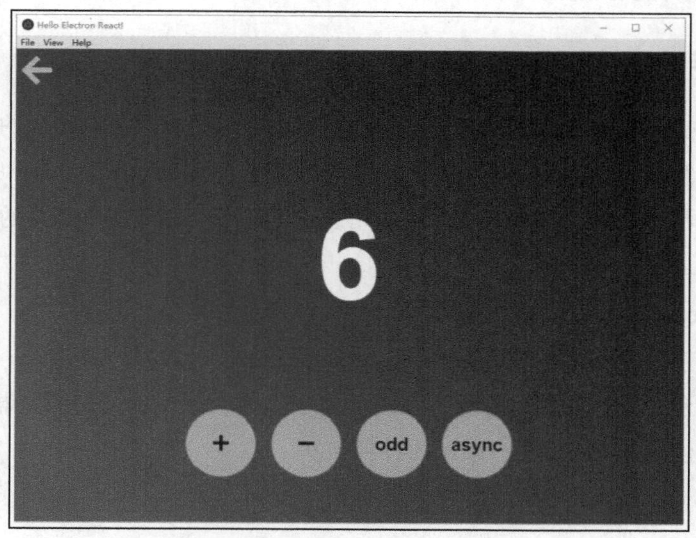

图 4-4　使用了 React 的 Electron 窗口

程序运行时修改 app/components/Home.js 文件内 render 函数的相关代码，使其渲染的内容有所变化，如果发现程序不用刷新即可渲染更新后的内容，说明 React Hot Loader 已经生效。

4.3.3 项目结构

本项目模板的目录结构如下所示：

```
project/
├── app/
├ ├ index.js
├ └── main.*.js
├ config
├ resources
└── tests
```

项目根目录下 config 文件夹存放项目配置文件，主要是各种 webpack 环境的配置文件。

tests 目录下放置自动化测试程序。

resources 文件夹中放置系统资源文件，主要为程序的图标。

app 目录下放置应用的业务代码，其中 main.*.js 为程序的主进程入口，index.js 为程序的渲染进程入口。

未列出的文件还有很多，其中大部分都和 React 应用有关，这里就不再一一介绍了。

4.3.4 项目引荐

如果你希望使用 React 技术栈开发桌面应用，又想规避 Electron 的缺点（比如打包体积太大、非系统原生组件等），那么你可以考虑使用 Proton Native（https://proton-native.js.org）框架来创建你的 GUI 桌面应用。这个项目可以说是 PC 端的 React Native，它的特点如下：

- 与 React Native 的语法一致。
- 可以使用 React 生态里的组件，比如 Redux。
- 跨平台开发，使用目标操作系统的原生组件，底层不再是浏览器。
- 可以使用 Node.js 生态领域的各种包。

4.4 引入 Vue

4.4.1 认识 Vue

Vue 是一套用于构建用户界面的渐进式框架。相比 Angular 和 React，Vue 更容易上手。它也有完善的社区和工具链支持，尤其对中国用户非常友好，其中文文档完善，各类教程丰富。本书后续章节将主要以 Vue 来讲解 Electron 的案例。

Vue CLI Plugin Electron Builder（https://github.com/nklayman/vue-cli-plugin-electron-builder）和 electron-vue（https://github.com/SimulatedGREG/electron-vue）是两个能将 Vue 引入 Electron 项目的工具。electron-vue 项目推出时间较早，拥有更多的用户，但已经超过一年没有更新了；Vue CLI Plugin Electron Builder 虽然用户较少，但维护及时，且基于 Vue Cli 3 开发，更符合 Vue 使用约定。因此本节将以 Vue CLI Plugin Electron Builder 为工具来介绍如何把 Vue 引入 Electron 工程中。

4.4.2　环境搭建

创建 Vue 项目之前我们需要先安装 Vue CLI。它是一个命令行工具，可以辅助开发人员创建 Vue 项目，安装指令如下：

```
> yarn global add @vue/cli
```

使用 Vue CLI 创建一个 Vue 项目，命令行指令如下：

```
> vue create chapter3_4
```

按提示选择你需要的配置项，示例如下：

```
Please pick a preset: Manually select features
? Check the features needed for your project: Babel, Router, CSS Pre-processors
? Use history mode for router? (Requires proper server setup for index fallback in production) Yes
? Pick a CSS pre-processor (PostCSS, Autoprefixer and CSS Modules are supported by default): Sass/SCSS (with dart-sass)
? Where do you prefer placing config for Babel, PostCSS, ESLint, etc.? In dedicated config files
? Save this as a preset for future projects? Yes
? Save preset as: allen
```

在配置项中我们使用了 Sass/Scss 预处理器，它可以使我们更快、更优雅地编写前端样式代码。

Sass（https://sass-lang.com/）是采用 Ruby 语言编写的一款 CSS 预处理器，它诞生于 2007 年，是最早的 CSS 预处理器框架。最初它是为了配合 Haml 而设计的，因此有着和 Haml 一样的缩进式风格。从第三代开始，Sass 放弃了缩进式风格，并且完全向下兼容普通的 CSS 代码，这一代的 Sass 也被称为 Scss。

接下来我们安装 Vue 插件 electron-builder（也就是 Vue CLI Plugin Electron Builder），安装指令如下：

```
> vue add electron-builder
```

过程中会提示你选择 Electron 的版本，读者选择最新版本即可。

安装完成后通过如下指令启动程序：

```
> yarn electron:serve
```

运行效果如图 4-5 所示。

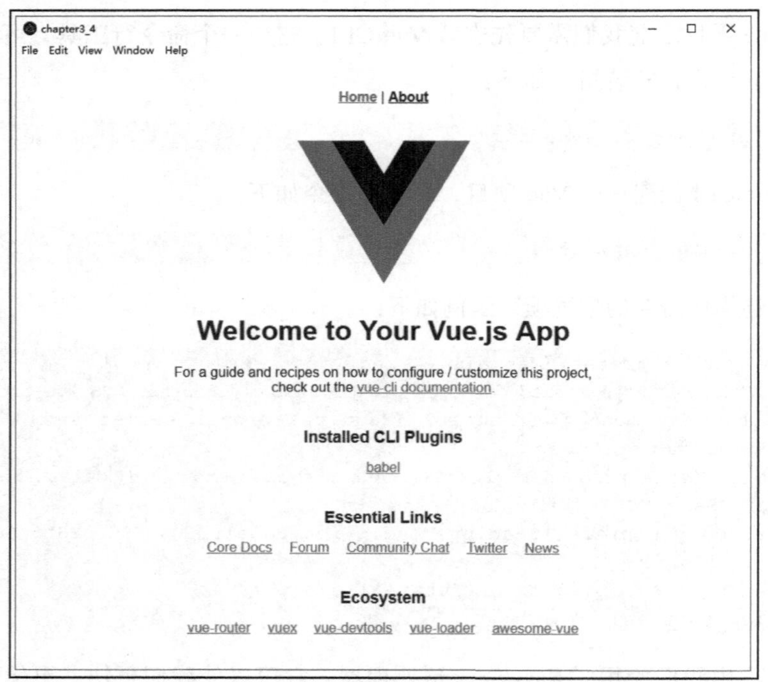

图 4-5　使用了 Vue 的 Electron 窗口

程序运行时如果修改 src/App.vue 中的内容，界面会自动更新，这说明项目中 HRM 已生效。

4.4.3　项目结构

项目目录结构如下所示：

```
project/
├── src/
├ ├ background.js
├ └── main.js
├ dist_electron
└── public
```

dist_electron 目录存放应用打包后的安装程序。

public 目录存放项目的静态资源，此目录下的程序不会被 webpack 处理。

src/background.js 是主进程入口程序。

src/main.js 是渲染进程入口程序。

4.4.4　调试配置

使用 Vue CLI Plugin Electron Builder 创建的项目调试渲染进程与在其他环境中创建的别无二致，只要打开窗口开发者工具即可进行调试，而且在开发环境下有 source map 文件来辅助调试 Vue 组件内部的执行逻辑。

但由于 Vue CLI Plugin Electron Builder 对 Electron 模块进行了一定程度的封装，所以调试主进程就需要增加额外的配置。

打开项目根目录下的 .vscode 子目录，创建 tasks.json 文件，内容如下（如果文件已存在，则用如下内容替换原文件中的内容）：

```
{
    "version": "2.0.0",
    "tasks": [
        {
            "label": "electron-debug",
            "type": "process",
            "command": "./node_modules/.bin/vue-cli-service",
            "windows": {
                "command": "./node_modules/.bin/vue-cli-service.cmd"
            },
            "isBackground": true,
            "args": ["electron:serve", "--debug"],
            "problemMatcher": {
                "owner": "custom",
                "pattern": {
                    "regexp": ""
                },
                "background": {
                    "beginsPattern": "Starting development server\\.\\.\\.",
```

```
                        "endsPattern": "Not launching electron as debug argument
was passed\\."
                    }
                }
            }
        ]
    }
```

然后在 .vscode 目录下创建 launch.json 文件，内容如下（如果文件已存在，则用如下内容替换原文件中的内容）：

```
    {
        "version": "0.2.0",
        "configurations": [
            {
                "name": "Electron: Main",
                "type": "node",
                "request": "launch",
                "protocol": "inspector",
                "runtimeExecutable": "${workspaceRoot}/node_modules/.bin/electron",
                "windows": {
                    "runtimeExecutable": "${workspaceRoot}/node_modules/.bin/
electron.cmd"
                },
                "preLaunchTask": "electron-debug",
                "args": ["--remote-debugging-port=9223", "./dist_electron"],
                "outFiles": ["${workspaceFolder}/dist_electron/**/*.js"]
            },
            {
                "name": "Electron: Renderer",
                "type": "chrome",
                "request": "attach",
                "port": 9223,
                "urlFilter": "http://localhost:*",
                "timeout": 30000,
                "webRoot": "${workspaceFolder}/src",
                "sourceMapPathOverrides": {
                    "webpack:///./src/*": "${webRoot}/*"
                }
            }
        ],
        "compounds": [
            {
                "name": "Electron: All",
                "configurations": ["Electron: Main", "Electron: Renderer"]
            }
        ]
    }
```

接着按照本书“调试主进程”章节所讲内容进行调试即可。读者可访问 Debugging in Visual Studio Code 网站（https://code.visualstudio.com/docs/editor/debugging）学习以上配置的详细含义。

4.5　本章小结

本章一开始即介绍了现代前端工程化必不可少的打包工具 webpack，并使用 Electron 团队提供的 electron-webpack 模块创建了一个基于 webpack 的 Electron 项目。如果你是一个崇尚传统的前端开发人员，那么你应该以此方式进入 Electron 的世界，这样既不失现代前端工程化的优势，又不需要引入任何重型前端框架导致项目的复杂度增加。

接着本章介绍了三个现代前端框架——Angular、React 和 Vue。它们都是前端开发工程师常用的前端框架，如果你离开它们就没办法写前端代码，那么可以在 Electron 项目中使用它们来构建你的客户端 GUI 应用。

本章着重介绍了 Vue CLI Plugin Electron Builder，因为本书后续章节还会用它来创建实例项目。

Chapter 5 第 5 章

窗　口

几乎所有包含图形化界面的操作系统都是以窗口为基础构建各自的用户界面的。系统内小到一个计算器，大到一个复杂的业务系统，都是基于窗口而建立的。如果开发人员要开发一个有良好用户体验的 GUI 应用，势必会在窗口的控制上下足功夫，比如窗口边框和标题栏的重绘、多窗口的控制、模态窗口和父子窗口的应用等。本章我会带领大家了解与 Electron 窗口有关的知识。

5.1 窗口的常用属性及应用场景

大部分桌面 GUI 应用都是由一个或多个窗口组成的，在前面的章节中我们已经创建了很多 Electron 窗口（也就是 BrowserWindow），但窗口的属性只用到了 webPreferences: { nodeIntegration: true }。其实，Electron 的 BrowserWindow 还有很多种可用属性。下面我们在表 5-1、表 5-2、表 5-3 中先按应用场景的不同分别介绍这些窗口属性。

表 5-1　控制窗口位置的属性

属性名称：	x, y, center, movable
属性说明：	通过 x, y 可控制窗口在屏幕中的位置，如果没有设置这两个值，窗口默认显示在屏幕正中
应用场景举例：	在第 2 章中，我们用多种方式创建了窗口，然而当多个相同大小的窗口被创建时，后创建的窗口会完全覆盖先创建的窗口。此时，我们就可以通过设置窗口的 x, y 属性，使后创建的窗口与先创建的窗口交错显示，比如：每创建一个窗口，使 x, y 分别比前一个窗口的 x, y 多 60 个像素

表 5-2　控制窗口大小的属性

属性名称：	width, height, minWidth, minHeight, maxWidth, maxHeight, resizable, minimizable, maximizable
属性说明：	通过以上属性可以设置窗口的大小以及是否允许用户控制窗口的大小
应用场景举例：	窗口默认是可以通过拖动改变大小的，如果你不想让用户改变窗口的大小，可以指定 width 和 height 属性后再把 resizable 设置为 false。 如果你希望用户改变窗口的大小，但不希望用户把窗口缩小到很小或放大到很大（窗口太小或太大后界面布局往往会错乱），可以通过 minWidth, minHeight, maxWidth, maxHeight 来控制用户行为

表 5-3　控制窗口边框、标题栏与菜单栏的属性

属性名称：	title, icon, frame, autoHideMenuBar, titleBarStyle
属性说明：	通过以上属性可以设置窗口的边框、标题栏与菜单栏
应用场景举例：	即使不设置 title 或 icon 也没问题，因为窗口的 title 默认为你网页的 title，icon 默认为可执行文件的图标。 frame 是一个非常重要的属性，目前市面上几乎所有的软件都会用自定义的窗口标题栏和边框，只有把 frame 设置成 false，我们才能屏蔽掉系统标题栏，为自定义窗口的标题栏奠定基础。 你不能轻易把系统菜单设置成 Null，因为在 Mac 系统下，系统菜单关系到“复制”“粘贴”“撤销”和“重做”这样的常用快捷键命令（类似 Command+Z 的快捷键也与系统菜单有关）。本部分的内容在后文将有详细描述

上面列举了一些 Electron 窗口的基础配置（并不是全部配置）。此外，Electron 窗口还有一个非常特殊的配置——webPreferences，它包含多个子属性，可以用于控制窗口内的网页。下面我们选几个常用的属性进行介绍，如表 5-4、表 5-5 所示。

表 5-4　控制渲染进程访问 Node.js 环境能力的属性

属性名称：	nodeIntegration, nodeIntegrationInWorker, nodeIntegrationInSubFrames
属性说明：	控制窗口加载的网页是否集成 Node.js 环境
应用场景举例：	这三个配置项默认值都是 false，如果你要把其中的任何一个设置为 true，需要确保网页不包含第三方提供的内容，否则第三方网页就有权力访问用户电脑的 Node.js 环境，这对于用户来说是非常危险的。Electron 官方也告诫开发者需要承担软件安全性的责任

表 5-5　可以增强渲染进程能力的属性

属性名称：	preload, webSecurity, contextIsolation
属性说明：	允许开发者最大限度地控制渲染进程加载的页面
应用场景举例：	preload 配置项使开发者可以给渲染进程加载的页面注入脚本。就算渲染进程加载的是第三方页面，且开发者关闭了 nodeIntegration，注入的脚本还是有能力访问 Node.js 环境的。 webSecurity 配置项可以控制网页的同源策略，关闭同源策略后，开发者可以轻松地调用第三方网站的服务端接口，而不会出现跨域的问题

以上涉及的很多配置对控制窗口表现都十分重要。部分本章未讨论的配置会在其他章节讲述。

5.2 窗口标题栏和边框

5.2.1 自定义窗口的标题栏

窗口的边框和标题栏是桌面 GUI 应用非常重要的一个界面元素。开发者创建的窗口在默认情况下会使用操作系统提供的边框和标题栏，但操作系统默认的样式和外观都比较刻板，大多数优秀的商业应用都会选择自定义。我们随意选几个桌面应用（均为 Windows 操作系统下的应用）来看看它们的标题栏是如何表现的，如图 5-1、图 5-2、图 5-3 所示。

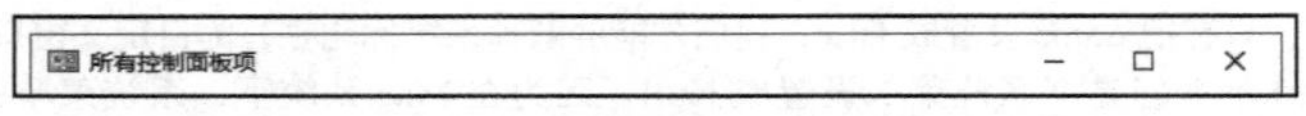

图 5-1 Windows 操作系统控制面板的标题栏

图 5-2 百度网盘的标题栏

图 5-3 微信桌面端的标题栏

商业应用自定义了窗口标题栏后，用户体验有了显著提升，且窗口的拖拽移动、最大化、最小化等功能并没有缺失。可见自定义窗口标题栏对提升产品品质很有帮助。接下来，我们就尝试创建一个拥有自定义标题栏的窗口。

首先创建窗口，并禁用窗口默认边框，代码如下：

```
win = new BrowserWindow({
    frame: false,
    webPreferences: { nodeIntegration: true }
});
```

设置 frame: false 之后，启动应用，窗口的边框和标题栏都不见了，只显示窗口的内容区，这时我们无法拖拽移动窗口，也无法最大化、最小化、关闭窗口了。

我们接下来要做的，就是在窗口的内容区开辟一块空间作为窗口的标题栏，打开src/App.vue，修改其template中的代码为如下代码：

```
<div id="app">
    <div class="titleBar">
        <div class="title">
            <div class="logo">
                <img src="@/assets/logo.png" />
            </div>
            <div class="txt">窗口标题</div>
        </div>
        <div class="windowTool">
            <div @click="minisize">
                <i class="iconfont iconminisize"></i>
            </div>
            <div v-if="isMaxSize" @click="restore">
                <i class="iconfont iconrestore"></i>
            </div>
            <div v-else @click="maxsize">
                <i class="iconfont iconmaxsize"></i>
            </div>
            <div @click="close" class="close">
                <i class="iconfont iconclose"></i>
            </div>
        </div>
    </div>
    <div class="content">
        <router-view />
    </div>
</div>
```

这段代码的作用是把一个页面分隔成两个部分：上部分样式名为titleBar的div是窗口的标题栏；下部分样式名为content的div是窗口的内容区域。内容区域不是本节的重点，本节主要讲窗口标题栏。

标题栏又分为两个区域：一个区域是样式为title的div，此处放置窗口的Logo和标题；另一个区域是样式为windowTool的div，此处放置窗口的最大化、最小化、还原、关闭等控制按钮。这些按钮都是以字体图标的形式显示在界面上的。

为了实现上述页面布局，我们重写了本页面的样式，样式分为两部分。第一部分为全局样式，代码为：

```
<style>
```

```
    body,html {
        margin: 0px; padding: 0px;
        overflow: hidden; height: 100%;
    }
    #app {
        text-align: center; margin: 0px; padding: 0px;
        height: 100%; overflow: hidden;
        box-sizing: border-box;
        border: 1px solid #f5222d;
        display: flex;
        flex-direction: column;
    }
    </style>
```

上述代码控制了 html、body 和 #app 元素的样式。在 #app 元素内我们为窗口设置了 1 个像素宽的红色边框，并且定义该元素的盒模型样式为 border-box。

一般情况下，浏览器会在元素的宽度和高度之外绘制元素的边框（border）和边距（padding），这往往会导致子元素实际大小大于指定大小。代码示例如下：

```
width: 100%;
border: solid #5B6DCD 10px;
padding: 5px;
```

若此样式作用在子元素上，就会导致子元素宽度表现与预期不符，如图 5-4 所示。

一旦开发者为元素指定了 box-sizing: border-box，元素的边框和边距将在已设定的宽度和高度内进行绘制，从已设定的宽度和高度分别减去边框和内边距，得到的值即为内容的宽度和高度。

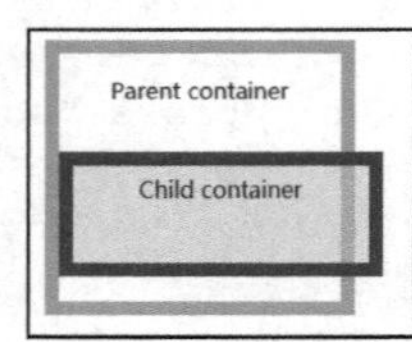

图 5-4 box-sizing 默认为 content-box 时的样式示例

第二部分样式代码如下：

```
<style lang="scss" scoped>
@import url(https://at.alicdn.com/t/font_1378132_s4e44adve5.css);
.titleBar {
    height: 38px; line-height: 36px;
    background: #fff1f0; display: flex;
    border-bottom: 1px solid #f5222d;
```

```
    .title {
    flex: 1; display: flex;
        -webkit-app-region: drag;
        .logo {
            padding-left: 8px; padding-right: 6px;
            img { width: 20px; height: 20px; margin-top: 7px; }
        }
        .txt { text-align: left; flex: 1; }
    }
    .windowTool {
        div {
            color: #888; height: 100%; width: 38px;
        display: inline-block; cursor: pointer;
            i {  font-size: 12px; }
            &:hover { background: #ffccc7; }
        }
        .close:hover { color: #fff; background: #ff4d4f; }
    }
}
.content{ flex: 1; overflow-y: auto; overflow-x: auto; }
</style>
```

style 标签内包含 lang 和 scoped 两个属性：scoped 属性标志着此标签内的样式只对本组件有效；lang="scss" 标志着该样式标签内使用 Scss 语法书写样式规则。

在此标签内，我们通过 @import 指令引入了一个字体图标样式文件。这是 iconfont 平台（https://www.iconfont.cn/）提供的服务，它为我们标题栏的功能按钮提供了字体图标资源。

iconfont 是由阿里妈妈 MUX 团队打造的矢量图标管理、交流平台。该平台包含很多设计师提供的字体图标库，设计风格多样，选择空间巨大。如果你希望得到设计风格一致的图标库，你也可以选择 Font Awesome（https://fontawesome.com/icons）或 ionicons（https://ionicons.com/）这两个平台。

值得注意的是，我们为标题栏的 .title 元素指定了一个专有样式 -webkit-app-region: drag，这个样式标志着该元素所在的区域是一个窗口拖拽区域，用户可以拖拽此元素来移动窗口的位置。

如果我们在一个父元素上设置了此样式，而又不希望父元素内某个子元素拥有此拖拽移动窗口的功能，此时我们可以给该子元素设置 -webkit-app-region: no-drag 样式，以此来屏蔽掉这个从父元素继承来的功能。

至此，我们成功地绘制了窗口的标题栏和边框。在 .title 元素所在区域内按下鼠标拖拽窗口，发现窗口也会跟着移动。在窗口边框上拖拽，窗口大小也会跟着变化。

这里我们使用 HTML 和 CSS 技术就完成了窗口标题的绘制工作，演示的 Demo 虽然传统，但掌握了上述技术后我们就可以自由地绘制标题栏了，比如增加一个用户头像、增加一个设置按钮等。另外，我们还可以改变标题栏的位置和大小，比如把标题栏放在窗口的左侧（例如微信桌面端），让整个窗口都是标题栏（例如迅雷的悬浮窗）等，类似这些需求都可以从容实现，如图 5-5 所示。

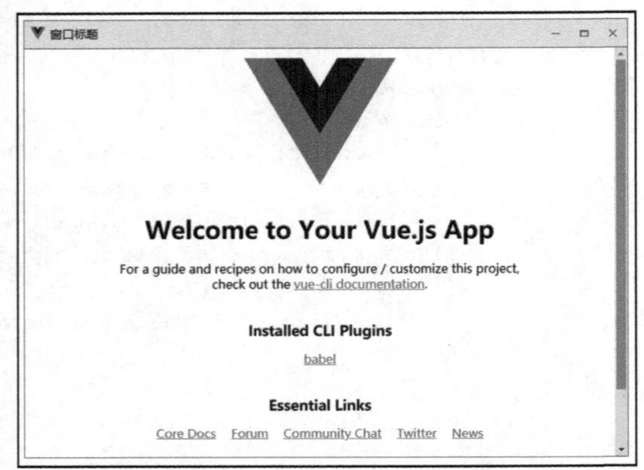

图 5-5　自定义窗口标题栏和边框的示例

5.2.2　窗口的控制按钮

在上一节的 HTML 代码中，我们为标题栏的控制按钮绑定了点击事件，如 <div @click="minisize">。本节我们为这些控制按钮增加控制逻辑，代码如下：

```
let { remote } = require("electron");
export default {
    methods: {
        close() {
        remote.getCurrentWindow().close();
        },
        minisize() {
        remote.getCurrentWindow().minimize();
        },
        restore() {
        remote.getCurrentWindow().restore();
        },
        maxsize() {
        remote.getCurrentWindow().maximize();
        }
    }
};
```

这是一段典型的 Vue 组件内的 JavaScript 代码，首先引入 electron 模块的 remote 对象。用户点击最大化、最小化、还原、关闭按钮的操作，都是先通过 remote 对象获得当前窗口的实例（remote.getCurrentWindow），再操作窗口实例完成的。

此处用到了 ES6 的属性简洁表示法特性。ES6 规定在对象中，属性名和值变量同名时可以简写，比如：

```
{ name:name }
```

可以简写为：

```
{ name }
```

以此类推，对象内的方法也可以简写，比如：

```
{ say:function(){...} }
```

可以简写成：

```
{ say(){...} }
```

在上面的代码中，methods 对象就用到了这个特性。

5.2.3 窗口最大化状态控制

细心的读者可能会发现一个问题，在我们平时的使用中，如图 5-6 中所示的①处的按钮应该在窗口最大化状态时显示还原图标，在非最大化状态时显示最大化图标。

图 5-6 窗口的最大化与还原按钮

为了实现这个功能，我们需要监听窗口最大化状态变化的事件，首先为 App.vue 组件增加一个状态属性：

```
data() {
    return {
        isMaxSize: false
    };
},
```

isMaxSize 负责记录当前窗口是否最大化。在窗口最大化之后，我们把 isMaxSize

属性设置为 true，在窗口还原之后，isMaxSize 属性被设置为 false。

控制该按钮显示行为的代码如下（此处用到了 Vue 的条件渲染功能）：

```
<div v-if="isMaxSize" @click="restore">
    <i class="iconfont iconrestore"></i>
</div>
<div v-else @click="maxsize">
    <i class="iconfont iconmaxsize"></i>
</div>
```

当 isMaxSize 属性被设置为 true 时，界面上就不会再显示最大化按钮，而是显示还原按钮；当 isMaxSize 属性被设置为 false 时，此时最大化按钮重新显现，还原按钮隐藏。

接下来我们为 Vue 组件增加 mounted 钩子函数，此函数负责监听窗口的最大化、还原状态的变化，代码如下：

```
mounted() {
    let win = remote.getCurrentWindow();
    win.on('maximize', _ => {
            this.isMaxSize = true;
            this.setState();
    })
    win.on('unmaximize', _ => {
            this.isMaxSize = false;
            this.setState();
    });
}
```

mounted 是 Vue 组件生命周期钩子函数。当组件挂载到实例上的时候，Vue 组件会调用该钩子函数。

因为不确定程序会不会因标题栏以外的其他地方的操作而最大化或还原窗口，所以不能简单地在控制按钮的 restore 和 maxsize 方法中改变 isMaxSize 属性的值。而用这种方式来监听窗口最大化状态属性的变化，即使因标题栏以外的某个业务组件的操作导致了窗口最大化，isMaxSize 属性的状态值也不会错乱。

另外，当用户双击 -webkit-app-region: drag 区域时，窗口也会最大化，这也是监听窗口 maximize 状态变化的理由之一。

在上述代码中我们还调用了 setState 方法，此方法将会在后文讲解。

重点

此处在渲染进程中监听 win 的 'maximize' 和 'unmaximize' 事件，以及下一小节所讲的 'move' 和 'resize' 事件时，存在一个潜在的问题。当用户按下 Ctrl+R（Mac 系统中为 Command+R）快捷键刷新页面后，再操作窗口触发相应的事件，主进程会报异常。

造成这个现象的原因是我们用 remote.getCurrentWindow 获取到的窗口对象，其实是一个远程对象，它实际上是存在于主进程中的。我们在渲染进程中为这个远程对象注册了两个事件处理程序（'maximize' 和 'unmaximize'），事件发生时，处理程序被调用，这个过程没有任何问题。但是一旦页面被刷新，注册事件的过程会被再次执行，每次刷新页面都会泄漏一个回调。更糟的是，由于以前安装的回调的上下文已经被释放，因此在此事件发生时，泄漏的回调函数找不到执行体，将在主进程中引发异常。

后面的章节中我还会在渲染进程中监听主进程对象的事件，这只是为了演示代码方便而已，但读者在实际使用时应时时注意这样做可能会带来的问题。

有两种办法可以避免重点中提到的这种异常，最常见的方法就是把事件注册逻辑转移到主进程内。当窗口最大化状态变化后，需要设置渲染进程的 isMaxSize 属性，常用的方法是让主进程给渲染进程发送消息，再由渲染进程完成 isMaxSize 属性的设置工作。

另一种办法就是禁止页面刷新。一个简单的禁止页面刷新的代码如下：

```
window.onkeydown = function(e){
    if(e.keyCode == 82 && (e.ctrlKey || e.metaKey)) return false;
}
```

如果上面的代码能成功屏蔽刷新快捷键，说明渲染进程内的页面先接收到了按键事件，并在事件中返回了 false，Electron 即不再处理该事件。

虽然在浏览器中按 F5 快捷键也会触发页面刷新事件，但在 Electron 中并没有监听 F5 按键，所以开发者不用担心。

另外，此程序基于 Vue 和 webpack 开发，webpack 自带 hot-module-replacement（HMR）技术，并不需要用粗暴的 live-reload 技术来刷新页面，所以在开发者更新页面内容后，并没有造成页面刷新，也不影响前端代码调试工作。

5.2.4 防抖与限流

为了让用户有更好的体验，我们希望系统能记住窗口的大小、位置和是否最大化的状态。所以，我们还需要监听窗口移动和窗口大小改变的事件。

这两个事件也放在 mounted 方法内注册，代码如下：

```
win.on('move', this.debounce(() => {
    this.setState();
}));
win.on('resize', this.debounce(() => {
    this.setState();
}));
```

这两个事件有一个共同点，就是用户无论是拖动窗口边框改变窗口大小，还是拖动标题栏可移动区域改变窗口位置，都会在短时间内触发大量的“resize”或“move”事件。这些频繁的调用大部分是无效的，我们往往只要处理最后一次调用即可，所以与监听“maximize”和“unmaximize”事件不同，在监听“move”和“resize”事件的时候，调用了 this.debounce 函数，这是一个防抖函数，代码如下：

```
debounce(fn) {
    let timeout = null;
    return function() {
        clearTimeout(timeout);
        timeout = setTimeout(_ => {
            fn.apply(this, arguments);
        }, 300);
    };
}
```

防抖函数的作用是当短期内有大量的事件触发时，只会执行最后一次事件关联的任务。

此函数原理为在每次“resize”或“move”事件触发时，先清空 debounc 函数内的 timeout 变量，再设置一个新的 timeout 变量。如果事件被频繁地触发，旧的 timeout 尚未执行就被清理掉了，而且 300 毫秒内只允许有一个 timeout 等待执行。

举个例子，A 到主管处领任务，主管把任务分配给 A，并告诉 A，在 300 毫秒后再执行任务。如果在这 300 毫秒内 B 也来领取，那么主管会马上取消 A 的任务，然后把这个任务分配给 B，并告诉 B，在 300 毫秒后再执行任务。如果在这 300 毫秒内又有 C 来领取任务，那么任务又会分配给 C，取消 B 的任务。如果接下来这 300 毫秒内没有人再来领取任务，那么 C 在 300 毫秒后执行任务，也就是说一定是最后一个人执行任务。

debounce函数返回了一个匿名函数，这个匿名函数被用来作为窗口“move”和“resize”事件的监听器。此处，这个匿名函数内部代码有访问timeout和fn的能力，即使debounce函数已经退出了，这个能力依然存在，这就是JavaScript语言的闭包特性。

其背后的原理是js的执行引擎不但记住了这个匿名函数，还记住了这个匿名函数所在的环境。

类似于防抖函数，JavaScript还有一个限流函数，也非常常见，代码如下：

```
throttle(fn) {
    let timeout = null;
    return function() {
        if (timeout) return;
        timeout = setTimeout(_ => {
            fn.apply(this, arguments);
            timeout = null;
        }, 300);
    };
},
```

限流函数的作用是当短期内有大量的事件被触发时，只会执行第一次触发的事件。

此函数的原理为当每次事件触发时，先判断与该事件关联的任务是否正等待执行。如果不是，那么就创建一个timeout，让任务等待执行。再有新事件触发时，如果发现有任务在等待执行，即直接退出。

再举个例子，A到主管处领任务，主管把任务分给A，并且告诉A，任务需要在300毫秒后执行。在接下来的300毫秒内，B又来领同样的任务，主管会直接拒绝B的申请。直到A执行完任务后，再有新人来申请任务，主管才会给他分配任务。

无论是防抖函数还是限流函数，其主要作用都是防止在短期内频繁地调用某函数，导致进行大量无效的操作，损耗系统性能（甚至可能会产生有害的操作，影响软件的正确性）。

5.2.5 记录与恢复窗口状态

我们在前面讲解的几个事件中都调用了setState方法。此方法的主要作用就是记录窗口的状态信息，把窗口的大小、位置和是否最大化等信息保存在LocalStorage内。代码如下：

```
setState() {
    let win = remote.getCurrentWindow();
    let rect = win.getBounds();
    let isMaxSize = win.isMaximized();
    let obj = { rect, isMaxSize };
    localStorage.setItem('winState', JSON.stringify(obj));
}
```

代码中 win.getBounds 返回一个 Rectangle 对象，包含窗口在屏幕上的坐标和大小信息。win.isMaximized 返回当前窗口是否处于最大化状态。

LocalStorage 是一种常用于网页数据本地化存储的技术，各大浏览器均已支持。因为 Electron 本身也是一种特殊的浏览器，所以我们也可以用 LocalStorage 来存储应用数据。除此之外，你还可以自由地使用 Cookie 或 indexedDB 等浏览器技术来存储本地数据。后文我会深入讲解此三项技术。

记录了窗口状态，就需要适时地恢复窗口状态。每次打开应用的时候，应用从 LocalStorage 中读取之前记录的窗口状态，然后通过 win.setBounds 和 win.maximize 方法恢复窗口状态，代码如下：

```
getState() {
    let win = remote.getCurrentWindow();
    let winState = localStorage.getItem('winState');
    if (winState) {
        winState = JSON.parse(winState);
        if (winState.isMaxSize) win.maximize();
        else win.setBounds(winState.rect);
    }
}
```

在 mounted 钩子函数结尾，增加如下代码，以达到每次重启应用时，都能恢复窗口状态的目的。

```
this.isMaxSize = win.isMaximized();
this.getState();
```

5.2.6 适时地显示窗口

细心的读者可能会发现，窗口一开始会显示在屏幕的正中间，然后才移动到正确的位置，并调整大小。应用的这种表现可能会给使用者造成困扰。

为了解决这个问题，我们在创建窗口时，可以先不让窗口显示出来，代码如下：

```
win = new BrowserWindow({
    //...
    show: false
})
```

然后在 App.vue 组件的 getState 方法的末尾加上 win.show() 语句。这样当窗口的位置和大小都准备好之后，才会显示窗口。

注意，调用 win.maximize() 语句时，如果窗口是隐藏状态，也会变成显示状态，因为它其实有 show 的作用。

Electron 官方文档推荐开发者监听 BrowserWindow 的 ready-to-show 事件，这不见得是一个好主意，因为此事件是在“当页面已经渲染完成（但是还没有显示）并且窗口可以被显示时”触发，但此时页面中的 JavaScript 代码可能还没完成工作。因此，你应该根据业务需求来适时地显示窗口，而不是把这个权力交给 ready-to-show 事件。

当然，我不建议你在窗口显示前处理大量的阻塞业务，这可能会导致窗口迟迟显示不出来，用户体验下降。

5.3 不规则窗口

5.3.1 创建不规则窗口

我们在上一节中创建的窗口，虽然完成了窗口的标题栏和边框的自定义工作，但窗口还是一个传统的矩形。现在市场上有一些应用因其特殊的窗口造型从而提供了更好的用户体验。比如 360 浏览器的安装画面是一个圆形窗口，很多游戏的启动登录画面都是一个不规则窗口等。本节我就带领大家创建一个基于 Electron 的不规则窗口。

首先，把窗口的高度（height）和宽度（width）修改为相同的值，使窗口成为一个正方形。

其次，把窗口的透明属性（transparent）设置为 true，这样设置之后窗口虽然还是正方形的，但只要我们控制好内容区域的 Dom 元素的形状，就可以让窗口形状看起来是不规则的。不规则窗口往往需要自定义边框和标题栏，所以 frame 属性也被设置为 false。

另外，透明的窗口不可调整大小。所以将 resizable 属性也设置为 false。

窗口显示后，为了防止双击窗口可拖拽区触发最大化事件，我们把 maximizable 属性也设置为 false。

最终，创建窗口的代码如下：

```
win = new BrowserWindow({
    width: 380,
    height: 380,
    transparent: true,
    frame: false,
    resizable: false,
    maximizable: false,
    //...
})
```

接下来再修改 App.vue 的样式，使内容区域的 Dom 元素呈现一个圆形，代码如下：

```
html,body {
margin: 0px;
padding: 0px;
pointer-events: none;
}
#app {
    box-sizing: border-box;
    width: 380px;
height: 380px;
    border-radius: 190px;
    border: 1px solid green;
    background: #fff;
    overflow: hidden;
pointer-events: auto;
}
```

上面样式代码中通过 border-radius 样式把 #app 元素设置成了圆形。border-radius 负责定义一个元素的圆角样式，如果圆角足够大，整个 div 就变成了一个圆形。关于 pointer-events 样式，我们会在下一个小节讲解。

为了方便调试，我在 Vue 图标上设置了样式 -webkit-app-region: drag。这样，拖拽 Vue 图标也就是在拖拽窗口。

最终实现的窗口界面如图 5-7 所示。

图 5-7　不规则窗口示例

如果你掌握了 CSS 语言，还可以通过 CSS 样式来控制窗口成为任意其他形状，这里我们不做展开讨论。

5.3.2 点击穿透透明区域

上一节中我们创建的这个应用虽然窗口看起来是圆形的，但它其实还是一个正方形窗口，只不过正方形四个角是透明的。因此当我点击如图 5-8 中所示的①区域内的文本文件时，鼠标的点击事件还是发生在本窗口内，而不会点击到文本文件上。

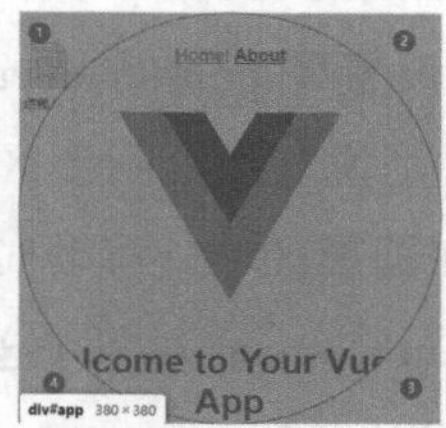

图 5-8 窗口透明区域鼠标事件穿透示例

作为开发者，我们知晓其中的道理，但从用户的角度来说，这就显得很诡异了。为了达到更好的用户体验，我们需要让鼠标在图 5-8 的①②③④这 4 个区域发生点击动作时可以穿透本窗口，落在窗口后面的内容上。

虽然 Electron 官方文档明确表示“不能点击穿透透明区域”，但这并没有难倒我们，有一个小 trick 可以帮助我们解决这个问题。

首先，我们需要用到窗口对象的 setIgnoreMouseEvents 方法，该方法可以使窗口忽略窗口内的所有鼠标事件，并且在此窗口中发生的所有鼠标事件都将被传递到此窗口背后的内容上。如果调用该方法时传递了 forward 参数，如 setIgnoreMouseEvents(true, { forward: true })，则只有点击事件会穿透窗口，鼠标移动事件仍会正常触发。

基于这一点，我们为 App.vue 组件增加 mounted 钩子函数，代码如下：

```
mounted() {
    const remote = require("electron").remote;
    let win = remote.getCurrentWindow();
    window.addEventListener("mousemove", event => {
        let flag = event.target === document.documentElement;
        if (flag){
        win.setIgnoreMouseEvents(true, { forward: true });
        }
        else {
            win.setIgnoreMouseEvents(false);
        }
    });
    win.setIgnoreMouseEvents(true, { forward: true });
}
```

上面的代码设置窗口对象监听 mousemove 事件。当鼠标移入窗口圆形内容区的时候，不允许鼠标事件穿透；当鼠标移入透明区时，允许鼠标事件穿透。

接着，我们为 html、body 元素增加样式 pointer-events: none，为 #app 元素增加样式 pointer-events: auto。

设定 pointer-events: none 后，其所标记的元素就永远不会成为鼠标事件的 target 了。为子元素 #app 设置了 pointer-events: auto，说明子元素 #app 还是可以成为鼠标事件的 target 的。也就是说，除了圆形区域内可以接收鼠标事件外，其他区域将不再接收鼠标事件。当鼠标在圆形区域外移动时，窗口对象的 mousemove 事件触发，event.target 为 document.documentElement 对象（这个事件并不是在 html 或 body 元素上触发的，而是在窗口对象上触发的，document.documentElement 就是 DOM 树中的根元素，也就是 html 节点所代表的元素）。

至此，上文代码中的判断成立，当鼠标在前文所述四个区域移动时，鼠标事件允许穿透；当鼠标在圆形区域移动时，鼠标事件不允许穿透。运行程序，鼠标在正方形四角区域内点击，鼠标事件具有了穿透效果。

扩展 上面代码中用到了 const 关键字。与 let 关键字相似，const 关键字也有暂时性死区和块级作用域的特性；不同之处是 const 声明的变量必须在声明时就进行初始化。

```
const a = 1;
const b; //语法错误
```

而且 const 声明的变量不能进行重复赋值：

```
const a = 1;
a = 2; //严格模式下会报语法错误，非严格模式下更改不生效。
```

5.4 窗口控制

5.4.1 阻止窗口关闭

想象一下这个场景，用户在使用应用时完成了大量的操作，但还没来得及保存，此时，他误触了窗口的关闭按钮。如果开发者没有做防范机制，那么用户的大量工作将毁于一旦。

这时候应用一般需要阻止窗口关闭，并提醒用户工作尚未保存，确认是否需要退出应用。

在开发网页时，我们可以用如下代码来阻止窗口关闭：

```
window.onbeforeunload = function(){
    return false
}
```

设置好上面的代码后，当用户关闭网页时，网页会弹出一个警告提示，如图 5-9 所示。

在 Electron 应用内，我们也可以使用 onbeforeunload 来阻止窗口关闭，但并不会弹出图 5-9 所示的提示窗口，而且开发者也不能在 onbeforeunload 事件内使用 alert 或 confirm 等技术来完成用户提示。

图 5-9　网页阻止用户关闭时弹出的警告

但开发者可以在 onbeforeunload 事件中操作 DOM，比如创建一个浮动的 div 来提示用户，当用户做出关闭窗口的选择后，再关闭窗口，代码如下：

```
//当用户做出关闭窗口的选择后，执行以下代码关闭窗口
const remote = require("electron").remote;
let win = remote.getCurrentWindow();
win.destroy();
```

需要注意的是，在此处不能调用 win.close 关闭窗口，因为如果调用 win.close 又会触发 onbeforeunload 事件，而此事件又会阻止窗口的关闭行为，导致窗口始终无法关闭。

在创建提示性浮动的 div 之前，我们应该已经完成“收尾”工作，因此直接销毁窗口并无大碍。所以，此处直接调用 win.destroy() 来销毁窗口。虽有种种限制，但这也不失为一种可行的解决方案，大部分时候开发者都会选择这种解决方案。

另外还有一种可行的解决方案，即使用 Electron 窗口内置的 'close' 事件实现阻止窗口关闭的功能。我们在应用主进程中增加如下代码，即可屏蔽窗口关闭事件：

```
win.on('close', event => {
    //此处发消息给渲染进程，由渲染进程显示提示性信息。
    event.preventDefault();
})
```

'close' 事件发生时由主进程发送消息，通知渲染进程显示提示性信息，待用户做出

选择后，再由渲染进程发送消息给主进程，主进程接到消息后，销毁窗口。

重点 就算我们屏蔽了刷新快捷键，也不能在渲染进程中监听窗口的 'close' 事件，因为渲染进程持有的 win 对象是一个在主进程中的远程对象。事件发生时，主进程中的 win 对象调用渲染进程的事件处理程序，这个过程是异步执行的，此时在渲染进程中执行 event.preventDefault() 已经毫无效用了。同理，我们也不应该期望主进程能及时地获得事件处理程序的返回值，所以用 return false 也没有作用。

5.4.2 多窗口竞争资源

假设我们开发了一个可以同时打开多个窗口的文档编辑 GUI 应用程序，用户在编辑文档后，文档内容会自动保存到磁盘。现在假设有两个窗口同时打开了同一个文档，那么此时应用就面临着多窗口竞争读写资源的问题。

我们知道，在 Electron 应用中一个窗口就代表着一个渲染进程，此场景下，两个渲染进程可能会同时读写一个本地文件。这可能会出现异常或表现不符预期的问题。

前文我们介绍过 JavaScript 是单线程执行的事件驱动型语言，如果我们在同一个窗口（渲染进程）同时发起多个请求，操作同一个文件，就不会出现任何问题（须使用 Node.js 的 fs.writeFileSync 同步方法或者控制好异步回调的执行顺序）。

有三种解决方案可以规避这种异常。第一种方案是两个窗口通过渲染进程间的消息通信来保证读写操作有序执行。用户操作窗口 A 修改内容后，窗口 A 发消息给窗口 B，通知窗口 B 更新内容。当窗口 A 保存数据时，先发消息给窗口 B，通知窗口 B 此时不要保存数据。当窗口 A 保存完数据后，再发消息给窗口 B，通知窗口 B 文件已被释放，窗口 B 有权力保存读写该文件了。当窗口 B 需要保存数据时，也发出同样的通知。

也就是说，当某一个渲染进程准备写某文件时，先广播消息给其他渲染进程，禁止其他渲染进程访问该文件；当此渲染进程完成文件写操作后，再广播消息给其他渲染进程，说明自己已经释放了该文件，其他窗口就有写此文件的权力了。

第二种方案是使用 Node.js 提供的 fs.watch 来监视文件的变化，一旦文件发生改变，则加载最新的文件，这样无论哪个窗口都能保证当前的内容是最新的，而文件的写操作则交由主进程执行。当窗口需要保存文件时，渲染进程发送消息给主进程（消息体内包含文件的内容），再由主进程完成写文件操作。无论多少个窗口给主进程发送写文件的消息，都由主进程来保证文件写操作排队依次执行。此方案优于第一种方案，之所以如此有以下三个原因：

- 它利用了 JavaScript 单线程执行的特性，主进程收到的消息一定是有顺序的，所以写文件的操作也可以由主进程安排成顺序执行。
- 即使外部程序修改了文件，本程序也能获得文件变化的通知。
- 程序结构上更简单，维护更方便。

扩展

Node.js 提供了两个监控文件变化的 API——fs.watch 和 fs.watchFile。使用 fs.watch 比使用 fs.watchFile 更高效，因此我们应尽可能使用 fs.watch 代替 fs.watchFile。

第三种方案是在主进程中设置一个令牌：

```
global.fileLock = false;
```

然后在渲染进程中读取这个令牌：

```
let remote = require("electron").remote;
let fileLock = remote.getGlobal('fileLock');
```

我们通过令牌的方式来控制文件读写的权力，当某一个渲染进程需要写文件时，会先判断令牌是否已经被其他渲染进程“拿走”了（此例中判断令牌变量是否为 true）。如果没有，那么此渲染进程“占有”令牌（把令牌变量设置为 true），然后完成写文件操作，再“释放”令牌（把令牌变量设置为 false）。

此操作的复杂点在于我们无法在渲染进程中直接修改主进程的全局变量，只能发送消息给主进程让主进程来修改 global.fileLock 的值。所以，发消息给主进程的工作还是难以避免。因此我更推荐使用第二种方案。

5.4.3 模态窗口与父子窗口

在一个业务较多的 GUI 应用中，我们经常会用到模态窗口来控制用户的行为，比如用户在窗口 A 操作至某一业务环节时，需要打开窗口 B，在窗口 B 内完成一项重要的操作，在关闭窗口 B 后，才能回到窗口 A 继续操作。此时，窗口 B 就是窗口 A 的模态窗口。

一旦模态窗口打开，用户就只能操作该窗口，而不能再操作其父窗口。此时，父窗口处于禁用状态，只有等待子窗口关闭后，才能再操作其父窗口。

在渲染进程中，为当前窗口打开一个模态窗口的代码如下：

```
const remote = require("electron").remote;
this.win = new remote.BrowserWindow({
    parent: remote.getCurrentWindow(),
    modal: true,
    webPreferences: {
        nodeIntegration: true
    }
});
```

此代码中，新建窗口的 parent 属性指向当前窗口，modal 属性设置为 true，新窗口即为当前窗口的模态窗口。

如果创建窗口时，只设置了窗口的 parent 属性，并没有设置 modal 属性，或者将 modal 属性设置为 false，则创建的窗口为 parent 属性指向窗口的子窗口。

子窗口将总是显示在父窗口顶部。与模态窗口不同，子窗口不会禁用父窗口。子窗口创建成功后，虽然始终在父窗口上面，但父窗口仍然可以接收点击事件、完成用户输入等。

5.4.4 Mac 系统下的关注点

Mac 系统下有一个特殊的用户体验准则，就是应用程序关闭所有窗口后不会退出，而是继续保留在 Dock 栏，以便用户再想使用应用时，可以直接通过 Dock 栏快速打开应用窗口。

为了实现这个用户体验准则，我们需要做一些额外的工作，代码如下：

```
app.on('window-all-closed', () => {
    if (process.platform !== 'darwin') {
        app.quit()
    }
})
```

在上面代码中，我们监听了应用程序的 window-all-closed 事件，一旦应用程序所有窗口关闭就会触发此事件。在此事件中，我们通过 process.platform 判断当前系统是不是 Mac 系统，如果不是 Mac 系统则退出应用；如果是，则什么也不做。这样就保证了在 Mac 系统下，即使应用程序的所有窗口都关闭了，进程也不会终结，应用图标依旧驻留在 Dock 栏上。

process.platform 值为 darwin 时，表示当前操作系统为 Mac 系统；值为 win32 时，表示当前操作系统为 Windows 系统（不管是不是 64 位的）；值为 linux 时，表示当前操作系统为 Linux 系统。此外，其还可能是其他值，但在 Electron 应用中并不常用。

除了通过 process.platform 获取操作系统信息外，你还可以通过 require('os').platform() 方法获取，在同一个环境下使用这两种方法返回的值是一样的。

process 对象是一个 Node.js 的对象，它持有当前进程的环境信息，常用的信息包括：process.argv 属性，表示当前进程启动时的命令行参数；process.env 属性，包含用户环境信息，开发者经常为此属性附加内容，以判断开发的应用程序运行在什么环境下；process.kill 方法，可以尝试结束某个进程；process.nextTick 方法，可以添加一个回调到当前 JavaScript 事件队列的末尾。

你也可以通过 process.versions.electron 获取当前使用的 Electron 的版本号，这是 Electron 框架为 process 对象增加的一个属性。

接着增加如下代码：

```
app.on('activate', () => {
    if (win === null) {
        createWindow()
    }
})
```

app 的 'activate' 事件是 Electron 专为 Mac 系统提供的一个事件，当应用程序被激活时会触发此事件。因为主进程中每关闭一个窗口，我们都会把窗口对应的 win 对象设置为 null，所以当用户激活应用程序时，再创建一个全新的窗口即可。

'activate' 事件回调函数的第二个参数 hasVisibleWindows，表示当前是否存在可见的窗口，开发者也可以利用此参数开发更人性化的功能。

在 macOS 10.14 Mojave 中，Mac 系统引入了全新的深色模式。如果你开发的应用程序为此设置了独立的样式外观，可以通过如下方法获取当前系统是否正处在深色模式下：

```
const { systemPreferences } = require('electron').remote;
console.log(systemPreferences.isDarkMode())
```

此处，systemPreferences.isDarkMode() 方法被官方标记为“弃用”，推荐开发者使用 nativeTheme.shouldUseDarkColors 来获取此属性，但 systemPreferences 模块只有在 Electron 7.x.y 及以后版本才可用，6.x.y 及以前版本不可用。

5.5 本章小结

本章首先概括地介绍了 Electron 窗口的常见属性，读者可以从这部分内容领略到 Electron 对窗口有哪些控制能力。

之后介绍自定义窗口的标题栏、边框，以及自定义不规则窗口，通过实例让读者了解如何自定义窗口的界面外观。此外，还介绍了前端开发过程中常用的防抖函数和限流函数这两个工具函数的用法。

本章最后讲解了如何控制窗口的行为，比如如何阻止窗口关闭，如何创建模态窗口和子窗口。由于 Mac 系统下的窗口有一些特殊的属性，我们还额外介绍了如何利用这些属性控制 Mac 系统下的窗口。

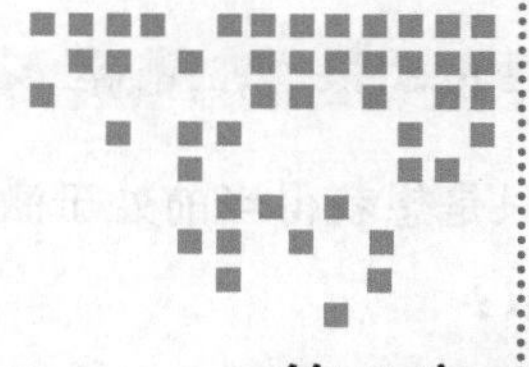

第6章 Chapter 6

界面

如果把一个 GUI 应用比作一个房屋的话，窗口、标题栏和边框就是房屋的墙、房顶和地板，界面就是房屋内各类生活用品，比如桌椅板凳、电视电话等。要想建设一个功能复杂且用户体验优秀的 GUI 应用，开发者势必会在界面上花费大量的时间和精力。本章我们就着重讲解 Electron 应用的界面开发技术细节。

6.1 页面内容

6.1.1 获取 webContents 实例

webContents 是 Electron 的核心模块，负责渲染和控制应用内的 Web 界面。在一个 Electron 应用中，90% 以上的用户交互逻辑都发生在 webContents 内，它包含大量的事件和实例方法。

另外，在 Web 开发过程中还有一个非常重要的元素——iframe 子页面，Electron 也为此提供了访问和控制子页面的对象 webFrame。本节除了讲解 webContents 的核心细节外也会对 webFrame 做简要介绍。

如果你已经拥有了一个窗口对象，那么只要通过该窗口对象的 webContent 属性就能获得该窗口的 webContent 实例，代码如下：

```
let webContent = win.webContents;
```

如果你只是想获得当前处于激活状态下的窗口的 webContents 实例，那么你可以用如下方法获取：

```
const { webContents } = require('electron');
let webContent = webContents.getFocusedWebContents();
```

只有窗口处于激活状态时才可以用 getFocusedWebContents 来获取 webContents 实例，未激活状态调用此方法，则将返回 null。

在渲染进程 A 中调用 getFocusedWebContents 获取到的可能并不是窗口 A 的 webContents 实例。而在主进程中，如果在窗口创建之初调用 getFocusedWebContents 往往会得到 null，因为窗口还没激活。

在渲染进程中获取当前窗口的 webContents 实例，代码如下：

```
const { remote } = require('electron');
let webContent = remote.getCurrentWebContents();
```

另外，每创建一个窗口，Electron 会为相应的 webContents 设置一个整型的 id，你也可以通过这个 id 来获取窗口的 webContents 实例，此时需要你在创建窗口时记录下 webContents 的 id 以备将来使用（注意这个 id 属性是只读属性，不可为其赋值），代码如下：

```
const { webContents } = require('electron');
let webContent = webContents.fromId(yourId);
```

在万不得已时，你还可以遍历应用内所有的 webContents 对象，根据 webContents 的特征比如网页标题、网页内 dom 内容及网页 URL 的差异，来获取 webContents 实例。此时要尤其注意，如果 webContents 相应的事件尚未触发（这些事件将在下一节介绍），你可能无法获取网页的 dom、url、title 等内容，代码如下：

```
const { webContents } = require('electron');
let webContentArr = webContents.getAllWebContents();
for (let webContent of webContentArr) {
    if (webContent.getURL().includes('baidu')) {
        console.log('do what you want');
    }
}
```

窗口类型也拥有类似的方法，比如通过 BrowserWindow.getFocusedWindow() 获取当前激活状态的窗口；通过 remote.getCurrentWindow() 获取当前渲染进程关联的窗口；通过 BrowserWindow.fromId(id) 根据窗口 ID 获取窗口实例；通过 BrowserWindow.getAllWindows() 获取所有窗口。

6.1.2 页面加载事件及触发顺序

webContents 对象可以监听 Web 页面的很多事件。有时候开发者想在页面加载过程中执行一段业务逻辑，却不知道把业务逻辑注册在哪个事件里合适，下面我们就按一般情况下的事件发生顺序，来讲解 webContents 加载页面的主要事件的含义。

以下排序并非严格意义上的执行顺序，以 page-title-updated 事件为例，如果在页面加载完成后使用 document.title = 'your title' 来更改页面的标题，同样也会触发 page-title-updated 事件，在页面尚未加载完成时发生页面跳转行为，也会触发 did-start-loading 事件。如表 6-1 所示的事件发生顺序只是按普通网页事件触发顺序描述，不涉及特殊情况。

表 6-1 Electron 页面加载事件发生顺序

顺序	事件	说明
1	did-start-loading	页面加载过程中的第一个事件。如果该事件在浏览器中发生，那么意味着此时浏览器 tab 页的旋转图标开始旋转，如果页面发生跳转，也会触发该事件
2	page-title-updated	页面标题更新事件，事件处理函数的第二个参数为当前的页面标题
3	dom-ready	页面中的 dom 加载完成时触发
4	did-frame-finish-load	框架加载完成时触发。页面中可能会有多个 iframe，所以该事件可能会被触发多次，当前页面为 mainFrame
5	did-finish-load	当前页面加载完成时触发。注意，此事件在 did-frame-finish-load 之后触发
6	page-favicon-updated	页面 icon 图标更新时触发
7	did-stop-loading	所有内容加载完成时触发。如果该事件在浏览器中发生，那么意味着此时浏览器 tab 页的旋转图标停止旋转

扩展

dom-ready 事件的背后其实就是网页的 DOMContentLoaded 事件，如果页面中没有 script 标签，那么页面并不会等待 CSS 加载完成才触发 dom-ready 事件，而是一旦页面上的文本内容加载完成即触发 dom-ready 事件。

如果页面中有 script 标签，那么页面需要等待 script 标签加载并解析完成才能触发 dom-ready 事件。

如果页面中有 script 标签，且 script 标签前面还有 CSS 资源，那么页面要等待 script 标签前面的 CSS 资源加载、解析完成，然后 script 标签加载、解析完成，才能触发 dom-ready 事件。

如果页面中还存在 iframe，那么此事件的触发并不意味着 iframe 框架已经加载完成了，它们之间没有直接关系。

6.1.3 页面跳转事件

webContents 可以监听一系列与页面跳转有关的事件，其中凡是以 navigate 命名的事件，一般都是由客户端控制的跳转，比如用户点击了某个链接或者 JavaScript 设置了 window.location 属性；凡是以 redirect 命名的事件，一般都是由服务端控制的跳转，比如服务端响应了 302 跳转命令。我们简单列举一下 webContents 相关的跳转事件，如表 6-2 所示。

表 6-2 Electron 页面跳转事件

事件	说明
will-redirect	当服务端返回了一个 301 或者 302 跳转后，浏览器正准备跳转时，触发该事件。Electron 可以通过 event.preventDefault() 取消此事件，禁止跳转继续执行
did-redirect-navigation	当服务端返回了一个 301 或者 302 跳转后，浏览器开始跳转时，触发该事件。Electron 不能取消此事件。此事件一般发生在 will-redirect 之后
did-start-navigation	用户点击了某个跳转链接或者 JavaScript 设置了 window.location.href 属性，页面（包含页面内任何一个 frame 子页面）发生页面跳转之时，会触发该事件。此事件一般发生在 will-navigate 之后
will-navigate	用户点击了某个跳转链接或者 JavaScript 设置了 window.location.href 属性，页面发生跳转之前，触发该事件。然而当调用 webContents.loadURL 和 webContents.back 时并不会触发该事件。此外，当更新 window.location.hash 或者用户点击了一个锚点链接时，也并不会触发该事件
did-navigate-in-page	当更新 window.location.hash 或者用户点击了一个锚点链接时，触发该事件
did-frame-navigate	主页面（主页面 main frame 也是一个 frame）和子页面跳转完成时触发。当更新 window.location.hash 或者用户点击了一个锚点链接时，不会触发该事件
did-navigate	主页面跳转完成时触发该事件（子页面不会）。当更新 window.location.hash 或者用户点击了一个锚点链接时，并不会触发该事件

浏览器请求 Web 服务时，Web 服务返回的状态码可以控制浏览器的跳转行为，其中最典型的就是 301 和 302 跳转。301 跳转代表永久性转移，即你请求的地址已经被永久性地转移到了一个新地址；302 代表临时性转移，即你请求的地址被临时性地转移到了一个新地址。

6.1.4 单页应用中的页内跳转

用现代前端框架开发的 Web 应用很多时候都是单页应用，这类单页应用往往会使用两种方式完成页内跳转：hash 模式和 history 模式。

扩展 hash 模式是利用 window.location.hash 来完成页内跳转的，跳转后会改变 URL 路径，改变后的 URL 路径内包含 #，就像一个锚点链接路径一样。

history 模式是利用 window.history.pushState 来完成页内跳转的，跳转后也会改变 URL 路径，但改变后的路径不包含 #，和正常的 URL 路径并无区别。为了防止服务端误认为它是一个新请求，需要在服务端做相应的配置才能避免出错（让服务端接收到类似请求后返回单页应用的主页地址即可）。

这两种模式下会怎样触发浏览器跳转事件呢？我们来做个试验，在 App.vue 的 mounted 钩子函数中注册相关事件，代码如下所示：

```
const { remote } = require('electron');
let webContent = remote.getCurrentWebContents();
webContent.on('did-start-navigation',_=>{
    console.log('did-start-navigation')
});
webContent.on('will-navigate',_=>{
    console.log('will-navigate')
});
webContent.on('did-navigate-in-page',_=>{
    console.log('did-navigate-in-page')
});
```

上面代码中，我们注册了 'did-start-navigation'、'will-navigate' 和 'did-navigate-in-page' 三个事件。按前文所述，开发者应尽量避免在渲染进程中监听此类事件，此处仅为简化演示代码，不应该用于生产环境中。

然后我们再修改 Vue 项目的路由代码（文件路径为 router/index.js）：

```
const router = new VueRouter({
    mode: 'history',
    base: process.env.BASE_URL,
    routes
})
```

上面代码中，我们在创建 VueRouter 实例时传入了一个配置对象，此配置对象的

mode 属性即为控制页内跳转模式的属性，此处我们先将其设置为 history。

运行程序，点击跳转链接，发现开发者工具控制台输出如下内容：

```
did-start-navigation
did-navigate-in-page
```

这说明在 history 模式下，页面发生了页内跳转。

接着我们修改路由程序把模式改为 hash，再执行同样的逻辑，开发者工具控制台输出的内容相同，查看 window.location.href 的值，此时它已经变成了 http://localhost:8080/#/about（包含 #，证明已经是通过 hash 模式完成的了）。

由此我们可以得出，无论是 history 模式还是 hash 模式都只触发页内跳转事件。虽然 history 模式下还需要修改服务器配置以满足要求，但客户端 Electron 并不需要做额外设置，即可完成页内跳转。

6.1.5 页面缩放

我们可以通过 webContents 的 setZoomFactor 方法来设置页面的缩放比例，此方法接收一个缩放比例的参数，如果参数值大于 1，则放大网页，反之则缩小网页，参数值为 1 时，网页呈现原始状态，即不进行缩放。你可以通过 getZoomFactor 方法来获取当前网页的缩放比例，代码如下所示：

```
const { remote } = require("electron");
let webContents = remote.getCurrentWebContents();
webContents.setZoomFactor(0.3)
let factor = webContents.getZoomFactor();
console.log(factor);  //输出 0.3
```

此外还有一种缩放网页的方法，即使用 webContents 的 setZoomLevel 方法来设置网页缩放等级。此方法接收一个缩放等级参数 level，最终的缩放比例等于 level 乘以 1.2，如果 level 是 0 则不进行缩放。你可以通过 getZoomLevel 获取当前网页的缩放等级，代码如下：

```
const { remote } = require("electron");
let webContents = remote.getCurrentWebContents();
webContents.setZoomLevel(-6)
let level = webContents.getZoomLevel();
console.log(level);  //输出 -6
```

默认情况下用户可以通过 Ctrl+Shift+= 快捷键来放大网页，Ctrl+ - 快捷键来缩小网页。

如果需要控制用户缩放网页的等级范围，你可以通过 setVisualZoomLevelLimits 方法来设置网页的最小和最大缩放等级。该方法接收两个参数，第一个参数为最小缩放等级，第二个参数为最大缩放等级，此处等级数字与 setZoomLevel 方法参数的含义相同。

6.1.6 渲染海量数据元素

在开发 Web 应用时，如果想在一个页面上渲染大量的 Dom 元素，往往会造成页面的卡顿，甚至使页面失去响应（具体 Dom 元素的个数依据客户端电脑配置不同而略有差异）。Web 前端开发者往往会通过选择专有的技术或调整用户的使用方式来解决这个问题，比如使用 Canvas 技术在一个小画布上渲染大量的元素，或使用分页技术来分步渲染大量的元素等。

Canvas 是一种使用 JavaScript 与 HTML 在页面上绘制 2D 图形的技术，与之相应的是使用 XML 描述 2D 图形的 SVG 技术。

它们都可以在页面上绘制矩形、圆形、多边形、线条、文字，并且提供了操作颜色、路径、滤镜等的支持。两者都可以很方便地嵌入到网页 Dom 树中。

我们可以把 Canvas 理解为一个图像标记，一旦 Canvas 图形绘制完成，浏览器就不会再继续关注它了。如果其图形描述属性发生变化，那么整个场景都需要重新绘制。Canvas 基于分辨率，绘制的是位图，能够以 png 或 jpg 的格式保存为图片文件，它适合在较小的画布上绘制大量的元素，且有着较强的频繁重绘能力。

SVG 是基于 XML 的，开发者可以为 SVG Dom 树中的任意一个元素附加 JavaScript 事件处理器。SVG Dom 树中的每个被绘制的图形均被视为对象。如果 SVG 对象的属性发生变化，浏览器能够自动重绘图形。SVG 绘制的 2D 图形是不依赖分辨率的矢量图形，它适合在大型渲染区域绘制少量的元素，或绘制需要复杂事件交互逻辑的 2D 图形。

如果需要在一个较小的画布上绘制大量的元素，建议使用 Canvas 技术，我们使用下列代码在界面上绘制了 100 万个矩形。

```
// html
<canvas id="canvas" width="1000" height="800"></canvas>
```

```
//js
const canvas = document.getElementById('canvas');
const ctx = canvas.getContext('2d');
ctx.fillStyle = 'green';
for(let i=0;i<1000000;i++){
    ctx.fillRect(i*10, i*10, 10, 10);
}
```

浏览器在几毫秒内就能完成这 100 万个元素的渲染工作，相当高效。实际上，当被绘制的元素的位置超出画布大小之后绘制工作就不再占用渲染资源了。假设我们把 Canvas 的大小增加 100 万倍，让画布有足够的空间绘制元素，再次执行以上代码，你会发现 Canvas 就拒绝工作了（在这么大的画布上即使只绘制一个元素，同样也能导致 Canvas 崩溃），如图 6-1 所示。

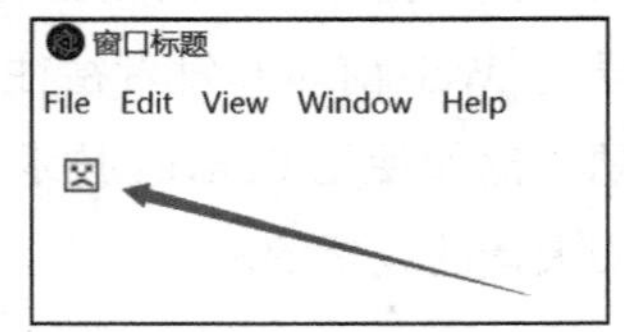

图 6-1　Canvas 画布拒绝工作

目前并没有什么直接的技术手段来解决这个问题，Web 应用的开发者可能会采用类似分页的技术来分步渲染这些元素，但这个方案有时很难被桌面应用的用户接受，因为传统的桌面应用即使需要展示大量的数据，一般也不会要求用户翻页，基本都是把所有元素放置在一个含有滚动条的窗口中呈现。

扩展　使用 Canvas 绘制线条时经常会遇到线条变粗且颜色变淡的现象，这是由于使用 Canvas 绘制线条时是从线条的中线向两边伸展完成绘制的。当你在 2px 的位置绘制一条竖线时，中线在 2px 的位置，左边缘在 1.5px 位置，右边缘在 2.5px 的位置，但实际上计算机的最小像素是 1px，所以 Canvas 会取一个折中的方法，即分别向左右再延伸 0.5px，颜色深度变成原来的一半，所以实际效果看起来变成了宽为 2px 的模糊线条。绘制横线也有同样的渲染过程。解决这个问题的办法就是绘制线条时宽度直接减小或增加 0.5 个像素。绘制 1 个像素边框的矩形的代码如下：

```
ctx.strokeRect(0.5, 0.5, 100, 100);
```

另外，推荐大家使用 PixiJS 库（https://github.com/pixijs/pixi.js）。这个库对 WebGL API 进行了二次封装，并与 Canvas 技术完美兼容。因其拥有强大的硬件加速能力，所以性能表现优异，诸如谷歌、YouTube、Adobe 等国际巨头都是这个开源项目的用户。

传统桌面应用开发者自有相应的界面组件来完成这个任务，但对于 Electron 开发者来说，还是需要在前端技术中寻找答案。

一个可行的方案为：当界面加载完成后，只渲染一屏数据，但为这一屏数据制作一个足够长的滚动条，接着监听滚动条的滚动事件。当用户向下滚动滚动条时，更新这一屏的数据，把头部的几行内容丢弃掉，尾部创建几行新的内容；当用户向上滚动滚动条时，把尾部的几行数据丢弃掉，为头部增加几行数据。这样看起来就像数据随着用户的操作滚动了一样。

这个方案有几个细节需要注意：

- 让一个容器出现一个滚动条很容易，只要给当前容器添加一个足够高的 Dom 元素即可。但具体有多高呢？这需要开发者根据总的数据行数及每行数据的高度计算得到。
- 因为容器的滚动条是通过一个额外的 Dom 元素创建的，首屏数据是没有滚动条的，所以当用户在数据区域滚动鼠标滚轮时，要控制容器的滚动条，使数据区域与滚动条看起来像一个整体。
- 当滚动条滚动时到底增加或删减几行数据合适呢？这需要先获取用户滚动的距离，然后用这个距离除以滚动条的总高度，得到滚动距离在总高度中的占比，然后让数据总行数乘以这个占比，得到你需要增加或删减的行数。
- 你会发现上面的计算是有误差的，不过没关系，这个误差只会在滚动条滚动到容器最底部或最顶部的时候才会产生影响，你只要在滚动到最底部或最顶部的时候修正这个误差即可，即那一刻把剩余的数据全部显示出来。
- 当窗口放大或缩小时可能会导致首屏数据区域发生变化，如果发生了变化则需要重绘数据。

监听用户滚动条滚动的代码如下（当用户在数据区域滚动鼠标滚轮时，也会触发 scrollDom 的 onscroll 事件）。

```
let scrollDom = document.querySelector("#scrollDom"); //此 Dom 元素负责创建一个足够长的滚动条
let dataDom = document.querySelector("#dataDom"); //此 Dom 元素承载着一屏的数据
scrollDom.onscroll = () => {
    //用户滚动滚动条的逻辑
};
dataDom.onwheel = (e) => {
    scrollDom.scrollTop = scrollDom.scrollTop + e.deltaY;
}
```

相应的 HTML 代码如下所示：

```
<div class="TableBox">
    <div class="DataTable">
        <table>
            <thead>
            <tr>
                <td>your column1</td>
                <td>your column2</td>
                <td>your column3</td>
            </tr>
            </thead>
            <tbody id="dataDom">
                <!-- 此处为动态添加的数据 -->
            </tbody>
        </table>
    </div>
    <div class="RightScroller" id="scrollDom">
        <div>
            <!-- 此元素高度动态计算 -->
        </div>
    </div>
</div>
```

如果你对界面的个性化定制要求不高，那么推荐你使用 cheetah-grid（https://github.com/TonyGermaneri/canvas-datagrid）这个开源项目来完成类似的需求，这个项目除了是使用 Canvas 技术渲染首屏数据之外，其他逻辑与本文介绍的基本一致。

完成上述工作后，就可以在页面中加载十万行以上的数据了，页面各方面表现都很优异，与传统技术开发的桌面应用别无二致。

6.2 页面容器

6.2.1 webFrame

大部分情况下，窗口与其对应的 webContents 实例就能满足大多数基本的用户交互需求了，但有一些特殊情况还需要在窗口内包含更多的子页面，这时就需要用到页面容器了。接下来我们先讲解第一种页面容器——webFrame。

webFrame 是最常见的页面容器。我们在开发 HTML 页面时，经常会用 iframe 标签在页面中嵌套子页面。在 Electron 应用中，每有一个 iframe 就对应着一个 webFrame 实例。即使一个页面中如果没有任何子页面，它本身也是一个 webFrame 实例，即主

webFrame，也就是 mainFrame。

webFrame 类型和实例只能在渲染进程中使用，通过如下代码得到的就是当前渲染进程内的 mainFrame 对象。

```
const { webFrame } = require('electron');
```

得到 mainFrame 实例后，你可以通过 webFrame.findFrameByName(name) 方法、webFrame.findFrameByRoutingId(routingId) 方法或 webFrame.firstChild 属性、webFrame.nextSibling 属性找到你需要的页内 webFrame，然后完成针对具体 webFrame 的操作。

重点 Electron 有一个 BUG：只有相同域下的 iframe 才可以用 findFrameByName 或 firstChild 之类的方法获取到。截至本章内容完稿时，此 BUG 仍未被修复（https://github.com/electron/electron/issues/18371）。

另外，你不能单独缩放 webFrame 内的网页，这是 Electron 的另外一个 BUG（https://github.com/electron/electron/issues/20799）。

这就是在 Electron 应用内使用 webFrame 的两个局限性。

---

routingId 是 webFrame 实例的整型属性，你可以通过 webFrame.routingId 得到它的值。通过 routingId 你可以给具体的 webFrame 子页面发送消息——webContents.sendToFrame(frameId,channel,arg)。

在上一节中我们讲到的 did-frame-navigate 事件就是页面中任何一个 webFrame 实例跳转完成后触发的。

你还可以使用 webContents.isLoadingMainFrame() 方法来判断 mainFrame 是否已经加载完成了。

如果不做特殊处理，iframe 子页面没办法使用 require 函数引入其他 js 库，浏览器会报如下错误：

```
Uncaught ReferenceError: require is not defined
```

以下为一种处理方式（此代码应写在父页面中的适当位置）：

```
let iframe = document.querySelector('#yourIframeId')
iframe.onload = function () {
    let iframeWin = iframe.contentWindow
```

```
        iframeWin.require = window.require
    });
```

上面代码在子页面加载完成后，把父页面的 require 方法同步给了子页面，你也可以用在子页面内撰写 JavaScript 代码获取父窗口的 require 方法来解决此问题。

更简单的办法是，创建窗口时把 nodeIntegrationInSubFrames 属性设置为 true，这个属性的含义是：是否允许在子页面或子窗口中集成 Node.js。代码如下：

```
    let win = new BrowserWindow({
    webPreferences: {
    nodeIntegration: true,
    nodeIntegrationInSubFrames: true
    }
    });
```

6.2.2 webview

webview 是 Electron 独有的标签，开发者可以通过 <webview> 标签在网页中嵌入另外一个网页的内容（被嵌入的网页可以是自己的网页，也可以是任意第三方网页），代码如下：

```
    <webview id="foo" src="https://www.github.com/" style="width:640px; height:480px">
</webview>
```

如你所见，它与普通的 DOM 标签并没有太大区别，也可以设置 id 和 style 属性。此外，它还有一些专有的属性，比如：

- nodeintegration：使 webview 具有使用 Node.js 访问系统资源的能力。
- nodeintegrationinsubframes：使 webview 内的子页面（iframe）也具有使用 Node.js 访问系统资源的能力。
- plugins：使 webview 内的页面可以使用浏览器插件。
- httpreferrer：设置请求 webview 页面时使用怎样的 httpreferrer 头。
- useragent：设置请求 webview 页面时使用怎样的 useragent 头。

此外还有很多其他的专有属性，大家可以访问官方文档参阅。

webview 标签默认是不可用的，如果需要使用此标签，那么在创建窗口时，需要设置 webviewTag 属性：

```
    let win = new BrowserWindow({
    width: 800,
```

```
height: 600,
    webPreferences: {
        webviewTag: true,  //启用 webView 标签
        nodeIntegration: true
    }
});
```

只有把 webPreferences 的属性 webviewTag 设置为 true，你才可以在此窗口内使用 <webview> 标签。

重点

目前 webview 标签及其关联的事件和方法尚不稳定，其 API 很有可能在未来被修改或删掉，Electron 官方不推荐使用。这是 webview 最大的局限性，也是 webview 标签默认不可用的原因之一（另一个原因是使用 webview 标签加载第三方内容可能带来潜在的安全风险）。

6.2.3 BrowserView

前面介绍的两种页面容器均有缺陷，但在页面中嵌入其他页面的需求又时常出现，比如开发一个简单的浏览器，标签栏、地址栏、搜索框肯定在主页面（mainFrame）中，用户请求浏览的页面肯定是一个子页面。那么该用什么技术满足此类需求呢？我推荐大家使用 BrowserView。

BrowserView 被设计成一个子窗口的形式，它依托于 BrowserWindow 存在，可以绑定到 BrowserWindow 的一个具体的区域，可以随 BrowserWindow 的放大缩小而放大缩小，随 BrowserWindow 的移动而移动。BrowserView 看起来就像是 BrowserWindow 里的一个元素一样。

下面我们来看一段创建 BrowserView 的代码：

```
let view = new BrowserView({
    webPreferences: { preload }
});
win.setBrowserView(view);
let size = win.getSize();
view.setBounds({
    x: 0,
    y: 80,
    width: size[0],
    height: size[1] - 80
});
view.setAutoResize({
```

```
        width: true,
        height: true
    });
    view.webContents.loadURL(url);
```

代码中，win 是一个 BrowserWindow 对象，它通过 setBrowserView 为自己设置了一个 BrowserView 容器，然后 BrowserView 容器通过 setBounds 绑定到这个窗口的具体区域，接着它通过 setAutoResize 设置自己在宽度和高度上自适应父窗口的宽度和高度的变化，也就是说，当父窗口宽度和高度变化时，BrowserView 容器也会随之调整自己的宽度和高度。最后 BrowserView 容器对象通过其 webContents 属性加载了一个 URL 地址。

上面的代码中，我们只给父窗口留出了顶部 80 个像素高的一块区域，允许父窗口在这块区域中绘制界面，其他区域都交给了 BrowserView 容器对象。回到本小节开始时提到的开发一个简易的浏览器的需求，浏览器的标签栏、地址栏、搜索框就应该放在这高度为 80 像素的区域中，用户访问的页面应该放在 BrowserView 中。

如果需要支持多标签页，开发者就要在运行过程中动态地创建多个 BrowserView 来缓存和展现用户打开的多个标签页。用户切换标签页时，通过控制相应 BrowserView 容器对象的显隐来满足用户的需求。

为了满足此需求，我们不应该用 win.setBrowserView 为窗口设置 BrowserView，而应该用 win.addBrowserView。这么做是因为 setBrowserView 会判断当前窗口是否已经设置过了 BrowserView 对象，如果设置过，那么此操作会替换掉原有的 BrowserView 对象。而 addBrowserView 可以为窗口设置多个 BrowserView 对象。

另外，BrowserView 对象并不像 BrowserWindow 对象那样拥有 hide 和 show 的实例方法。如果需要隐藏一个 BrowserView，可以利用 win.removeBrowserView(view) 显式地把它从窗口中移除掉，需要显示的时候，再利用 win.addBrowserView(view) 把它加回来。此操作并不会造成 BrowserView 重新渲染，可以放心使用。

除了这个方法之外，你还可以通过如下 CSS 代码显示和隐藏 BrowserView：

```
view.webContents.insertCSS('html{display: block}'); // 显示
view.webContents.insertCSS('html{display: none}'); // 隐藏
```

如你所见，BrowserView 对象也包含 webContents 属性。我们操作界面的大部分方法和事件都在 webContents 中，你可以像控制 BrowserWindow 一样控制 BrowserView 的界面内容和交互操作。

因此在技术选型时，我推荐你使用 BrowserView 来满足页面容器的需求。

6.3 脚本注入

6.3.1 通过 preload 参数注入脚本

我认为脚本注入是 Electron 最有趣的功能，它允许开发者把一段 JavaScript 代码注入到目标网页中，而这段 JavaScript 代码看起来就好像是那个网页开发者自己开发的一样。

这段代码除了可以访问此网页的任意内容，比如 Dom、Cookie（包括标记了 HttpOnly 属性的 Cookie）、服务端资源（包括 HTTP API）之外，更让人惊喜的是，这段代码还有能力通过 Node.js 访问系统资源。下面我就带大家领略一下脚本注入的威力。

创建窗口时，只要给窗口的 webPreferences.preload 参数设置具体的脚本路径，即可把这个脚本注入到目标网页中，代码如下：

```
let win = new BrowserWindow({
    webPreferences: {
        preload: yourJsFilePath,
        nodeIntegration: true
    }
});
```

此处提供的脚本路径应为脚本文件的绝对路径。

由于开发者不能事先确定应用程序被用户安装到了哪个路径下，所以程序必须在程序运行时动态地获取注入脚本的绝对路径，开发者可以通过主进程的 app 对象获取应用程序所在的目录，代码如下：

```
const { app } = require('electron');
let path = require('path');
let appPath = app.getAppPath();
let yourJsPath = path.join(appPath, 'yourPreload.js');
```

如果你使用 vue-electron 环境，app.getAppPath() 指向应用程序的编译路径，本案例中为：D:\project\electron_in_action\chapter6\dist_electron\。你同样可以通过全局变量 __dirname 得到这个路径。Electron 还可以通过 app.getPath() 方法来获得操作系统常用的路径（后文会有详细讲解）。

如果你希望得到 Vue 项目下 public 目录的绝对路径，可以通过全局变量 __static 来实现（public 目录下的内容不会被 webpack 打包处理），代码如下：

```
let path = require('path');
```

```
let yourJsPath = path.join(__static, 'yourPreload.js');
```

下面我们通过脚本注入的方式把百度的 Logo 更换为 Google 的 Logo，代码如下：

```
// 主进程创建窗口并注入脚本的代码
let path = require('path')
let preload = path.join(__static, 'preload.js');
win = new BrowserWindow({
    width: 800,height: 600,
    webPreferences: {
        webviewTag: true,
        nodeIntegration: true,
        preload
    }
});
win.loadURL('https://www.baidu.com/');

// 被注入的脚本代码，preload.js
window.onload = function() {
     document.querySelector('img').src = 'https://www.google.com.hk/images/
branding/googlelogo/1x/googlelogo_color_272x92dp.png'
}
```

运行结果如图 6-2 所示。

图 6-2　通过注入脚本替换网页 Logo

同样，如果你使用 BrowserView 或者 webview 标签来嵌入第三方页面，它们都能通过类似的机制来给第三方页注入脚本。

重点

无论页面是否开启了 webPreferences.nodeIntegration，注入的脚本都有能力访问 Node.js 的 API，但此开关开启与否有较大的差异。

当 webPreferences.nodeIntegration 处于开启状态时，不但注入的脚本可以访问 Node.js 的 API，第三方网页也具有了这个权力。我们在开发者工具中输入如下测试代码：

```
let fs = require('fs');
console.log(fs);
```

结果输出：

```
> {appendFile: ƒ, appendFileSync: ƒ, access: ƒ, accessSync: ƒ, chown: ƒ,…}
```

说明第三方网页此时也具有访问 Node.js API 的能力。如果第三方网页的开发者知道你在 Electron 中访问他们的页面，而且知道你开启了 webPreferences.nodeIntegration，那么第三方网页的开发者完全可以任意操纵你的用户的电脑。

而当 webPreferences.nodeIntegration 处于关闭状态时，你注入的脚本仍有访问 Node.js 的 API 的能力，第三方网页却没有这个能力了。我们再在开发者工具中运行上面的测试代码，结果输出：

```
> Uncaught Error: [MODULE_MISS]"fs" is not exists!
```

说明第三方网页没有访问 Node.js API 的能力了。Electron 是如何做到这种控制的呢？打开源码调试工具，发现注入的脚本变成了如下形式：

```
(function (exports, require, module, __filename, __dirname, process, 
global, Buffer) { return function (exports, require, module, __filename, 
__dirname) { window.onload = function() {
        document.querySelector('img').src = 'https://www.google.com.hk/images/
branding/googlelogo/1x/googlelogo_color_272x92dp.png'
    }
    }.call(this, exports, require, module, __filename, __dirname); });
```

从上面代码可以看出，Electron 通过匿名函数把注入的脚本封装在了一个局部作用域内，因此访问 Node.js API 的能力也被封装在这个局部作用域内了，外部代码就无法使用这个局部作用域内的对象或方法了。这就起到了安全防范的作用。

与 nodeIntegration 属性类似的还有 nodeIntegrationInWorker 和 nodeIntegrationInSubFrames 属性。nodeIntegrationInWorker 表示是否允许应用内的 Web Worker 线程访问 Node.js API，nodeIntegrationInSubFrames 表示是否允许子页面访问 Node.js API。

我们知道浏览器中的 JavaScript 是单线程执行的，这使得开发者在使用 JavaScript 的时候要尽量避免同步执行长耗时的工作，以防止线程阻塞。但在 Web Worker 技术出现后，允许开发者在浏览器内创建一个新的脚本线程了，此线程可以独立地执行任务而不干扰用户界面。

在 Web Worker 内，虽然我们不能直接操作 DOM 节点，也不能使用 Window 对象的默认方法和属性，但可以使用 Web Socket、IndexedDB 和 XMLHttpRequest（有些属性会被禁用）。

需要访问页面 DOM 时，Web Worker 则可以发消息给页面线程，页面线程也可以发消息给 Web Worker 来控制 Web Worker 的执行过程，下面是一个简要的演示代码：

```
//页面 JavaScript
//创建 Web Worker
let worker = new Worker("testWorker.js");
//向 Web Worker 发送消息
worker.postMessage({msg:'hello'});
//接收 Web Worker 的消息
worker.onmessage = (event) => {console.log(event.data);}
//杀死 worker 的线程，页面关闭时它也会自动终结
worker.terminate();

//testWorker.js 文件的内容
//接收消息
this.onmessage = function (event) {
    //发送消息
    this.postMessage("Hi " + event.data.msg);
};
```

注意：它们之间发送消息时传递的不是数据的引用，而是数据的复制。

虽然绝大多数第三方网站的运维者可能不会在意你用 Electron 请求他们的网站，更不会在自己的网站中加入恶意的脚本来控制你客户的机器，但这并不能

成为你开启 webPreferences.nodeIntegration 属性的理由。

现在我们逆向思考一下，第三方网站的运维者是如何发现你用 Electron 请求他们网站的呢？

一般情况下，他们会监控用户请求头里的 User-Agent 信息。当用 Electron 请求某网站时，默认的 User-Agent 值是：

```
    Mozilla/5.0 (Windows NT 10.0; Win64; x64) AppleWebKit/537.36 (KHTML,
like Gecko) chapter5/0.1.0 Chrome/76.0.3809.146 Electron/6.1.2 Safari/537.36
```

你会发现这个字符串里有 Electron 字样，第三方网站的运维者也是以此来判断请求是否来自 Electron 应用的。如果你不想用这样的 User-Agent 来请求第三方网站，那么你可以在加载 URL 时更改 User-Agent 的值，代码如下：

```
    win.webContents.loadURL('https://www.baidu.com/',{
        userAgent:'Mozilla/5.0 (Windows NT 10.0; Win64; x64; rv:68.0) Gecko/
20100101 Firefox/68.0'
    })
```

上面的代码就让你的请求变得像发自 FireFox 浏览器一样了。除了修改 User-Agent 请求头外，你还应注意保护自己的源码，避免被第三方网站的运维者分析特征。源码保护相关的内容将在本书后续章节讲解。

如果你的应用程序中有非常多的页面加载请求需要设置 User-Agent，那么你可以直接设置 app.user Agent Fallback 属性的值，设置此值后，应用中所有的页面加载请求都会使用此 User-Agent（注意，仅最新版本的 Electron 才拥有此属性，早期版本的 Electron 并不具备）。

6.3.2 通过 executeJavaScript 注入脚本

通过 preload 参数注入脚本适用于需要注入大量业务逻辑到第三方网站中的需求，而且有时可能不止注入了一个脚本文件，你可以在注入的脚本中通过 require 加载其他脚本，以控制注入脚本内容的可维护性。

但是很多时候可能只需要注入一两句 JavaScript 代码即可，这种情况下我们就没必要修改 preload 参数和创建新的脚本文件了，你只需要调用 webContents 的 executeJavaScript 即可。

我们用上一节讲的例子做实验，假设我们希望获取网站的第一个 img 标签的 src 属性，实验代码示例如下：

```
    win.once('did-finish-load', async () => {
        let result = await win.webContents.executeJavaScript("document.
querySelector('img').src");
        console.log(result);
    })
```

页面加载完成前，如果过早地执行注入脚本，可能得不到任何结果，所以我们这里用到了BrowserWindow的did-finish-load事件。你也可以在注入脚本里监听window.onload事件，效果相同。

webContents的executeJavaScript方法返回的是一个Promise对象，所以我们给ready-to-show事件的监听函数加了async关键字，在executeJavaScript方法前加了await关键字（也可以在executeJavaScript方法后使用then方法）。

本例中用到了async和await关键字。async用于声明一个函数是异步的，await用于等待一个异步方法执行完成。await关键字只能出现在async声明的方法中。

async关键字声明的方法返回一个Promise对象，代码如下：

```
let a = async ()=>{ return 1; }
a();
```

在浏览器开发者工具中运行上面两行代码，得到的输出为`Promise {<resolved>: 1}`。Promise是ES6中一个新的类型，此处得到的结果是Promise类型的一个实例，它代表着一个异步操作的最终完成或者失败。

我们可以通过Promise对象的then方法获取异步操作的结果`promise.then(successCallback, failureCallback)`。异步操作执行成功后会调用successCallback回调函数，执行失败后会调用failureCallback回调函数。以上面的例子来说，执行如下代码：

```
a().then(result=>{console.log(result);});
```

我们将得到输出结果：1。

await关键字其实就相当于Promise的then方法。以下代码也能正确输出a函数的执行结果。

```
let b =  async ()=>{
    let result = await a();
    console.log(result);
}
b();
```

综上所述，你会发现使用 async 和 await 关键字可以有效地解决 JavaScript 语言“回调地狱”的问题。此处只讲解了 Promise、async 和 await 最基本的用法，更深入的内容请大家翻阅 ES6 相关专著。

被注入的代码其实是包在 Promise 对象中的。如果被注入的代码执行过程中产生异常，也会调用 Promise 对象的 reject 方法。

如果你注入的代码逻辑较多，那么你可以把逻辑写在一个立即执行函数内（如果逻辑非常多，我们还是建议你使用 preload 方式注入脚本），代码如下：

```
(function() {
    return document.querySelector('img').src
})()
```

这样既达到了封装的目的，又能防止第三方网站的运维者对你的代码进行特征分析。关于立即执行函数的内容本书后续章节有详细的解释。

除了通过 webContents 的 executeJavaScript 方法注入 JavaScript 代码外，你还可以用 webContents 的 insertCSS 方法给第三方页面注入样式：

```
let key = await win.webContents.insertCSS("html, body {  background-color: #f00 !important; }");
```

此样式注入成功后，页面背景变成了红色，同时也返回了一个 Promise 对象，对象的值是被注入样式的 key。我们可以用这个 key 删除注入的样式，删除代码如下：

```
await contents.removeInsertedCSS(key)
```

注意 removeInsertedCSS 亦返回 Promise 对象。

6.3.3 禁用窗口的 beforeunload 事件

在第 5 章阻止窗口关闭的小节里我们提到，网页可以通过注册 beforeunload 事件来阻止窗口关闭，当用户关闭窗口时，浏览器会给出警告提示。但如果你用 Electron 加载了一个注册了 beforeunload 事件的第三方网页，你会发现这个窗口无法关闭，而且不会收到任何提示。

此时你可能会考虑到，可以通过注入一段简单的脚本把 window.onbeforeunload 设置成 null：

```
await win.webContents.executeJavaScript("window.onbeforeunload = null");
```

这种方案在大多数情况下是可行的，但并不是完美的解决方案。由于你无法获悉第三方网页在何时注册 onbeforeunload 事件，因此有可能取消其 onbeforeunload 事件时它尚未被注册，这时你的意图就落空了，无法解决问题。

最优雅的解决方案是监听 webContents 的 will-prevent-unload 事件，通过 event.preventDefault(); 来取消该事件，这样就可以自由地关闭窗口了。

```
win.webContents.on('will-prevent-unload', event => {
    event.preventDefault();
});
```

6.4 页面动效

6.4.1 使用 CSS 控制动画

开发者可以使用 CSS Animations 技术来控制页面元素产生动画效果，这是目前 Web 界面中最常用的动效实现方式，如下代码所示：

```
@keyframes dropDown {
    0% {
        transform: translate(0px, -120px);
        opacity: 0;
    }
    100% {
        transform: translate(0px, 0px);
        opacity: 1;
    }
}
.appTip {
    animation-name: dropDown;
    animation-duration: 800ms;
    animation-delay: 0ms;
    animation-timing-function: ease;
    animation-iteration-count: 1;
```

```
    animation-fill-mode: forwards;
}
```

以上代码通过 @keyframes 定义了动画行为：位置从高度 -120 下降到 0，透明度从 0 提高到 1。然后这个动画行为被赋予给 .appTip 所代表的页面元素，要求元素立即开始执行（animation-delay）动画且在 800 毫秒内执行完成（animation-duration）。在此时间段内动画以慢速开始，然后变快，最终慢速结束的过渡效果执行（animation-timing-function）。动画执行一次即可（animation-iteration-count），执行完成后元素停留在最后一帧的状态（animation-fill-mode）。

6.4.2 使用 JavaScript 控制动画

上一节中我们使用 CSS Animations 技术控制 .appTip 元素从顶部以“渐显”的方式“坠落”到指定的位置，但这种以 CSS 样式描述控制动画的方式，与用编程语言控制动画的方式有很大差异，对于 JavaScript 的程序员来说，需要花一点精力才能理解和接受。

JavaScript 其实也有自己的动画 API——Web Animations API，只不过这个 API 在很多浏览器内没有被很好地支持，所以其接受度没有 CSS Animations 高。幸好 Chrome 浏览器支持 Web Animations API，因此我们在 Electron 中开发应用时不用担心这一点。

我们用 Web Animations API 实现一遍与上一节内容同样的动效，如下代码所示：

```
let keyframes = [{
        transform: "translate(0px, -120px)",
        opacity: 0
    },{
        transform: "translate(0px, 0px)",
        opacity: 1
    }];
let options = {
    iterations: 1,
    delay: 0,
    duration: 800,
    easing: "ease"
};
let myAnimation = document.querySelector(".appTip").animate(keyframes, options);
```

用 JavaScript 编程的方式控制动效看起来和用 CSS 样式标记的形式没什么区别，执行效率上也几乎没什么差别。但事实上使用了 JavaScript 控制动画时自由度大大提升了，比如我们可以把 keyframes 和 options 对象缓存起来，随时修改其中的属性，也可以随时调用 Dom 元素的 animate 方法。而这些工作用 CSS 来完成就比较麻烦了。

另外 animate 方法返回了一个动画执行对象，可以用 myAnimation.pause() 方法暂停动画的执行，用 myAnimation.play() 方法恢复暂停的动画或开始一个新动画，用 myAnimation.reverse() 方法把动画倒着播放一遍。此外，它还有 onfinish 事件供开发者在动画执行完成后处理一些任务。

因此如果你需要在 Electron 应用中使用动画效果，我推荐你使用 Web Animations API 技术来完成工作，而不是用 CSS Animations 技术。

6.5 本章小结

本章首先介绍了获取 webContents 对象的方法，并围绕着 webContents 对象介绍了它的常用属性、事件和方法，比如什么时候会触发页内跳转事件，什么时候会触发网页标题更新事件，该如何缩放网页等。

其次我们介绍了 Electron 应用中最常见的三种页面容器 webFrame、webview 和 BrowserView，还介绍了 webFrame 和 webview 的局限性，以及我为什么会推荐大家使用 BrowserView。

之后我们介绍了 Electron 最令人兴奋的功能——脚本注入。我们用两种方法演示了如何把百度的 Logo 替换成谷歌的 Logo。另外还介绍了为什么有时候加载一个第三方网页后就再也关不掉窗口了，以及该如何优雅地屏蔽第三方网页的 onbeforeunload 事件。

本章最后我们介绍了如何在 Electron 应用中使用动效技术，重点介绍了在 Web 开发中不常用到的一个能力——使用 Web Animations API 技术来实现动画效果，并与常用的 CSS Animations 技术做了简单的比较。

读完本章后，估计你已经对开发一个自己的桌面应用跃跃欲试了吧？别急，后面还有一些必备的知识需要你掌握。

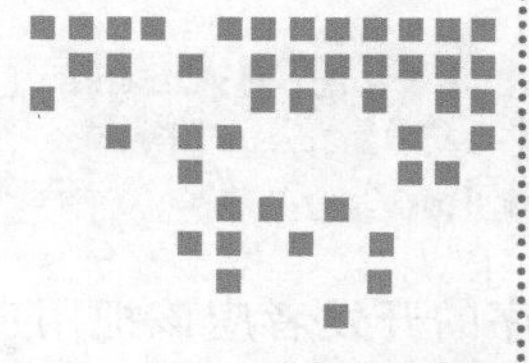

第 7 章 Chapter 7

数　据

计算机程序的本质是算法与数据结构，数据对于一个应用程序十分重要。开发一个OA应用，必须明确用户发起了什么流程，数据应如何保存，保存在什么地方。开发一个播放器应用，必须明确用户的播放记录应如何保存，保存在什么地方。这些与数据相关的问题都值得开发者深思熟虑。

Electron 提供了很多 API 支持开发者解决此类问题，本节我就带领大家了解这些API 的含义、用法以及如何巧妙地使用它们解决实际应用中的问题。

7.1 使用本地文件持久化数据

7.1.1 用户数据目录

一般情况下我们不应该把用户的个性化数据，例如用户应用程序设置、用户基本信息、用户使用应用程序所产生的业务数据等保存在应用程序的安装目录下，因为安装目录是不可靠的，用户升级应用程序或卸载应用程序再重新安装等操作都可能导致安装目录被清空，造成用户个性化数据丢失，影响用户体验。

所有应用程序都面临着这个问题，好在操作系统为应用程序提供了一个专有目录来存储应用程序的用户个性化数据：

```
Windows 操作系统：C:\Users\[your user name]\AppData\Roaming
Mac 操作系统：/Users/[your user name]/Library/Application Support/
Linux 操作系统：/home/[your user name]/.config/xiangxuema
```

应用程序的开发者应该把用户的个性化数据存放在上述这些目录中，然而每个系统的地址各不相同，为了解决这个问题，以前应用开发者要先判断自己的应用运行在什么系统上，再根据不同的系统设置不同的数据路径。Electron为我们提供了一个便捷的API来获取此路径：

```
app.getPath("userData");
```

此方法执行时会先判断当前应用正运行在什么操作系统上，然后根据操作系统返回具体的路径地址。

扩展

给app.getPath方法传入不同的参数，可以获取不同用途的路径。用户根目录对应的参数为home。desktop、documents、downloads、pictures、music、video都可以当作参数传入，获取用户根目录下相应的文件夹。另外还有一些特殊的路径：

- temp对应系统临时文件夹路径。
- exe对应当前执行程序的路径。
- appData对应应用程序用户个性化数据的目录。
- userData是appData路径后再加上应用名的路径，是appData的子路径。这里说的应用名是开发者在package.json中定义的name属性的值。

所以，如果你开发的是一个音乐应用，那么保存音乐文件的时候，你可能并不会首选userData对应的路径，而是选择music对应的路径。

除此之外，你还可以使用Node.js的能力获取系统默认路径，比如：

- `require('os').homedir();` //返回当前用户的主目录，如："C:\Users\allen"。
- `require('os').tmpdir();` //返回默认临时文件目录，如："C:\Users\allen\AppData\Local\Temp"。

Node.js从设计之初就是为服务端的应用提供服务的，所以在这方面提供的能力显然不如Electron强大。

有时候为了提升用户体验，应用需要允许用户设置自己的数据保存在什么目录，比

如迅雷就允许用户指定下载目录。开发者做一个类似的功能并不难，让用户选择一个路径然后把这个路径记下来以供使用即可（如何让用户选择路径我们将在后续章节讲解）。可喜的是我们并不用做这些额外的工作，Electron为我们提供了相应的API来重置用户数据目录，代码如下：

```
 let appDataPath = app.getPath('appData');
console.log(appDataPath);
//如何让用户选择路径我们将在后续章节讲解
app.setPath('appData', 'D:\\project\\electron_in_action\\chapter8\\public')
appDataPath = app.getPath('appData');
console.log(appDataPath);
```

app.setPath方法接收两个参数，第一个是要重置的路径的名称，第二个是具体的路径。设置完成后再获取该名称的路径，就会得到新的路径了，以上代码执行后输出结果如下：

```
> C:\Users\allen\AppData\Roaming
> D:\project\electron_in_action\chapter8\public
```

注意，这个重置只对本应用程序有效，其他应用程序不受影响。

7.1.2 读写本地文件

Electron保存用户数据到磁盘与Node.js并没有什么区别，代码如下：

```
let fs = require("fs-extra");
let path = require("path");
let dataPath = app.getPath("userData");
dataPath = path.join(dataPath, "a.data");
fs.writeFileSync(dataPath, yourUserData, { encoding: 'utf8' })
```

上面代码中，我们把yourUserData变量里的数据保存到[userData]/a.data文件内了。

读取用户数据的代码如下：

```
let fs = require("fs-extra");
let path = require("path");
let dataPath = app.getPath("userData");
dataPath = path.join(dataPath, "a.data");
let yourUserData = fs.readFileSync(dataPath,{ encoding: 'utf8' });
```

上面代码中，我们又把[userData]/a.data文件内的数据读取到了yourUserData变量中了。

此处我们并没有用 Node.js 原生提供的 fs 库，而是用了一个第三方库 fs-extra，因为原生 fs 库对一些常见的文件操作支持不足。

以一个最简单的需求为例，删除一个目录，如果有子目录的话也删除其子目录。如果使用原生 fs 库需要开发者写代码递归删除，但使用 fs-extra 库就只要使用 removeSync 方法即可。

另外，使用 fs-extra 库只要使用一个 ensureDirSync 方法即可实现判断一个目录是否存在，如果不存在则创建该目录的需求，即使路径中多个子目录不存在，它也会一并帮你创建出来。而使用原生 fs 库就需要自己实现判断及创建目录的逻辑了。

fs-extra 库是对原生 fs 库的一层包装，它除了原封不动地暴露出 fs 库的所有 API 外，还额外增加了很多非常实用的 API。所以即使老项目中使用的是 fs 库，我们也可以将其顺利升级为 fs-extra 库，无需额外的开发支持。

另外，读写文件时我们使用了同步方法 readFileSync 和 writeFileSync（大多数时候在 Node.js 的 API 中以 Sync 结尾的都是同步方法）。因为 JavaScript 是单线程执行的，使用同步方法可能会阻塞程序执行，造成界面卡顿。因此读写大文件时应考虑使用异步方法实现，或者将读写工作交由 Node.js 的 worker_threads 完成。

7.1.3 值得推荐的第三方库

我们往往会把用户数据格式化成 JSON 形式以方便应用操作，然而即使把数据格式化成 JSON，在进行排序、查找时也还是非常麻烦。这里推荐两个常用的库给大家。

首先是 lowdb（https://github.com/typicode/lowdb），它是一个基于 Lodash 开发的小巧的 JSON 数据库。Lodash 是一个非常强大且业内知名的 JavaScript 工具库，使用它可以快速高效地操作数组、JSON 对象。

lowdb 基于 Lodash 提供了更上层的封装，除了使开发者可以轻松地操作 JSON 数据外，它还内置了文件读写支持，非常简单易用。示例代码如下：

```
//创建数据访问对象
const low = require('lowdb')
const FileSync = require('lowdb/adapters/FileSync')
const adapter = new FileSync('db.json')
const db = low(adapter)
//查找数据
db.get('posts').find({ id: 1 }).value();
//更新数据
```

```
db.get('posts').find({ title: 'low!' }).assign({ title: 'hi!'}).write();
// 删除数据
db.get('posts').remove({ title: 'low!' }).write();
// 排序数据
db.get('posts').filter({published: true}).sortBy('views').take(5).value();
```

第二个是 electron-store（https://github.com/sindresorhus/electron-store），一个专门为 Electron 设计的，依赖的包很少的，很轻量的数据库，而且它还支持数据加密以防止数据被恶意用户窃取，甚至不需要你指定文件的路径和文件名，就直接把数据保存在用户的 userData 目录下。

代码示例如下：

```
const Store = require('electron-store');
const store = new Store();
store.set('key', 'value');
console.log(store.get('key'));          // 输出 value
store.set('foo.bar', true);             // 可以级联设置 JSON 对象的值
console.log(store.get('foo'));          // 输出 {bar: true}
store.delete('key');
console.log(store.get('unicorn'));      // 输出 undefined
```

7.2　使用浏览器技术持久化数据

7.2.1　浏览器数据存储技术对比

打开谷歌浏览器的开发者调试工具 Application 的标签页，你会发现左侧有一个 Storage 列表如图 7-1 所示。

这是浏览器为开发者提供的五种用来在浏览器客户端保存数据的技术。程序员经常会用到是 Local Storage 和 Cookies。

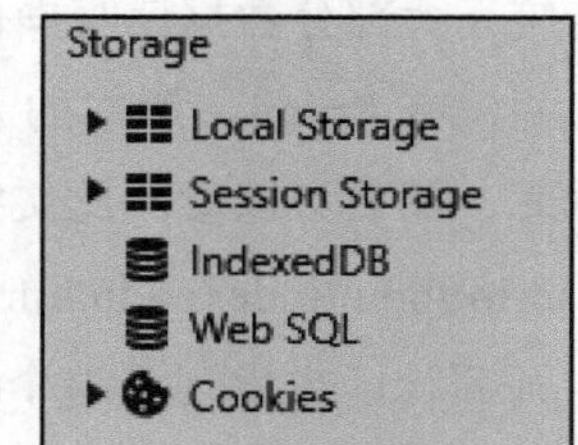

图 7-1　浏览器内的数据存储方式

Electron 底层也是一个浏览器，所以开发 Electron 应用时，也可以自由地使用这些技术来存取数据，其控制能力甚至强于 Web 开发，比如读写被标记为 HttpOnly 的 Cookie 等。下面我们就讲解一下这五种数据存储技术的用途和差异。

Cookie 用于存储少量的数据，最多不能超过 4KB，用来服务于客户端和服务端间的数据传输，一般情况下浏览器发起的每次请求都会携带同域下的 Cookie 数据，大多

数时候服务端程序和客户端脚本都有访问 Cookie 的权力。开发者可以设置数据保存的有效期，当 Cookie 数据超过有效期后将被浏览器自动删除。

Local Storage 可以存储的数据量也不大，各浏览器限额不同，但都不会超过 10MB。它只能被客户端脚本访问，不会自动随浏览器请求被发送给服务端，服务端也无权设置 Local Storage 的数据。它存储的数据没有过期时间，除非手动删除，不然数据会一直保存在客户端。

Session Storage 的特性大多与 Local Storage 相同，唯一不同的是浏览器关闭后 Session Storage 里的数据将被自动清空，因此 Electron 应用在需要保存程序运行期的临时数据时常常会用到它。

Web SQL 是一种为浏览器提供的数据库技术，它最大的特点就是使用 SQL 指令来操作数据。目前此技术已经被 W3C 委员会否决了，在此不多做介绍，也不推荐使用。

IndexedDB 是一个基于 JavaScript 的面向对象的数据库，开发者可以用它存储大量的数据，在 Electron 应用内它的存储容量限制与用户的磁盘容量有关。IndexedDB 也只能被客户端脚本访问，不随浏览器请求被发送到服务端，服务端也无权利访问 IndexedDB 内的数据，它存储的数据亦无过期时间。

在开发 Electron 应用时，我推荐大家使用 Cookie 和 IndexedDB 来存储数据。虽然使用 Local Storage 相较于 IndexedDB 更简单，但它的容量限制是其最大的硬伤，而且使用第三方工具库也可以简化 IndexedDB 的使用。

7.2.2 使用第三方库访问 IndexedDB

虽然使用原生 JavaScript 访问 IndexedDB 是完全没问题的，但由于其 API 设计比较传统，大部分数据读写操作都是异步的，因此需要使用大量的回调函数和事件注册函数，并没有 Promise 版本的 API 可用，所以开发效率并不高。开发者如果不希望使用第三方库，那么可以参阅此文档来完成 IndexedDB 的数据访问工作：https://wangdoc.com/javascript/bom/indexeddb.html。

开源社区也发现了这个问题，因此有很多人提供了 IndexedDB 的封装库，比如 Idb（https://github.com/jakearchibald/idb） 和 Dexie.js（https://github.com/dfahlander/Dexie.js）。这两个库都提供了 IndexedDB 数据访问的 Promise API。从我的经验而言 Dexie.js 更胜一筹，更推荐大家使用。下面我们介绍一下它的基本用法：

```
let db = new Dexie("testDb");
db.version(1).stores({articles: "id",settings: "id"});
```

第一行创建一个名为testDb的IndexedDB数据库。第二行中的db.version(1)需详细解释一下。IndexedDB有版本的概念，如果应用程序因为业务更新需要修改数据库的数据结构，那么此时就面临如何将用户原有的数据迁移到新数据库中的问题。

IndexedDB在这方面提供了支持。假设现有应用的数据库版本号为1（默认值也为1），新版本应用希望更新数据结构，可以把数据库版本号设置为2。当用户打开应用访问数据时，会触发IndexedDB的upgradeneeded事件，我们可以在此事件中完成数据迁移的工作。

Dexie.js对IndexedDB的版本API进行了封装，使用db.version(1)获得当前版本的实例，然后调用实例方法stores，并传入数据结构对象。数据结构对象相当于传统数据库的表，与传统数据库不同，你不必为数据结构对象指定每一个字段的字段名，此处我为IndexedDB添加了两个表articles和settings，它们都有一个必备字段为id，其他字段可以在写入数据时临时确定。

将来版本更新，数据库版本号变为2时，数据库增加了一张表users，代码如下：

```
db.version(2).stores({articles: "id",settings: "id",users: "id"});
```

此时Dexie.js会为我们进行相应的处理，在增加新的表的同时原有表及表里的数据不变。这为我们从容地控制客户端数据库版本提供了强有力的支撑。

下面来看一下使用Dexie.js进行常用数据操作的代码：

```
//增加数据
await db.articles.add({ id: 0, title: 'test'});
//查询数据
await db.articles.filter(article=> article.title === "test");
//修改数据
await db.articles.put({ id: 0, title:'testtest'});
//删除数据
await db.articles.delete(id);
//排序数据
await db.articles.orderBy('title');
```

注意，上面的代码中用到了await关键字，所以使用时，应放在async标记的函数下才能正常执行。

扩展 除了Idb和Dexie.js之外，还有一个更强大的第三方库pouchdb（https://pouchdb.com/）。它并没有直接封装IndexedDB的接口，而是默认使用Idb作为

其与 IndexedDB 的适配器，除了此适配器外，你还可以选择内存适配器（把数据存储在内存中）或 HTTP 适配器（把数据存储在服务器端的 CouchDB 内）。

它的灵感来源于 CouchDB，为了和服务端 CouchDB 更好地对接，它也提供了一套类似 CouchDB 的 API。此项目也是一个明星项目，但学习成本略高，感兴趣的读者可以花时间学习、使用。

另外还有一个非常有趣的数据库 rxdb 值得推荐。它是一个可以运行在各大浏览器和 Electron 内的实时数据库。它最大的特点就是支持订阅数据变更事件，当你在一个窗口更改了某个数据后，你无需再发消息通知另一个窗口，另一个窗口就能通过数据变更事件获悉变更的内容。对于需要向用户显示实时数据的客户端应用程序来说，这非常有用。它是一个开源项目，开源地址为：https://github.com/pubkey/rxdb。

7.2.3 读写受限访问的 Cookie

开发网页时，我们常用 document.cookie 来获取保存在 Cookie 中的数据，下面的代码是两个常见的读写指定 Cookie 的工具函数：

```
//读取 Cookie
let getCookie = function(name){
    let filter = new RegExp(name + "=([^;]*)(;|$)");
    let matches = document.cookie.match(filter);
    return matches ? matches[1] : null;
}
//设置 Cookie
let setCookie = function (name,value,days) {
        var exp = new Date();
        exp.setTime(exp.getTime() + days*24*60*60*1000);
        document.cookie = name + "="+ escape (value) + ";expires=" + exp.
toGMTString();
    }
```

设置 Cookie 时，我们并没有尝试去改变某个 Cookie 的值，而是直接创建了一个新 Cookie，因为浏览器发现存在同名 Cookie 时，会用新 Cookie 的值替换原有 Cookie 的值。

Electron 中也可以用这种方法读写 Cookie，但这种方法有其局限性，无法读写 HttpOnly 标记的 Cookie 和其他域下的 Cookie。

但好在Electron为开发者提供了专门用来读取Cookie的API，可以读取受限访问的Cookie，代码如下：

```
const { remote } = require("electron");
//获取 Cookie
let getCookie = async function(name) {
    let cookies = await remote.session.defaultSession.cookies.get({name});
    if(cookies.length>0) return cookies[0].value;
    else return '';
}
//设置 Cookie
let setCookie = async function(cookie) {
    await remote.session.defaultSession.cookies.set(cookie);
}
```

以上代码运行在渲染进程中，我们通过remote.session.defaultSession.cookies对象完成Cookie的读写操作，session是Electron用来管理浏览器会话、Cookie、缓存和代理的工具对象，defaultSession是当前浏览器会话对象的实例。你还可以通过如下代码获取当前页面的session实例：

```
let sess = win.webContents.session;
```

session实例的Cookie属性用于管理浏览器Cookie，它的get方法接收一个过滤器对象，该对象的关键配置包含name、domain等可选属性，为查找指定的Cookie提供支持。如果你传递一个空对象给get方法，将返回当前会话下的所有Cookie。

set方法接收一个Cookie对象，该对象除包含常见的Cookie属性外，还包含HttpOnly和secure属性，也就是说你可以在Electron客户端中用JavaScript代码为浏览器设置HttpOnly的Cookie。通常情况下这类Cookie是在服务端设置的，虽然它保存在浏览器客户端，但JavaScript不具有读写这类Cookie的能力。现在这个限制被Electron打破了，这对于需要访问第三方网站执行一些极客工作的程序员来说帮助巨大。

在开发Web应用的过程中，我们经常会把Cookie标记上secure属性和HttpOnly属性，这两个属性都用于保护Cookie信息的安全。

为了防止用户的Cookie被恶意第三方嗅探获取，你可以给Cookie设置secure属性，这样标记的Cookie只允许经由HTTPS安全连接传输。

为了防止XSS跨站脚本攻击，你可以给Cookie设置HttpOnly属性，这样标记的 Cookie 不允许 JavaScript 访问。

关于跨站脚本攻击的内容我们在后文还会有详细的解释。

7.2.4 清空浏览器缓存

有的时候你可能需要清空用户的数据，比如在用户希望重置所有与自己相关的数据时，这些数据可能保存在 Cookie 内（比如用户登录 token），也可能保存在 IndexedDB 中（比如用户的个性化配置等）。开发者虽然可以编写代码手动删除这些数据，但更简单的方式是使用 Electron 为我们提供的 clearStorageData 方法，代码如下：

```
await remote.session.defaultSession.clearStorageData({
  storages: 'cookies,localstorage'
})
```

这也是用户 session 实例下的一个方法，它接收一个 option 对象，该对象的 storages 属性可以设置为以下值的任意一个或多个（多个值用英文逗号分隔）：appcache, cookies, filesystem, indexdb, localstorage, shadercache, websql, serviceworkers, cachestorage。

如你所见，它能控制几乎所有浏览器相关的缓存。另外还可以为 option 对象设置配额和 origin 属性来更精细地控制清理的条件。

7.3 使用 SQLite 持久化数据

SQLite 是一个轻型的、嵌入式的 SQL 数据库引擎，其特点是自给自足、无服务器、零配置、支持事务。它是在世界上部署最广泛的 SQL 数据库引擎。大部分桌面应用都使用 SQLite 在客户端保存数据。

一般情况下，我们为 Electron 工程安装一个第三方库，与为 Node.js 工程安装第三方库并没有太大区别，但这仅限于只有 JavaScript 语言开发的库。如果第三方库是使用 C/C++ 开发的，那么在安装这个库的时候就需要本地编译安装。

SQLite3 是基于 C 语言开发的，node-sqlite3（SQLite3 提供给 Node.js 的绑定）也大量地使用了 C 语言，因此并不能使用简单的 yarn add 的方法给 Electron 工程安装 node-sqlite3 扩展，需要使用如下命令安装：

```
npm install sqlite3 --build-from-source --runtime=electron --target=8.1.1
--dist-url=https://atom.io/download/electron
```

以上命令来自node-sqlite3官网，此处需要注意，--target=8.1.1是写作此案例时使用的Electron版本号，读者需要把其更改成你使用的Electron版本号。你可以通过以下JavaScript代码查看当前正在使用的Electron版本号（可以直接在开发者工具栏内执行此代码）：

```
process.versions.electron
```

node-sqlite3库只对SQLite3做了简单封装，为了完成数据的CRUD操作还需要编写传统的SQL语句，开发效率低下。这里推荐大家使用knexjs库作为对node-sqlite3的再次包装，完成业务数据访问读写工作。

knexjs是一个SQL指令构建器，开发者可以使用它编写串行化的数据访问代码，它会把开发者编写的代码转换成SQL语句，再交由数据库执行处理。数据库返回的数据，它也会格式化成JSON对象。它支持多种数据库，比如Postgres、MSSQL、MySQL、MariaDB、SQLite3、Oracle等，这里我们只用到了SQLite3。knexjs也是业内知名的数据库访问工具。

演示代码如下，创建数据访问对象：

```
let knex = require('knex')({
    client: 'sqlite3',
    connection: { filename: yourSqliteDbFilePath }
});
```

CRUD操作样例代码：

```
//查找
let result = await knex('admins').where({id:0});
//排序
let result = await knex('users').orderBy('name', 'desc')
//更新
await knex('admins').where("id", 0).update({ password: 'test' });
//删除
await knex('addresses').whereIn("id", [0,1,2]).del();
```

注意，上面代码因为用到了await关键字，所以使用时应放在async标记的函数下才能正常执行。

你可能需要一个客户端GUI工具来管理你的SQLite3数据库，比如完成创建表、修改表结构之类的工作。SQLite3 的管理工具有很多，我推荐 SQLite Expert（http://www.sqliteexpert.com/)，它有着功能丰富、操作简捷的优点。虽然是收费软件，但有免费的个人版本可以使用，其管理界面如图 7-2 所示。

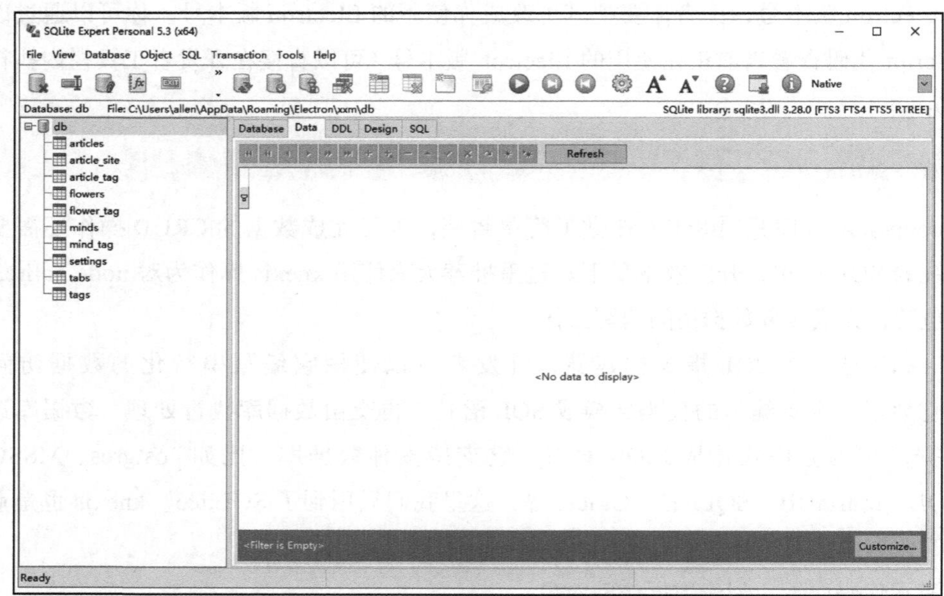

图 7-2 SQLite Expert 界面

重点

开发一个 Web 应用，我们往往会选择 MSSQL、MySQL、Oracle 之类的数据库，但对于 Electron 应用访问这些数据库的技术我们一概没讲。这些数据库都是网络服务数据库，一个客户端应用直接访问这些数据库是非常危险的，一旦一个客户端被破解或者被嗅探到了数据库用户名和密码，那么你所有用户的数据都将受到威胁。

一般情况下我们通过 Web API 来间接地访问这些数据库。所以如果你希望把用户数据保存在网络数据库内，那么你应该让后端开发人员给你提供 Web API 接口，并和后端开发人员协商好鉴权和身份验证的技术细节，再开始动手开发客户端。

如果安全问题不会给你造成影响，那么你可以考虑使用本章提到的 knexjs 工具来访问你的网络服务数据库。

7.4 本章小结

本章首先讲解了怎么把数据保存在客户端的文件系统内，并向大家介绍了 lowdb 和 electron-store 两个工具库。

之后我们介绍了如何使用浏览器提供的 Cookie 和 IndexedDB 来保存用户数据，以及如何访问受限的 Cookie 和如何清理浏览器的缓存数据。

最后介绍了如何使用常见的 SQLite 来保存用户的数据，并向大家推荐了 knexjs 工具库以提升开发效率。

希望读者读完本章后不再因把用户数据保存在什么地方而感到困惑。

Chapter 8 第 8 章

系　统

系统中每个应用都或多或少地要与系统 API 打交道，比如显示系统通知、在系统托盘区域显示一个图标、通过“打开文件对话框”打开系统内一个指定的文件、通过“保存文件对话框”把数据保存到系统磁盘上等。早期的 Electron（或 NW.js）对这方面支持不足，但随着使用者越来越多，用户需求也越来越多且各不相同，Electron 在这方面的支撑力度也变得越来越大。本章我们将学习如何通过 Electron 跟操作系统打交道。

8.1　系统对话框

8.1.1　使用系统文件对话框

在开发桌面应用时，经常会要求用户手动打开电脑上的某个文件或者把自己编辑的内容保存成某个文件，这类需求就需要通过系统对话框来实现。打开文件时需要使用文件打开对话框，保存文件时需要使用文件保存对话框。除此之外，还有路径选择对话框、消息提示对话框、错误提示对话框等，这些都是系统对话框。

开发者使用传统的编程语言（如 C++ 或 Swift）开发桌面 GUI 应用时，一般会使用操作系统 API 来创建系统对话框。但用 Electron 开发桌面应用则不必这样做，Electron 为我们包装了这些操作系统 API，开发者可以直接使用 JavaScript 来创建此类对话框，下面我们就重点介绍系统对话框的使用。

我们使用如下代码在渲染进程中创建一个文件打开对话框：

```
const { dialog,app } = require("electron").remote;
let filePath = await dialog.showOpenDialog({
    title: "我需要打开一个文件",
    buttonLabel: "按此打开文件",
    defaultPath: app.getPath('pictures'),
    properties:"multiSelections",
    filters: [
        { name: "图片", extensions: ["jpg", "png", "gif"] },
        { name: "视频", extensions: ["mkv", "avi", "mp4"] }
  ]
});
```

运行程序，适时执行上面的代码，将打开图 8-1 所示的对话框。

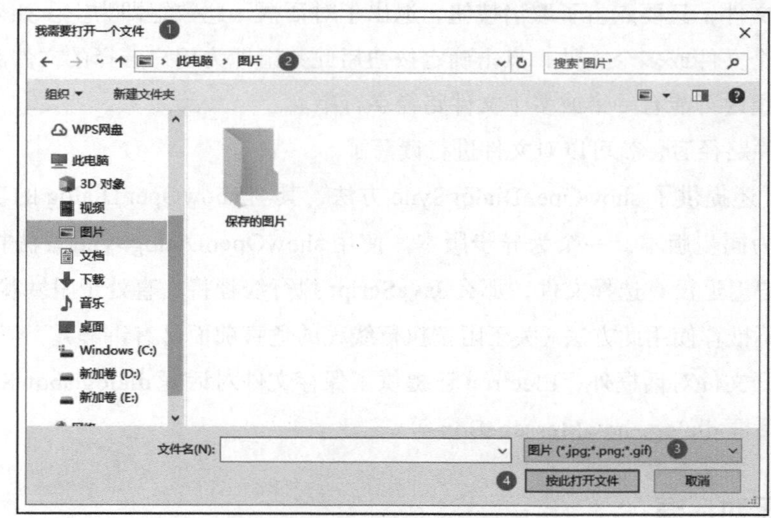

图 8-1　文件打开对话框

上述代码中使用主进程 dialog 对象的 showOpenDialog 方法来显示此对话框。

前文中我们提到的文件打开对话框、文件保存对话框、路径选择对话框、消息提示对话框、错误提示对话框等都受 dialog 对象管理。

showOpenDialog 方法接受一个配置对象，该对象影响对话框的窗口元素和行为。我在上图中需要重点关注的位置标记了编号：

- ①处是对话框的标题，此处显示 title 属性的值。

- ②处是对话框的默认路径，此处由 defaultPath 属性的值控制。
- ③处是允许打开的文件类型，此处由 filters 属性的值控制。这里可以设置一个数组，以允许打开多种类型的文件。
- ④处是确认按钮显示的文本，此处显示 buttonLabel 属性的值。

另外，properties 属性设置为 multiSelections，意为允许多选，此外还可以设置是否允许选择文件夹、是否只允许单选等。

showOpenDialog 返回一个 Promise 对象，当用户完成选择操作后，Promise 对象执行成功，结果值也为一个对象，这个对象包含两个属性：

- canceled 属性，表示用户是否点击了此对话框的取消按钮。
- filePaths 属性，其类型为一个数组（因为通过设置可以让用户选择多个文件，所以此处为一个数组属性），里面的值是用户选择的文件的路径。不管用户有没有选择文件，只要点击了取消按钮，退出了对话框，此数组即为空。如果用户选择了一个文件或多个文件，点击确定按钮后此数组即为用户选择的文件路径，相应的数组内可能有一个或多个文件路径字符串。

拿到文件路径后，就可以对文件进行读写了。

Electron 还提供了 showOpenDialogSync 方法，其与 showOpenDialog 的功用是相同的，但一个为同步版本，一个为异步版本。使用 showOpenDialogSync 方法打开对话框后，如果用户迟迟没有选择文件，那么 JavaScript 执行线程将一直处于阻塞状态。因此，一般情况下不推荐使用此方法（关于阻塞执行线程的危害前面已有讲解）。

除了打开文件对话框外，Electron 还提供了保存文件对话框 dialog.showSaveDialog，显示消息对话框 dialog.showMessageBox 等。

8.1.2 关于对话框

当应用部署到 Mac 或 Linux 系统上时，系统菜单中有一个 About [your app name] 项，点击此菜单项后会弹出一个“关于”对话框。这个对话框的内容如果不做指定，Electron 一般会按 package.json 配置默认生成一个。开发者可以通过如下代码指定此对话框的内容：

```
app.setAboutPanelOptions({
    applicationName:'redredstar',
    applicationVersion:app.getVersion(),
```

```
        copyright:''
    })
```

设置完成后，“关于”对话框会显示你设置的内容，如图 8-2 所示。

图 8-2　Electron 关于对话框

注意：开发环境下可能不会显示你的应用程序图标，而是显示 Electron 的图标，对于这一点不用担心，待你编译打包后，你的应用图标会自动出现在此对话框中。

如果你希望从应用的其他地方打开“关于”对话框，可以使用如下代码完成此操作：

```
app.showAboutPanel();
```

8.2　菜单

8.2.1　窗口菜单

使用 Electron 创建一个窗口，窗口默认会具备系统菜单，如图 8-3 所示。

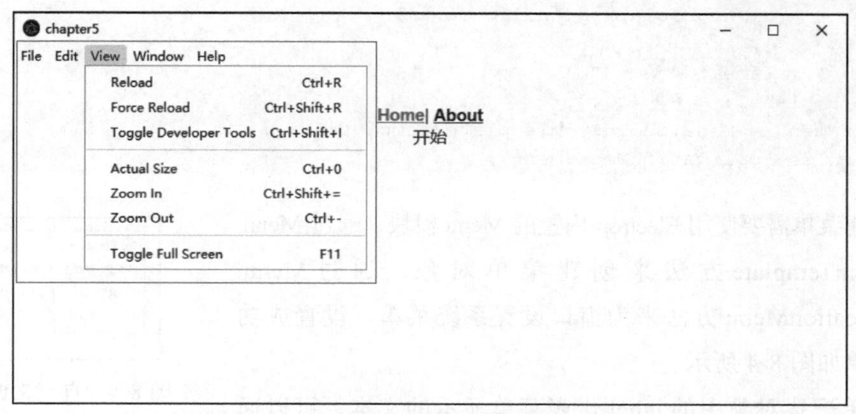

图 8-3　Windows 系统下窗口的菜单

Electron 默认提供程序、编辑、视图、窗口、帮助等五个主菜单以及主菜单下的若干子菜单。这些菜单主要用于演示，让开发者了解 Electron 在系统菜单方面有这些能力，实际意义不大。比如 Help 菜单内的 Learn More 和 Document 等子菜单都还链接到 Electron 的官网，View 菜单下的 Reload 和 Zoom 菜单也不一定是应用所需要的功能。开发者往往需要重新定制这些菜单。本节我们就讲解如何在应用内使用 Electron 提供的系统菜单功能。

开发者可以在创建 Windows 窗口时通过设置 autoHideMenuBar 属性来隐藏菜单，代码如下所示：

```
let win = new BrowserWindow({
    webPreferences: { nodeIntegration: true },
    autoHideMenuBar:true        //隐藏窗口的系统菜单
});
```

但用户打开窗口后，按一下 Alt 键菜单就又回来了（但在 Mac 系统下这项设置是没有用的，因为 Mac 系统下的菜单根本就不是显示在窗口内的）。

开发者一般还是会创建自己的系统菜单来覆盖 Electron 自带的菜单，代码如下所示：

```
let Menu = require('electron').Menu;
let templateArr = [{
        label: "菜单1",
        submenu: [{ label: "菜单1-1" }, { label: "菜单1-2" }]
    },{
        label: "菜单2",
        click() {
            console.log('hello menu')
        },
    },{ label: "菜单3" },
    { label: "菜单4" }];
let menu = Menu.buildFromTemplate(templateArr);
Menu.setApplicationMenu(menu);
```

创建菜单需要使用 Electron 内置的 Menu 模块，通过 Menu.buildFromTemplate 方法来创建菜单对象，通过 Menu.setApplicationMenu 方法来为窗口设置系统菜单。设置成功后的菜单如图 8-4 所示。

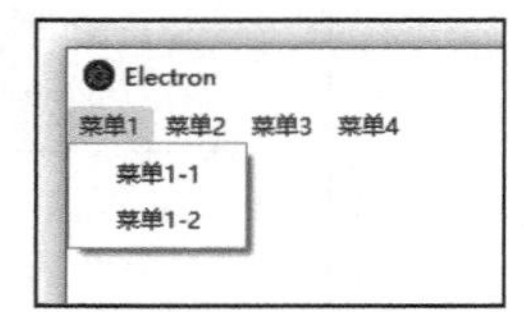

图 8-4　自定义窗口菜单

菜单配置对象中的 label 代表菜单显示的文本，可以通过 click 属性为菜单设置点击事件。除此之外，还可以为菜单项设置 role 属性，如下代码所示：

```
{ label: "菜单3", role: 'paste' }
```

当设置此属性后，表明此菜单与粘贴行为相关，用户点击此菜单则执行操作系统的粘贴行为。除paste外，role属性的可选值还可以是undo、redo、cut、copy、delete、selectAll、reload、minimize、close、quit等，一个菜单项只能设置一个role值。

设置了role属性的菜单项后，再点击菜单时，其click事件将不再执行。

Windows操作系统中不设置含role属性的菜单项并无大碍，但在Mac操作系统如果不设cut、copy、paste等属性的菜单项，窗口将不具备剪切、复制、和粘贴的能力，即使使用相关的快捷键也不能完成这些操作。

另外在Mac操作系统下，第一个菜单的位置要留出来，因为Mac操作系统会自动帮应用设置第一个菜单。开发者可以判断当前系统是否为Mac系统，如果是，则在菜单模板中增加一个空菜单数据即可，如下代码所示：

```
if(process.platform === 'darwin'){
    templateArr.unshift({label:''})
}
```

上述代码中label的值为空，Mac操作系统会使用应用名称替代此空值。

如果你希望菜单和菜单之间出现一个分隔条，那么可以在这两个菜单项之间加一行如下代码：

```
{ type:'separator' }
```

上述代码表示分隔条是一个特殊的菜单项。

除此之外，你还可以把菜单项的type属性设置为checkbox或radio，使其成为可被选中的菜单项。

8.2.2 HTML右键菜单

在开发Web应用时，如果需要在页面上为用户提供右键菜单的功能，只需要三小段简短的代码即可实现。第一段HTML代码，用户点右键看到的菜单内容即为此HTML所承载的内容：

```
<div id="menu">
    <div class="menu">功能 1</div>
    <div class="menu">功能 2</div>
    <div class="menu">功能 3</div>
    <div class="menu">功能 4</div>
    <div class="menu">功能 5</div>
```

```
        <div class="menu">功能 6</div>
    </div>
```

第二段 CSS 代码，此样式代码用来格式化上述 HTML 代码所代表的菜单元素，默认情况下使右键菜单元素处于不可见状态：

```
    #menu {
        width: 125px;
        overflow: hidden;
        border: 1px solid #ccc;
        box-shadow: 3px 3px 3px #ccc;
        position: absolute;
        display: none;
    }
    .menu {
        height: 36px;
        line-height: 36px;
        text-align: center;
        border-bottom: 1px solid #ccc;
        background: #fff;
    }
```

第三段 JS 代码，通过此代码关联用户的行为与界面的响应：

```
    window.oncontextmenu = function(e) {
        e.preventDefault();
        var menu = document.querySelector("#menu");
        menu.style.left = e.clientX + "px";
        menu.style.top = e.clientY + "px";
        menu.style.display = "block";
    };
    window.onclick = function(e) {
        document.querySelector("#menu").style.display = 'none';
    };
```

当用户在页面上点鼠标右键时，触发 window 对象的 oncontextmenu 事件，在此事件关联的方法内获得用户点击鼠标的位置，然后在该位置上显示前文所述右键菜单的 DOM 元素。当用户点击页面上菜单外的任一位置时，隐藏右键菜单 DOM 元素。也可以在 Electron 内使用此技术来创建右键菜单。运行程序，在窗口页面任意位置点击右键，结果显示右键菜单，效果如图 8-5 所示。

然而用这种技术在 Electron 应用内创建菜单有一个弊端，这里创建的菜单只能显示在窗口页面内部，不能浮于窗口之上。假设我们在窗口边缘处点击右键，将出现图 8-6 所示的效果。

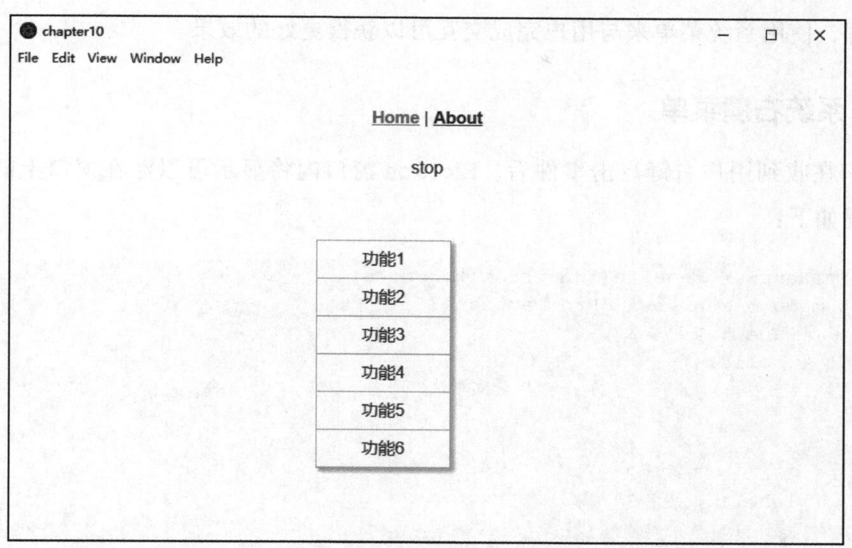

图 8-5　HTML 右键菜单

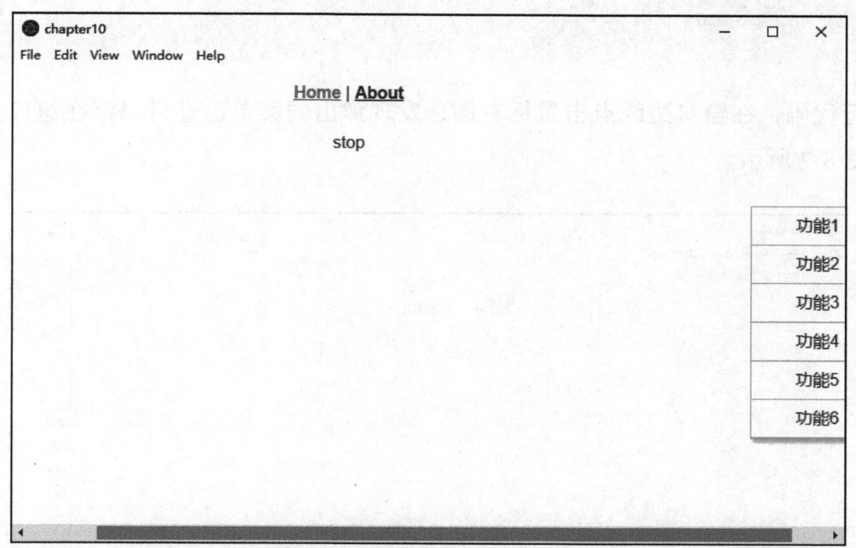

图 8-6　处于窗口边缘的 HTML 右键菜单

如上图所示，菜单只显示了一半，而且页面出现了滚动条。造成这个现象的原因是：菜单呈现后，页面实际宽度超出了窗口宽度，所以页面底部出现了滚动条，并且显示的菜单是页面内的 DOM 元素，这些 DOM 元素无法显示在窗口外部。这种体验并不是很理想，使用系统菜单来与用户完成交互可以获得更好的效果。

8.2.3 系统右键菜单

我们在收到用户右键点击事件后，Electron 窗口内将显示可以浮在窗口上的系统菜单，代码如下：

```
let {Menu} = require('electron').remote;
let menu = Menu.buildFromTemplate([
    { label: "菜单1",
        click() {
                    alert("测试测试");
                }
    },
    { label: "菜单2" },
    { label: "菜单3" },
    { label: "菜单4" }
]);
window.oncontextmenu = function(e) {
    e.preventDefault();
    menu.popup();
};
```

运行代码，在窗口边缘点击鼠标右键，发现弹出的菜单已经可以浮在窗口上面了，效果如图 8-7 所示。

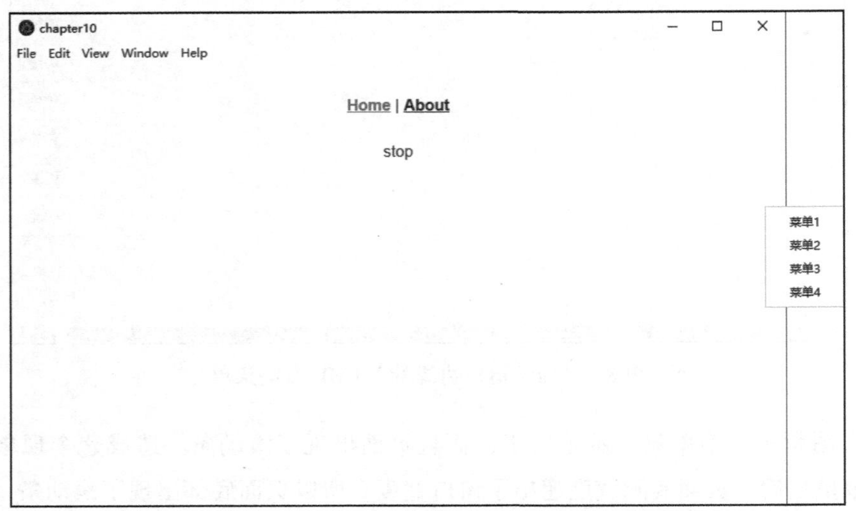

图 8-7 系统右键菜单

在窗口接收到 oncontextmenu 事件后，我们并没有为 menu 对象设置显示的位置，因为 menu 的 popup 方法规定菜单默认显示在当前窗口的鼠标所在位置。

8.2.4 自定义系统右键菜单

上一小节介绍的系统右键菜单方案也有一个不足：开发者很难定制系统右键菜单界面外观或在菜单项上添加额外的功能。如果想达到这个目的，应考虑在鼠标点击右键时，在鼠标所在位置显示一个无边框窗口（一般来说还应禁用窗口的缩放功能），在此窗口内的页面上实现你的菜单外观和菜单点击事件。

注意，不应该使用 oncontextmenu 事件内的 e.clientX 和 e.clientY 来获取鼠标位置，因为以这种方式获得的位置是相对于窗口的鼠标位置，而不是相对于屏幕的。如果我们打算在点鼠标右键时显示一个窗口，那么此窗口的坐标应是相对于屏幕的，而不是相对于当前窗口的。应该通过以下方式获得鼠标位置：

```
window.oncontextmenu = function(e) {
    const { screen } = require("electron").remote;
    let point = screen.getCursorScreenPoint();        //此为鼠标相对于屏幕的位置
    console.log(point);
    console.log(e.clientX + "," + e.clientY);
}
```

运行以上代码，你会发现打印出来的两个位置是有差异的。

还有一点需要注意，在菜单窗口显示出来后，除了在鼠标单击当前窗口其他元素时要关闭（或隐藏）这个菜单窗口外，在当前窗口失活的时候也要关闭（或隐藏）这个菜单窗口。监听窗口的失活事件代码如下：

```
win.on('blur', () => {
    menuWin.hide();
})
```

如果用户需要频繁地使用右键菜单窗口，建议你创建一个全局的菜单窗口，在用户使用它时控制它的位置和显隐状态，而不是每次都为用户新建一个窗口。这样做可以提升菜单显示效率，节约系统资源。

另外，HTML5 提供了 <menu> 标签，根据 MDN 文档描述，它是可以显示在窗口之外的。然而遗憾的是，此标签尚处于实验状态，目前几乎所有的浏览器都还不支持此特性。读者可以关注此技术的进展，一旦 Chrome 浏览器支持，Electron 随之也会很快支持的。

8.3 快捷键

8.3.1 监听网页按键事件

使用快捷键来操作应用程序往往比使用鼠标更快捷，比如按下 Ctrl+S 快捷键保存文档，按下 Ctrl+F 快捷键打开“查找”对话框等。

在 Electron 应用中不需要特殊支持，直接使用网页开发技术即可实现上述需求。比如，监听 Ctrl+S 快捷键的代码如下：

```
window.onkeydown = function() {
    if ((event.ctrlKey || event.metaKey) && event.keyCode == 83) {
        alert(" 按键监听 ");
    }
};
```

无论键盘上的什么键被按下（有些特殊按键除外），都会触发 window.onkeydown 事件，在此事件中我们过滤了指定的按键：event.ctrlKey 代表 Ctrl 键，event.metaKey 代表 Mac 键盘的⌘（花键），83（ASCII 码）对应键盘上的 S 键，也就是说当 Ctrl 键或花键被按下，并且 S 键也同时被按下时，执行 if 条件内的逻辑。

注意此类快捷键只有在窗口处于激活状态时才可用，如需在窗口处于非激活状态时也能监听用户按键事件，则需要使用 Electron 的监听系统快捷键的能力，这些内容在下一小节详述。

另外，你可以使用 mousetrap（https://github.com/ccampbell/mousetrap）作为按键事件监听库来监听网页按键事件，它做了很多封装工作，比如需要监听 * 或？按键时，需要同时监听 Shift 按键，使用这个库就可以省略这个工作了。

8.3.2 监听全局按键事件

如果希望在窗口处于非激活状态时也能监听到用户的按键，应该使用 Electron 的 globalShortcut 模块，其代码如下：

```
const { globalShortcut } = require('electron')
globalShortcut.register('CommandOrControl+K', () => {
    console.log(' 按键监听 ')
})
```

只要你的 Electron 应用处于运行状态，无论窗口是否处于激活状态，上面的代码都能监听到 Ctrl+K（Mac 系统下为 Command+K）的按键事件。

CommandOrControl+K 是快捷键标记字符串，可以包含多个功能键和一个键码，功能键和键码用 + 号组合，比如：CommandOrControl+Shift+Z。

如果你希望使用小键盘的快捷键，应在键码前加 num 字样，比如 CommandOrControl+num8，详情请查阅官方文档（https://electronjs.org/docs/api/accelerator）。

globalShortcut.register 必须在 app ready 事件触发后再执行，不然快捷键事件无法注册成功。

如果你注册的快捷键已经被另外一个应用注册过了，你的应用将无法注册此快捷键，也不会收到任何错误通知。你可以先通过 globalShortcut.isRegistered 方法来判断一下该快捷键是否已经被别的应用注册过了。

如果希望取消注册过的快捷键，可以使用 globalShortcut.unregister。globalShortcut 是一个主进程模块，可以在渲染进程中通过 require('electron').remote 访问它，但一定要注意渲染进程有可能重复注册事件的问题（页面刷新），这将导致主进程异常，进而监听不到按键事件。

8.4　托盘图标

8.4.1　托盘图标闪烁

实际生活中有很多应用程序需要常驻在用户的操作系统内，但用户又不希望其窗口一直显示在屏幕上。也就是说，即使关掉程序的所有窗口，程序也要保持运行状态，例如 QQ 和微信等。这时候开发者为了能让用户随时激活应用，打开窗口时就会在系统托盘处注册一个图标，来提示用户程序仍在运行状态，用户在点击图标时会打开程序的窗口，以回应用户的点击行为。图 8-8 所示是我 Windows 操作系统下的托盘图标。

图 8-8　Windows 操作系统下的托盘图标

Electron 应用在系统托盘处注册一个图标十分简单，代码如下：

```
let { app, BrowserWindow, Tray } = require('electron');
let path = require('path');
```

```
let tray;
app.on('ready', () => {
    let iconPath = path.join(__dirname, 'icon.png');
    tray = new Tray(iconPath)
}
```

如上代码所示，在应用程序的 ready 事件中新建了一个 Tray 实例，并把图标文件的路径传递给了这个实例，该实例被赋值给一个全局对象（避免被垃圾收集），此时就可以在系统托盘显示应用程序的图标了。

QQ 有一个有趣的特性，即有新消息时，QQ 的托盘图标会闪烁。此特性的实现原理就是不断切换托盘图标。Electron 应用也可以轻松实现此特性，在上面代码块的 'ready' 事件结尾处，补充如下代码：

```
let iconPath2 = path.join(__dirname, 'icon2.png');
let flag = true;
setInterval(() => {
    if (flag) {
        tray.setImage(iconPath2);
        flag = false;
    } else {
        tray.setImage(iconPath);
        flag = true;
    }
}, 600)
```

上述代码被执行时，每隔 600 毫秒即切换一下图标，就实现了图标闪烁的效果。

如果希望做一个托盘图标的动画效果，那么可以多制作几个图标文件，在一个较短的时间内（一般情况下是每秒 12 帧以上）按顺序切换它们，这样就可以使应用程序的托盘图标以逐帧动画的形式播放了。但出于性能损耗考虑，建议尽量少做几帧。

8.4.2 托盘图标菜单

仅有一个闪动的托盘图标并不能为应用提供任何实质性的帮助，实际上一个正常的托盘图标都应该接收用户点击事件，并完成打开应用窗口或者展现托盘图标菜单等工作。

使托盘图标响应鼠标点击事件很简单：

```
tray.on('click', function() {
    win.show();
})
```

在 Windows 或 Mac 系统中，还可以注册鼠标双击事件（'double-click'）或鼠标右键点击事件（'right-click'）。

重点 在 Electron 应用里双击托盘图标，除了会触发 'double-click' 事件，也会触发 'click' 事件，非 Electron 应用则不一定具备此特性。

鼠标右键单击托盘图标，则只会触发 'right-click' 事件不会触发 'click' 事件。

一旦为托盘图标注册了菜单，则托盘图标将不再响应你注册的 'right-click' 事件。

下面是为托盘图标注册菜单的代码：

```
let { Tray,Menu  } = require('electron');
let menu = Menu.buildFromTemplate([{
click() { win.show();  },
    label: '显示窗口',
    type: 'normal'
}, {
    click() { app.quit();  },
    label: '退出应用',
    type: 'normal'
}]);
tray.setContextMenu(menu);
```

如你所见，此处托盘图标使用的是系统菜单，具体知识请参阅上一节，本节不再赘述。菜单实例创建好后，只要通过 setContextMenu 方法绑定到托盘图标实例上即可。

8.5 剪切板

8.5.1 把图片写入剪切板

给系统剪切板写入一段文本或一段 HTML 代码非常简单，只要直接操作相应的 API 即可，代码如下：

```
let { clipboard } = require("electron");
clipboard.writeText("你好 Text");                    //向剪切板写入文本
clipboard.writeHTML("<b>你好 HTML</b>");             //向剪切板写入 HTML
```

clipboard 模块是 Electron 中少有的几个主进程和渲染进程都可以直接使用的模块，给剪切板写入相应的内容后，只要按 Ctrl+V 快捷键，就可以把剪切板里的内容输出出来。

如果想给剪切板写入一张图片就没那么简单了，需要借助 Electron 提供的 nativeImage 模块才能实现，代码如下：

```
let path = require("path");
let { clipboard, nativeImage } = require("electron");
let imgPath = path.join(__static, "icon.png");
let img = nativeImage.createFromPath(imgPath);
clipboard.writeImage(img);
```

上面代码中，我们通过 nativeImage.createFromPath 创建了一个 nativeImage 对象，然后再把这个 nativeImage 对象写入剪切板。代码运行后，如果在 QQ 聊天窗口按下 Ctrl+V 快捷键，会发现写入剪切板的图片已经出现在聊天窗口里了。

如果需要清除剪切板里的数据，可以使用如下代码：

```
clipboard.clear();
```

8.5.2 读取并显示剪切板里的图片

读取剪切板中的文本或 HTML 也非常简单，相关的 API 演示代码如下：

```
let { clipboard } = require("electron");
clipboard.readText();   //读取剪切板的文本
clipboard.readHTML();   //读取剪切板的 HTML
```

读取并显示剪切板的图片，也要借助 Electron 的 nativeImage 模块，代码如下所示：

```
let { clipboard } = require("electron");
let img = clipboard.readImage();
let dataUrl = img.toDataURL();
let imgDom = document.createElement('img')
imgDom.src = dataUrl;
document.body.appendChild(imgDom);
```

clipboard.readImage 返回一个 nativeImage 的实例，此实例中的 toDataURL 方法返回图像的 base64 编码的数据字符串，如图 8-9 所示：

data:image/png;base64,iVBORw0KGgoAAAANSUhEUgAAALUAAABcCAYAAAAoGPTjAAAI4klEQ…RCORJqoRwJtVCOhFoo
R0ItlCOhFsqRUAvlSKiFciTUQjn/A1daYkIX7V/YAAAAAElFTkSuQmCC

图 8-9　使用 base64 数据设置图片 src 属性

开发者可以直接把此字符串设置到图片标签的 src 属性上，这样即可在网页中显示图片。

如果通过截图工具已经截取了图像数据到剪切板，那么执行上面的代码后，就会在窗口中看到截取的图片。

但如果在系统文件夹里复制了一个图片文件，执行上面代码，会看到一个加载失败的图片，因为此时剪切板里是一个文件而不是真正的图像数据（可以通过 nativeImage 实例的 isEmpty 方法来判断 nativeImage 实例中是否包含图像数据）。如果希望得到这个文件的路径，可以使用如下方法（这是一个 Electron 未公开的技术）：

```
//Windows 操作系统下
let filePath = clipboard.readBuffer('FileNameW').toString('ucs2')
filePath = filePath.replace(RegExp(String.fromCharCode(0), 'g'), '');
//Mac 操作系统下
var filePath = clipboard.read('public.file-url').replace('file://', '');
```

除了这个方法外，还可以使用 clipboard-files 这个 Node.js 模块（https://github.com/alex8088/clipboard-files），它支持 Windows 和 Mac 两个平台。这是一个原生组件，需要通过如下命令安装到 Electron 项目中：

```
> yarn add clipboard-files --build-from-source --runtime=electron
--target=7.1.2 --target-arch=ia32 --dist-url=https://atom.io/download/electron
```

安装完成后，可以通过如下代码获取剪切板内的文件路径：

```
const clipboard = require('clipboard-files');
let fileNames = clipboard.readFiles();
```

8.6 系统通知

8.6.1 使用 HTML API 发送系统通知

在开发网页时，如果需要使用系统通知，就要先获得用户授权。通过如下代码可以请求用户授权：

```
Notification.requestPermission(function (status) {
    if (status === "granted") {
        let notification = new Notification('您收到新的消息', {
            body: '此为消息的正文'
});
```

```
        } else {
            //用户拒绝授权
        }
    });
```

以上代码执行后会在网页上显示一个授权通知，如图 8-10 所示。

用户点击允许后，回调函数 requestPermission 的参数 status 的值为 granted，此时网页向操作系统发送了一个通知，图 8-11 所示为系统显示通知的样例。

图 8-10 网页发送系统通知前的授权申请

Notification 是一个 HTML5 的 API，在 Electron 应用的渲染进程中也可以自由地使用它，而且不需要用户授权。也就是说，Notification.requestPermission 是多余的，开发者只要直接创建 Notification 的新实例就可以向用户系统发送通知。

图 8-11 系统显示通知的样例

系统显示通知后，如果用户点击通知，就会触发 Notification 类型的实例事件 click：

```
    notification.onclick = function(){
        alert('用户点击了系统消息');
    }
```

8.6.2 主进程内发送系统通知

渲染进程可以使用 HTML5 的系统通知 API。如果主进程需要给系统发送通知怎么办呢？难道需要给渲染进程发送消息再调用渲染进程发送通知的逻辑吗？如果此时没有任何渲染进程在运行怎么办呢（应用程序没打开任何窗口）？ Electron 的开发者考虑到了这些问题，并在主进程中创建了系统通知 API。

主进程有 Notification 类型，它的大部分使用方法与 HTML5 的 Notification 类似，但有一个最主要的不同：HTML5 的 Notification 实例创建之后会马上显示在用户系统的消息区域中；但 Electron 主进程中的 Notification 实例创建之后，不会立刻向系统发送通知，而是需要调用其 show 方法才会显示系统通知，而且可以多次调用 show 方法，把同一个通知多次向系统发送。

在以下代码中，通过 remote 模块访问主进程中 Notification 的类型。创建 Notification 实例时 title 不是作为独立的参数传递的，click 事件也不能使用 onclick 属性注册。

```
const { Notification } = require("electron").remote;
let notification = new Notification({
    title:" 您收到新的消息 ",
    body: " 此为消息的正文，点击查看消息 ",
});
notification.show();
notification.on("click", function() {
    alert(" 用户点击了系统消息 ");
});
```

8.7　其他

8.7.1　使用系统默认应用打开文件

在开发桌面应用时，我们经常会遇到一种需求，就是要根据不同的场景，启用系统的默认可执行程序。比如：用默认的 Word 应用程序打开一个 Word 文档，用默认浏览器打开一个 URL 链接等。本节我们就介绍如何使用 Electron 的 shell 模块来处理这类需求。

shell 模块可以被 Electron 中主进程和渲染进程直接使用，它的主要职责就是启动系统的默认应用。下面是使用 shell 模块打开默认浏览器的代码：

```
const { shell } = require("electron");
shell.openExternal('https:// www.baidu.com');
```

以上代码执行后，系统会使用默认浏览器打开百度主页。因为打开浏览器的过程是异步的，所以 openExternal 返回了一个 Promise 对象，你可以使用 await 关键字来等待浏览器打开之后再进行其他工作。但是因为 Electron 无法判断默认浏览器是否成功打开了 URL 地址，所以这个 Promise 不包含有意义的返回值。

使用默认应用打开一个 Word 文档的代码如下：

```
const { shell } = require("electron");
let openFlag = shell.openItem("D:\\ 工作 \\Electron 一线手记 .docx")
```

你同样可以使用 openItem 方法打开其他已经在系统中注册了默认程序的文件，比如 Excel 或 psd 文件等。

openItem 是一个同步方法，它返回一个布尔值，标记文件是否被成功打开了。因为是同步方法，所以开发者应该注意此处阻塞 JavaScript 执行的问题，相关内容前文已详细介绍。

把一个文件移入垃圾箱的代码：

```
const { shell } = require("electron");
let delFlag = shell.moveItemToTrash("D:\\工作\\Electron 一线手记 .docx");
```

moveItemToTrash 也是同步方法，返回布尔值，标记方法是否成功执行（有时候文件被其他程序占用，是不能删除该文件的）。

另外 shell 模块还有创建和读取系统快捷方式（该 API 仅支持 Windows 平台），使系统发出哔哔声等功能，更多其他功能请参阅官方文档，这里不再介绍。

8.7.2 接收拖拽到窗口中的文件

把文件拖放到应用程序窗口中也是一个比较常见的需求，HTML5 提供了相应的事件支持，如下代码所示：

```
document.addEventListener('dragover', ev => {
    ev.preventDefault();
})
document.addEventListener('drop', ev => {
    console.log(ev.dataTransfer.files);
    ev.preventDefault();
})
```

你可以为某个具体 DOM 元素注册上面两个事件，当用户把文件拖拽到目标元素上时触发 'dragover' 事件，此时可以显示一些提示性文字，比如“请在此处放置文件”。

当用户在目标元素上释放鼠标时，触发 'drop' 事件，此时得到的 ev.dataTransfer.files 是一个 File 数组（因为用户可能一次拖拽进来多个文件）。

你可以使用 HTML5 的 FileReader 读取数组中的文件，代码如下：

```
let fr = new FileReader();
fr.onload = () => {
    var buffer = new Buffer.from(fr.result);
    fs.writeFile( newFilePath, buffer, err => {
        // 文件保存完成
    });
};
fr.readAsArrayBuffer(fileObj);
```

上面的代码以二进制缓冲区数组的方式读取文件，文件读完之后，把文件内容保存到另一个地方（newFilePath）。FileReader 除了 readAsArrayBuffer 方法之外，还有表 8-1

中所示的方法。

表 8-1 FileReader 读取文件对象的方法说明

方法	说明
readAsText	以文本方式读取文件，fr.result 即为文本内容
readAsDataURL	以 base64 方式读取文件，多用于读取图片，fr.result 为 base64 字符串
readAsBinaryString	以二进制字符串的方式读取文件

其实这里得到的 File 对象是有 path 属性的，path 就是拖拽来的文件的绝对路径，拿到这个绝对路径之后，就可以利用 Node.js 的能力对它进行任意操作。

重点 要想 "drop" 事件被正确触发，必须在 'dragover' 事件中通过 preventDefault 屏蔽掉浏览器的默认行为。

8.7.3 使用系统字体

在 Web 开发过程中，如果需要为网页设置字体，往往要罗列一大串字体名字，这样做是为了让网页在不同操作系统下都能用到最美观的字体，且能尽量表现一致。如下是 ant design 官网使用的字体样式：

```
font-family: Avenir,-apple-system,BlinkMacSystemFont,'Segoe UI','PingFang SC','Hiragino Sans GB','Microsoft YaHei','Helvetica Neue',Helvetica,Arial,sans-serif,'Apple Color Emoji','Segoe UI Emoji','Segoe UI Symbol',sans-serif;
```

但我们开发的是桌面 GUI 应用，大部分时候我们都希望应用看起来就像系统原生的应用一样，最好在什么操作系统下运行就使用什么操作系统的默认字体。而且还有一个问题：操作系统下的原生应用使用的字体也不尽相同，比如标题栏用到的字体和状态栏用到的字体就不一样，菜单项用到的字体和对话框中用到的字体又不一样。

首先你想到的解决方案可能是：找出各操作系统在不同场景下都用了什么字体，然后为不同的操作系统编写不同的样式，在应用运行时判断当前处在什么操作系统内，然后根据操作系统名字来加载相应的样式文件。

这种方法固然可行，然而耗时耗力，得不偿失。另外一个更好的方案就是使用 CSS3 提供的系统字体支持来完成这项工作，代码如下：

```
<div style="font:caption">这是我的标题</div>
```

```
<div style="font:menu">菜单中的字体</div>
<div style="font:message-box">对话框中的字体</div>
<div style="font:status-bar">状态栏中的字体</div>
```

运行以上代码，界面显示如图 8-12 所示。

font:caption 代表系统标题的字体，font:menu 代表菜单栏和菜单项的字体，font:message-box 代表消息提示的字体，font:status-bar 代表状态栏的字体，更多系统字体设置请参阅：https:// developer.mozilla.org/zh-CN/docs/Web/CSS/font。

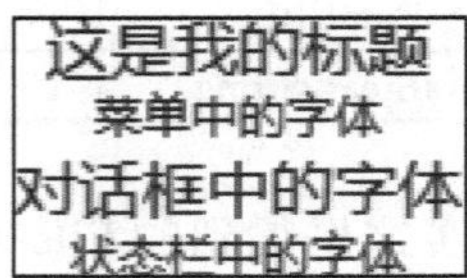

图 8-12　Electron 使用系统字体示例

用 font:caption 这种样式来控制界面中的字体，就可以直接满足上述需求了。上述代码最终被 Electron 翻译成如下样式：

```
<div style="font: 400 16px Arial;"> 这是我的标题 </div>
<div style="font: 400 12px &quot;Microsoft YaHei UI&quot;;"> 菜单中的字体 </div>
<div style="font: 400 16px Arial;"> 对话框中的字体 </div>
<div style="font: 400 12px &quot;Microsoft YaHei UI&quot;;"> 状态栏中的字体 </div>
```

如你所见，这个样式连字体的大小和粗细程度都为我们准备好了。这其实并不是 Electron 的能力，在谷歌或火狐浏览器下运行上述代码可以得到同样的效果。但 Web 开发人员一般不会把这个技术用在他们的网页中，导致这个技术就好像专门为 Electron 设计的一样。

如果你希望包括字体在内的所有界面元素都看起来像原生应用一样，那么你可以考虑在不同的系统下使用不同的设计语言。

比如在 Windows 系统下使用微软的 Fluent 设计语言（https://www.microsoft.com/design/fluent/#/web），此设计语言的前端实现项目称为 Fabric，是一个基于 React 框架完成的项目，开源地址为：https://github.com/OfficeDev/office-ui-fabric-react。几乎所有的 Office 应用都在使用此项目。

在 Mac 系统下使用苹果公司的设计语言（https://developer.apple.com/design/human-interface-guidelines/macos/overview/themes/）。我没有找到它的前端实现，不过语言定义非常清晰和完整。读者的项目如果不是特别复杂的话，可以参照它的设计语言，自己实现前端代码。

如果你的应用需要发布到多个平台，那么兼容多平台的设计语言将是一个非常需要耐心和毅力的工作。

8.7.4　最近打开的文件

系统内很多程序都有“最近打开的文件”这个功能，比如 Windows 系统下的记事本，如图 8-13 中①处所示。

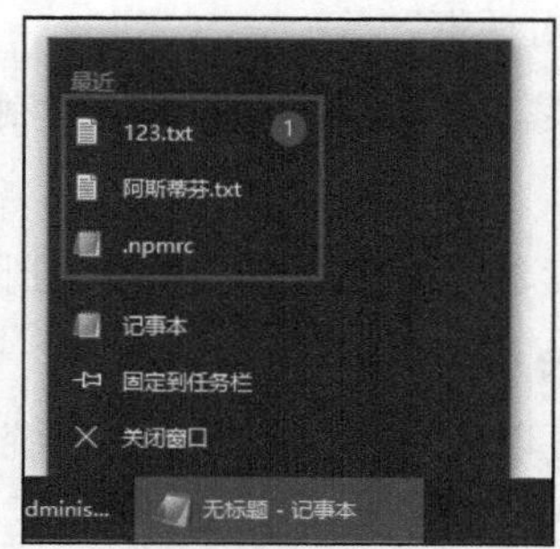

图 8-13　最近打开的文件示例

Electron 应用也有 API 支持实现此功能，如下代码所示：

```
app.addRecentDocument('C:\Users\Administrator\Desktop\1.jpg');
```

使用 app 的 addRecentDocument 方法，可以给应用增加一个最近打开的文件，此方法接收一个文件路径字符串参数。

相应的可以使用如下方法清空最近打开的文件列表：

```
app.clearRecentDocuments();
```

这两个方法都只对 Mac 或 Windows 操作系统有效，Linux 系统没有这方面的能力。

在 Windows 系统中，需要做一些额外的操作才能让 addRecentDocument 有效。需要把应用注册为某类文件的处理程序，否则应用不会显示最近打开的文件列表。把应用注册为某类文件的处理程序的方法请参阅微软的官方文档（https://docs.microsoft.com/zh-cn/windows/win32/shell/fa-intro?redirectedfrom=MSDN）。当用户点击最近打开的文件列表中的某一项时，系统会启动一个新的应用程序的实例，而文件的路径将作为一个命令行参数被传入这个实例。

在 Mac 操作系统中，不需要为应用注册文件类型，当用户点击最近打开的文件列表中的某一项时，会触发 app 的 open-file 事件。文件的路径会通过参数的形式传递给该事件的回调函数。

8.8 本章小结

Electron 为开发者封装了很多系统 API，比如：

- 对话框相关的 API。开发者可以通过这些 API 启动系统对话框，比如打开“打开文件对话框”“保存文件对话框”等。
- 菜单相关的 API。开发者可以通过这些 API 控制应用显示的系统菜单和右键菜单。
- 快捷键相关的 API。开发者可以通过这些 API 注册全局快捷键，菜单项的 role 属性也与快捷键有一定的关系。
- 系统托盘 API。开发者可以使用这些 API 创建系统托盘图标。

另外还有操作剪切板的 API、创建系统通知的 API、用系统默认程序打开指定文件的 Shell API、给应用设置“最近打开的文件”的 API 等。

希望读者学完本章对后，在开发基于 Electron 的桌面应用访问系统 API 时没有疑惑。

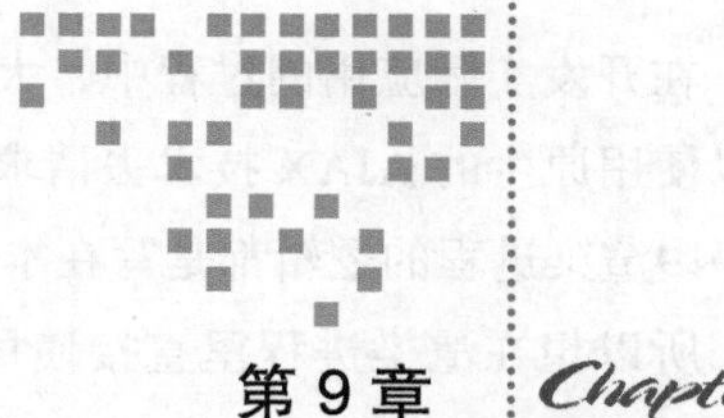

第 9 章 Chapter 9

通　信

现代桌面 GUI 应用很少有孤立存在的，它们往往都需要和其他应用通信，比如和 Web 服务器上的服务进行通信、和系统内其他应用进行通信等。有了通信能力我们开发的应用程序才能接入其他应用的数据、把自己的数据保存在更安全的地方，只有依靠通信能力才能使你的应用程序成为互联网大家庭中的一员。本章将带领大家学习 Electron 应用是怎么完成与其他应用通信的。

9.1 与 Web 服务器通信

9.1.1 禁用同源策略以实现跨域

桌面 GUI 应用最常见的通信方式还是使用 HTTP 协议与 Web 服务进行通信。我们可以使用 Node.js 提供的 http 或 https 模块来完成这些通信任务，示例代码如下：

```
let https = require("https");
let url = "https:// www.cnblogs.com/aggsite/AggStats";
https.get(url, res => {
    let html = "";
    res.on("data", data => (html += data));
    res.on("end", () => console.log(html));
});
```

在开发实际应用的过程中，大部分通信请求都是在渲染进程中发生的，开发者完全可以使用原生的 AJAX 技术去请求 Web 服务，何必要再借助 Node.js 呢？这主要是因为程序中渲染进程的逻辑都是写在本地文件里的，本地文件与 Web 服务肯定不在同一个域下，所以想在渲染进程里直接使用 AJAX 访问 Web 服务就会碰到跨域的问题。现在我们尝试用如下代码请求一个 Web 服务：

```
//这是一段“原始”的 AJAX 代码，现实中你可能会用 axios 之类的库来访问 Web 服务
let xhr = new XMLHttpRequest();
xhr.open("GET", "https://www.cnblogs.com/aggsite/AggStats");
xhr.onload = () => console.log(xhr.responseText);
xhr.send();
```

你会发现开发者工具报出了如下错误：

```
    Access to XMLHttpRequest at 'https://www.cnblogs.com/aggsite/AggStats'
from origin 'http://localhost:8080' has been blocked by CORS policy: No
'Access-Control-Allow-Origin' header is present on the requested resource.
```

这就是我们在 Web 开发中因为浏览器的“同源策略”导致的跨域问题。

所谓“同源”是指如果两个页面的协议、端口和主机都相同，则两个页面具有相同的源，比如：http:// store.company.com/a.html 和 http:// store.company.com/b.html 就是同源的，但它们和 https:// store.company.com/c.html 是不同源的，因为 HTTP 和 HTTPS 协议不同。另外二级域名不同也被认为是不同源的。

“同源策略”是浏览器的一个安全功能，它规定不同源的客户端脚本在没有明确授权的情况下，不能读写对方资源。只有同源的脚本才具备读写 Cookie、session、AJAX 等的操作权限。

如果你正在做 Web 开发，就不得不想各种办法来绕开浏览器的同源策略，以实现你的跨域请求的目的。但现在不一样了，“浏览器”掌握在我们自己手里，我们只需要简单地设置一个创建窗口的参数，就可以禁用 Electron 的同源策略，代码如下：

```
let win = new BrowserWindow({
    width: 800,height: 600,
    webPreferences: {
        nodeIntegration: true,
        webSecurity: false,     //此参数禁用当前窗口的同源策略
```

```
    }
  })
```

关闭 webSecurity 开关后，再执行上面的代码，就可以正确地得到 Web 服务响应的内容了。

相似的，webPreferences 配置项下还有一个 allowRunningInsecureContent 参数，如果把它设置为 true，那么你就可以在一个 HTTPS 页面内访问 HTTP 协议提供的服务了，这在默认情况下也是不被允许的。当开发者把 webSecurity 设置为 false 时，allowRunningInsecureContent 也会被自动设置为 true。

9.1.2　Node.js 访问 HTTP 服务的不足

如果你需要在主进程中访问 Web 服务，那么也不推荐你使用 Node.js 提供的 http 或 https 模块，因为这可能会为你带来一些额外的工作。现在假设你需要访问的 Web 服务的地址是动态的，有可能是基于 HTTP 协议，也有可能是基于 HTTPS 协议的，想完成这样的请求，你势必要先确定协议，再确定该导入 http 模块还是 https 模块。代码可能会像下面这样：

```
let flag = url.startsWith("https:");
let http = flag ? require("https") : require("http");
```

虽然可能只需要一两行代码，但如果有多个地方需要使用 Web 服务，开发人员可能还要考虑封装判断逻辑，这就比较麻烦了。

Electron 为我们提供了一个 net 模块，允许我们使用 Chromium 的原生网络库发出 HTTP 或 HTTPS 请求，它内部会自动判断请求地址是基于什么协议的，代码如下：

```
const { net } = require("electron");
const request = net.request("https:// www.cnblogs.com/aggsite/AggStats");
request.on("response", response => {
    let html = "";
    response.on("data", data => (html += data));
    response.on("end", () => console.log(html));
});
request.end();
```

net 模块是一个主进程模块，大部分时候都不应该在渲染进程中通过 remote 使用 net 模块，这跟我们前面讲的道理是一样的。请求是在主进程发起的，但 response 回调函数是在渲染进程内注册的，当主进程发起请求后，会异步地通知渲染进程的 response

回调函数，很有可能你的 end 事件还没注册，主进程的 response 回调函数就已经执行完了。

扩展 Electron7.x.y 版本 net 模块尚存在一个 bug：使用 net.request 发起请求后在响应回调中 response.headers["set-cookie"] 为空，也就是说开发者拿不到后端响应的 Cookie 数据。虽有解决办法（https:// github.com/electron/electron/issues/20631#issuecomment-549338384），但比较麻烦，且解决办法也存在局限性。如果需要获取响应的 Cookie，建议等官方升级后再使用此模块。

在渲染进程中如果不想自己封装 XMLHttpRequest，你可以考虑使用第三方库——superagent（https:// github.com/visionmedia/superagent） 或 axios（https:// github.com/axios/axios)，这两个都是封装精良的 HTTP 请求库，既支持 Node.js 环境又支持浏览器环境。

除 XMLHttpRequest 和第三方库外，你还可以使用 HTML5 的新 API——Fetch，使用它你就既不需要额外的封装工作，也不用引入任何第三方库了。以下为 Fetch 的简单用法：

```
let res = await fetch(your_url);
let json = await res.json();
console.log(json);
```

9.1.3 使用 WebSocket 通信

WebSocket 是 HTML5 提供的一个 Web 客户端与服务端进行全双工通信的协议。

在没有 WebSocket 之前，Web 服务端很难给客户端（浏览器）发送一条消息，很多开发者都是使用 AJAX 轮询来解决这个问题的。轮询是在特定的时间间隔（如每 1 秒）内由浏览器对服务器发出 HTTP 请求，然后由服务器返回数据给客户端的浏览器，以达到服务器给浏览器推送数据的目的（只是看起来像而已）。

这种技术有明显的缺点，即浏览器需要不断地向服务器发出请求，然而 HTTP 请求可能包含较长的 HTTP 头信息，其中真正有效的数据可能只是很小的一部分，显然这样会浪费很多的带宽资源。而且轮训的时间间隔太短会给服务器造成很大的压力，轮训的间隔太长会导致消息的时效性又无法保证。

WebSocket 允许服务端主动向客户端推送数据，使客户端和服务器之间的数据交换变得更加简单。在 WebSocket 中，浏览器和服务器只需要完成一次握手，两者之间就直接可以创建持久性的连接，并进行双向数据传输。可见 WebSocket 协议能更好地节省服务器资源和带宽，并且能够实时进行通信。

使用 WebSocket 与 Web 服务器进行通信是纯前端开发技术，与 Electron 关系不大。下面是一段 WebSocket 客户端代码：

```
    let websocket = new WebSocket('ws://localhost:8080/sockjs-node/646/iuaimdwk/
websocket');
    websocket.onopen = function(evt) {     //连接打开时触发此事件
        console.log('open')
    };
    websocket.onclose = function(evt) {    //连接关闭时触发此事件
        console.log('close')
    };
    websocket.onmessage = function(evt) { //收到消息时触发此事件
        console.log(evt.data)
    };
    websocket.onerror = function(evt) {    //产生异常时触发此事件
        console.log(evt.data)
    };
```

以上代码可以在 Electron 应用内正常运行，当服务端有数据推送过来时，触发 WebSocket 对象的 onmessage 事件。如果需要向服务端发送数据可以使用如下命令：

```
    websocket.send("此为需发送的字符串");
```

如果想主动关闭连接，可以使用如下命令：

```
    websocket.close();
```

扩展

很多开发者知道如何调试 Node.js 的代码，但并不知道其背后的原理。当开发者启动一个 Node 服务时，Node 环境会为开发者启动一个相应的 WebSocket 监听服务，用以调试这个 Node 服务的代码，形如：

```
    > Debugger listening on ws://127.0.0.1:9229/5478304f-be2b-40c6-
ac5a-be82aedf97d7
```

当代码运行到一个断点时，Node 会通过这个 WebSocket 服务给监听此服务的客户端（也就是调试工具）发送一个消息。这个消息内包含当前被调试源码的

中断的行号、列号、文件路径等信息。当开发者在调试工具中点击继续执行时，调试工具会给这个 WebSocket 服务发送一个消息，消息体内包含“继续执行”命令。

同样开发者操作调试工具单步跳过、单步进入，甚至增加、删除一个断点都会以消息的形式发送给这个 WebSocket 服务，由此服务来控制 Node.js 程序的运行。这些消息的格式是由谷歌工程师定义的，具体内容可参阅：https://github.com/buggerjs/bugger-v8-client/blob/master/PROTOCOL.md#event-message。

著名的开发工具 Visual Studio Code 也是基于这套协议开发其 Node.js 调试器的，读者有兴趣可以参阅其开源代码 https://github.com/microsoft/vscode-node-debug2。

9.1.4 截获并修改网络请求

当应用中嵌入了第三方网页时，我们往往希望能获得更多的操控第三方网页的权力，在前文中我们介绍了读写受限访问的 Cookie、禁用同源策略以发起跨域请求等技术，接下来我们介绍如何截获并修改网络请求。

如果只是要截获 AJAX 请求，那么为第三方网页注入一个脚本，让这个脚本修改 XMLHttpRequest 对象以获取第三方网页 AJAX 请求后的数据即可，代码如下：

```
let open = window.XMLHttpRequest.prototype.open;
window.XMLHttpRequest.prototype.open = function (method, url, async, user, pass) {
    this.addEventListener("readystatechange", function () {
        if (this.readyState === 4 && this.status === 200) {
            console.log(this.responseText);  //这是服务端响应的数据
        }
    }, false);
    open.apply(this, arguments);
}
```

在上面代码中，我们首先把 XMLHttpRequest 原型链上的 open 方法保存到一个变量中，接着为 XMLHttpRequest 原型链定义了一个新的 open 方法，在这个新的 open 方法内部我们监听了 XMLHttpRequest 对象的 readystatechange 事件，一旦 readyState 值变为 4 并且 status 值为 200 时，我们即认为有 AJAX 请求成功，同时，把得到的响应数据打印在控制台上，得到的响应数据即为你要截获的数据。在新的 open 方法的最后我们调用了原始的 open 方法，以使浏览器正确地发起 AJAX 请求。

重点

apply 方法可以调用并执行一个具体的函数，与普通的函数调用方式不同的是 apply 方法可以为函数指定 this 的值，以及作为一个数组提供的参数。与 apply 方法类似的还有另外一个工具方法 call，call 方法也可以为被调函数指定 this 的值，区别在于 call 方法接受的是参数列表，而不是一个参数数组。

另外，XMLHttpRequest 对象的 readyState 属性可能的值及其含义如下所示。

- 0：请求未初始化。
- 1：服务器连接已建立。
- 2：请求已接收。
- 3：请求处理中。
- 4：请求已完成，且响应已就绪。

status 属性的值为 HTTP 响应的状态码，值为 200 时表示响应成功，3xx 时表示请求重定向，4xx 时表示请求错误，5xx 时表示服务器错误。

在网页加载之初，注入并执行上面的代码，就为接下来的每个 AJAX 请求都注册了一个监听器，开发者可以通过 open 方法的 method、url 等参数过滤具体的请求，以实现在不影响第三方网页原有逻辑的前提下，精准截获 AJAX 响应数据的目的。

这种方法虽然可以正确截获 AJAX 请求的响应数据，但对截获静态文件请求及修改响应数据无能为力。如果开发者想获得这方面的能力，可以使用 Electron 提供的 webRequest 对象的方法，代码如下：

```
    this.win.webContents.session.webRequest.onBeforeRequest({urls: ["https://*/*"]},
(details, cb) => {
        if (details.url === 'https://targetDomain.com/vendors.js') {
            cb({
                redirectURL: 'http://yourDomain.com/vendors.js'
            });
        } else {
            cb({ })
        }
    });
```

在上面代码中，我们使用了 webRequest 的 onBeforeRequest 方法监听第三方网页的请求，当请求发生时，判断请求的路径是否为我们关注的路径，如果是，则把请求转发到另一个地址。新的地址往往是我们自己服务器的一个地址。

onBeforeRequest 方法的第一个参数为一个过滤器对象，此处我们过滤了所有 HTTPS 的请求。第二个参数为监听器方法，该方法的第一个参数 details 拥有 url、method、referrer 等请求信息，我们可以根据这些信息更精准地判断请求的内容，第二个参数是一个回调函数，监听到具体的请求后，如果需要转发请求，则给这个回调方法传递一个包含 redirectURL 属性的对象；如果需要终止请求，可以给这个方法传递一个包含 cancel 属性的对象；如果不需要做任何额外操作，继续执行现有请求，那么只要给这个方法传递一个空对象即可。

通过上面的方法，我们就可以完美截获所有的请求并修改请求的响应。有的时候开发者可能希望修改第三方网页内某个 js 文件的代码逻辑，那么这个技术将能有效地满足此类需求。

除此之外，Electron 还提供了 onBeforeSendHeaders、onHeadersReceived、onCompleted 和 onErrorOccurred 等方法供开发者使用，但这些方法除了能获得响应的头的信息外，都无法得到或修改具体的响应数据，相对来说 onBeforeRequest 方法的价值更大。

9.2 与系统内其他应用通信

9.2.1 Electron 应用与其他应用通信

系统内进程间通信一般会使用 IPC 命名管道技术来实现（此技术在类 UNIX 系统下被称为域套接字），Electron 并没有提供相应的 API，我们是通过 Electron 内置的 Node.js 使用此技术的。

IPC 命名管道区分客户端和服务端，其中服务端主要用于监听和接收数据，客户端主要用于连接和发送数据。服务端和客户端是可以做到持久连接双向通信的。

假设有一个第三方程序，需要发送数据给我们的程序，我们可以在 Electron 应用中创建一个命名管道服务以接收数据，代码如下：

```
let net = require('net');
let PIPE_PATH = "\\\\.\\ pipe\\ mypipe";
let server = net.createServer(function(conn) {
    conn.on('data', d => console.log(`接收到数据: ${d.toString()}`));
    conn.on('end', () => console.log("客户端已关闭连接"));
```

```
    conn.write('当客户端建立连接后，发送此字符串数据给客户端');
});
server.on('close', () => console.log('服务关闭'));
server.listen(PIPE_PATH, () => console.log('服务启动，正在监听'));
```

在上面代码中，我们通过 Node.js 的 net 模块创建了一个命名管道服务对象 server，然后让这个 server 监听一个命名管道地址。当有客户端连接此命名管道服务时，将触发 createServer 的回调函数。

此回调函数有一个 connection 对象传入，开发者可以用此对象接收或发送数据。当有数据传入时，会触发 connection 对象的 'data' 事件；当连接关闭时，会触发 connection 对象的 'end' 事件；开发者也可以通过 connection 对象的 write 方法向客户端发送数据。

当你的应用程序不再需要接收其他应用发来的数据时，需要关闭命名管道服务 server.close()，服务关闭后 server 对象会收到 'close' 事件。

本示例中我们用到了模板字符串技术，ES6 之前 JavaScript 语言中字符串都会用单引号或者双引号来包裹，ES6 引入模板字符串后，规定可以用反引号 `...` 来包裹字符串，用反引号包裹的字符串就是模板字符串。

用反引号可以包裹普通字符串，也可以包裹多行字符串，或者在字符串中嵌入变量。比如：

```
//多行字符串
let str1 = `大段的文本往往需要换行，
以前在程序中把多行文本赋值给一个变量很麻烦，
有了字符串模板，这个工作就很简单了。`;
console.log(str1);
//在模板字符串中嵌套变量
let str2 = `你可以通过${str1}这种方式把另一个变量引入到此字符串中`;
console.log(str2);
```

运行上面的代码，你会发现 str1 里是包含换行符的，不用再特意加入 \n 来控制字符串内的换行。

在上面的例子中，我们使用 console.log(`接收到数据：${d.toString()}`) 时，就是在模板字符串中嵌入了变量。

假设一个第三方程序已经开启了命名管道服务，需要我们的程序给它发送数据，那么可以在我们的应用中创建一个命名管道客户端，代码如下：

```
let net = require("net");
let PIPE_PATH = '\\\\.\\ pipe\\mypipe';
let client = net.connect(PIPE_PATH, () => {
    console.log(" 连接建立成功 ");
    client.write(" 这是我发送的一个第一个数据包 ");
});
client.on("data", d => {
    console.log(' 接收到的数据：${d.toString()}');
    client.end(" 这是我发送的第二个数据包，发送完之后我将关闭 ");
});
client.on("end", () => console.log(" 服务端关闭了连接 "));
```

此处，我们通过 net 模块的 connect 方法连接了一个命名管道的服务端，该方法返回一个 client 对象，我们可以通过该对象监听数据传入和连接关闭事件。

在连接建立成功的回调函数里，我们通过 client.write 方法向服务端发送一条消息。在接收到服务端的消息后，我们又通过 client.end 向服务端发送第二条消息。如果你给 client.end 方法传递了数据，则相当于调用 client.write(data) 之后再调用 client.end()。

调用 client.end 方法后，连接关闭，服务端也会触发相应的 'close' 事件。

如果用我们上文编写的客户端连接服务端，将得到如下输出：

```
> 服务端程序控制台输出：
服务启动，正在监听
接收到数据：这是我发送的一个第一个数据包
接收到数据：这是我发送的第二个数据包，发送完之后我将关闭
客户端已关闭连接
> 客户端程序控制台输出：
连接建立成功
接收到的数据：当客户端建立连接后，发送此字符串数据给客户端
服务端关闭了连接
```

除了命名管道外，你还可以通过 socket、剪切板、共享文件（通过监控文件的变化来实现应用间通信）等方法来与其他进程通信，但最常见的还是命名管道。

9.2.2 网页与 Electron 应用通信

由于浏览器中的网页运行在沙箱环境下，网页没有建立或访问命名管道的能力，因此也无法主动与系统内其他应用程序通信。如果我们想使用传统的技术解决这个问题，就需要开发原生浏览器插件，让原生浏览器插件与系统内应用程序通信，然而浏览器对第三方插件限制较多，用户授权安装第三方插件困难重重。

这时就需要另外一种思路来解决这个问题了。

如果读者同时是网页和应用程序的开发者，可以先在Electron应用程序内启动一个HTTP服务，然后再在网页内跨域访问这个HTTP服务，即可完成网页与Electron应用的通信。Electron应用内启动HTTP服务的代码如下：

```
var http = require('http');
let server = http.createServer((request, response) => {
    if (request.url == "/helloElectron1") {
        let jsonString = '';
        request.on('data', data => jsonString += data);
        request.on('end', () => {
            let post = JSON.parse(jsonString);
            //此处处理你的业务逻辑
            response.writeHead(200, {
                "Content-Type": "text/html",
                "Access-Control-Allow-Origin": "*"
            });
            let result = JSON.stringify({
                "ok": true,
                "msg": "请求成功"
            });
            response.end(result);
        });
        return;
    }
});
server.on("error", err => {
    //此处可把错误消息发送给渲染进程，由渲染进程显示错误消息给用户。
});
server.listen(9416);
```

程序通过http.createServer创建了一个Web服务，该服务监听本机的9416端口。注意，createServer方法返回的server实例应该是一个全局对象或者挂载在全局对象下，目的是避免被垃圾收集器回收。

当网页请求http://localhost:9416/helloElectron1时，Electron应用会接到此请求，并获取到网页发送的数据，同时通过response的writeHead和end方法给网页响应数据。

代码server.listen(9416)控制服务监听9416端口，此处为了方便演示，就只监听了一个固定的端口。但这个端口很有可能在用户系统中已经被占用了，这种情况下你的服务将启动失败，所以商用产品一定要先确认端口可用，再进行监听。

你可以给server.listen方法传入0或什么也不传，让Node.js自动给你选一个可用的端口进行监听。一旦Node.js找到可用端口，开始监听后，会触发'listening'事件。在此事件中你可以获取 Node.js 到底给你监听的是哪个端口，代码如下：

```
server.on('listening', () => {
    console.log(server.address().port);
})
server.listen(0);
```

你可以把这个端口上报给网页的服务器，然后再由服务器下发给网页前端 JavaScript，此时网页与 Electron 应用通信，就知道要请求什么地址了。

9.3 自定义协议（protocol）

有的时候我们不希望应用使用 HTTP 协议（http://）加载界面内容，因为这要在本地创建一个 HTTP 服务，产生额外的消耗。我们也不希望通过 File 协议（file://）加载界面内容，因为它不能很好地支持路径查找，比如，你没办法通过“/logo.png”这样的路径查找根目录下的图片，因为这种协议不知道你的根目录在哪儿。

此时就需要用到 Electron 的自定义用户协议了。它允许开发者自己定义一个类似 HTTP 或 File 的协议，当应用内出现此类协议的请求时，开发者可以定义拦截函数，处理并响应请求。

在正式自定义用户协议之前，我们一般会先告诉 Electron 框架我打算声明一个怎样的协议。这个协议具备一定的特权，这里的特权是指该协议下的内容不受 CSP（Content-Security-Policy 内容安全策略）限制，可以使用内置的 Fetch API 等。

```
let { protocol } = require('electron');
let option = [{ scheme: 'app', privileges: { secure: true, standard: true } }];
protocol.registerSchemesAsPrivileged(option);
```

此代码务必在程序启动之初，app 的 ready 事件触发之前执行，且只能执行一次。代码中，通过 scheme 属性指定了协议名称为 app，与“http://”类似，接下来我们使用“app://”请求我们应用内的资源。下面我们来真正地注册这个自定义协议：

```
let { protocol } = require('electron');
let path = require('path');
let { readFile } = require('fs');
let { URL } = require('url');
protocol.registerBufferProtocol('app', (request, respond) => {
        let pathName = new URL(request.url).pathname;
```

```
        pathName = decodeURI(pathName);
        let fullName = path.join(__dirname, pathName);
        readFile(fullName, (error, data) => {
            if (error) { console.log(error); }
            let extension = path.extname(pathName).toLowerCase()
            let mimeType = ''
            if (extension === '.js') mimeType = 'text/javascript'
            else if (extension === '.html')  mimeType = 'text/html'
            else if (extension === '.css')   mimeType = 'text/css'
            else if (extension === '.json')  mimeType  = 'application/json'
            respond({ mimeType, data })
        })
    },
    error => { if (error) { console.log(error); } }
)
```

如你所见，这和启动一个 HTTP 服务没有太大的区别。一开始我们通过 protocol 的 registerBufferProtocol 方法，注册了一个基于缓冲区的协议，registerBufferProtocol 方法接收一个回调函数，当用户发起基于“ app://”协议的请求时，此回调函数会截获用户的请求。

在回调函数内，先获取到用户请求的文件的绝对路径，然后读取文件内容，接着按指定的 mimeType 响应请求。这其实就是一个简单的静态文件服务。

自定义协议注册完成之后，就可以通过如下方式使用此自定义协议了：

```
win.loadURL('app://./index.html');
```

如果你是使用 Vue CLI Plugin Electron Builder 创建的项目，你会发现编译后的 index.html 在引用静态资源时都变成了我们指定的协议：

```
<link href=app://./js/about.2bd39519.js rel=prefetch>
<link href=app://./css/app.1624a0db.css rel=preload as=style>
<link href=app://./js/app.6b55e57d.js rel=modulepreload as=script>
<link href=app://./js/chunk-vendors.d7eee39c.js rel=modulepreload as=script>
<link href=app://./css/app.1624a0db.css rel=stylesheet>
```

在使用自定义协议访问某页面时，你还是可以在此页面中使用 HTTP 协议引用外部资源的，它们之间是兼容的：

```
<link rel="stylesheet" type="text/css" href="https://at.alicdn.com/t/font.css">
<img src="https://www.cnblogs.com/images/logo_small.gif" alt="">
```

以上是我们基于缓冲区注册的自定义用户协议，除此之外你还可以基于 File 协议注册用户自定义协议 registerFileProtocol，基于 HTTP 协议注册用户自定义协议 registerHttpProtocol，基于字符串注册用户自定义协议 registerStringProtocol。

无论以何种方式注册自定义协议，其目的都是更好地提升应用自身的开发便利性，所得到的协议都只适用于当前应用程序内部，系统中的其他应用无法使用该协议。

9.4 使用 socks5 代理

现实环境中，无论是内网还是外网都会面对种种限制，为了应对这些特殊的情况，我们就需要使用代理。

当你的电脑 A 无权访问 Internet，而另一台电脑 B 可以访问时，此时就可以让电脑 A 先连接电脑 B，然后通过电脑 B 来访问 Internet。那么电脑 B 就是电脑 A 的代理服务器。

常见的代理服务器有 HTTP 代理、HTTPS 代理和 socks 代理，socks 代理隐蔽性更强，效率更高，速度更快。本节将讲解如何使用 Electron 内置的 socks 代理访问网络服务。

```
let result = await win.webContents.session.setProxy({
    proxyRules: 'socks5://58.218.200.249:2071'
});
win.loadURL('https://www.ipip.net');
```

上面代码中，我们使用 session 实例的 setProxy 方法来为当前页面设置代理。socks 代理协议有两个常见的版本——socks4 和 socks5，此处我们使用了适应性更强的 socks5 代理。

代理设置成功后，我们马上使网页加载了一个 IP 地址查询的网址，在此页面上我们可以看到访问该页面的实际 IP 地址，如图 9-1 所示。

图 9-1 socks5 代理设置成功后网页显示数据

如果这里显示的地址是你的代理服务器所在地的地址（IP 地址可能会有差异），那么说明代理设置成功。

以上这种方法可以给单个渲染进程设置代理，如果你需要给整个应用程序设置代理，可以使用如下代码完成：

```
app.commandLine.appendSwitch('proxy-server', 'socks5://58.218.200.249:2071');
```

9.5 本章小结

本章开篇即讲解了Electron应用如何与Web服务器通信，关于这些很简单的知识我们并未展开。之后重点讲了如何用Electron的webSecurity开关禁用浏览器的同源策略，如何使用Electron的net模块来弥补Node.js访问HTTP协议的不足，如何通过WebSocket与服务端建立长连接并传输数据。

然后我们讲解了一个Electron应用如何通过命名管道与系统内的其他应用进行通信，如何通过内建HTTP服务与浏览器内的网页进行通信。

之后讲解了如何通过Electron的protocol模块创建一个自定义的协议，以满足Electron应用加载本地页面的需求。

最后讲解了如何让Electron通过socks5代理访问互联网服务。

这些内容虽都与通信有关，但涉及的知识点却大相径庭，希望读者学习完本章后不会再对Electron应用的通信技术产生疑惑。

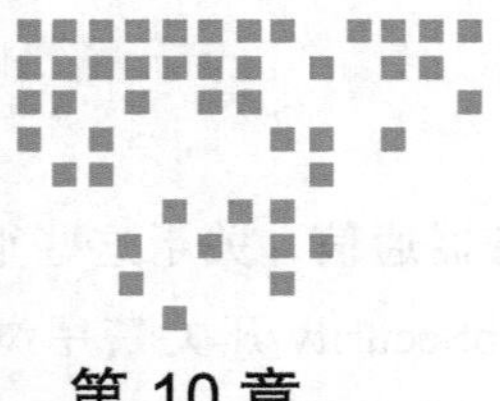

Chapter 10 第 10 章

硬　　件

以前，Web 前端技术是没办法访问客户机内的硬件设备的，比如音视频设备、电源设备等。后来 HTML5 提供了一系列的技术来弥补这项不足，但安全限制颇多，一旦网页尝试使用这些硬件设备，则弹出用户授权窗口，用户授权后网页才有能力访问这些设备。Electron 可以自由地使用这些技术，而且默认拥有这些硬件的访问权限，Electron 内部甚至还提供了额外的支持以帮助开发者使用更多的硬件能力。下面我将带领大家一起学习 Electron 访问硬件的知识。

10.1　屏幕

10.1.1　获取扩展屏幕

客户电脑有可能外接了多个显示器，获取这些显示器的信息可以帮助开发者确定把应用窗口显示在哪个屏幕上，以及显示在屏幕的具体哪个位置上。我们在“菜单”章节讲解的以窗口形式创建的菜单案例，就需要判断这个菜单窗口应该显示在哪个显示器上。

Elecron 内置了 API 以支持获取主显示器及外接显示器的信息。如下代码可以获取主显示器信息：

```
let remote = require("electron").remote;
```

```
let mainScreen = remote.screen.getPrimaryDisplay();
console.log(mainScreen);
```

mainScreen 是一个显示器信息对象，它包含很多字段，主要的字段如下：

- id：显示器 ID。
- rotation：显示器是否旋转，值可能是 0、90、180、270。
- touchSupport：是否为触屏。
- bounds：绑定区域，可以根据此来判断是否为外接显示器。
- size：显示器大小，与显示器分辨率有关，但并不一定是显示器分辨率。

下面的示例代码，控制窗口显示在外接显示器上：

```
let { screen } = require('electron');
let displays = screen.getAllDisplays();
let externalDisplay = displays.find((display) => {
    return display.bounds.x !== 0 || display.bounds.y !== 0
})
if (externalDisplay) {
    win = new BrowserWindow({
        x: externalDisplay.bounds.x + 50,
        y: externalDisplay.bounds.y + 50,
        webPreferences: { nodeIntegration: true }
    })
    win.loadURL('https:// www.baidu.com')
}
```

以上代码先通过 screen.getAllDisplays 方法获取到所有显示器信息，再通过显示器信息的 bounds 对象来判断是否为外接显示器（如果 bounds.x 或 bounds.y 不等于 0 则认为是外接显示器），接着把窗口显示在外接显示器屏幕的左上角。

重点 虽然显示器信息对象包含 internal 属性，官方说明此属性值为 true 是内置显示器，值为 false 为外接显示器。但实验证明，无论是内置显示器还是外接显示器，此值都为 false。因此通过 display.bounds 来确定是否为外接显示器更准确。

另外 screen 模块只有在 app.ready 事件发生之后才能使用。在 6.x.y 及以前的版本中，你甚至不能在主进程代码首行引入此模块，只能在 app.ready 事件发生时或之后的时间线上引入。

10.1.2 在自助服务机中使用Electron

目前国内大多数自助服务机同时也是一台PC机，内部安装的是Windows或者Linux操作系统，近年来才逐渐有安卓系统的自助服务机。如果一个自助服务机内安装的是Windows或者Linux操作系统，那么它就可以使用基于Electron开发的应用作为其提供服务的载体。

自助服务机内的应用与传统PC端桌面应用的不同之处在于以下两点：

- 它们大部分不允许用户主动退出应用。
- 它们大部分都是支持触屏的应用。

在创建窗口时，会有一个专门为自助服务机配置的kiosk参数，把此参数设置为true，窗口打开后将自动处于全屏状态，系统桌面的任务栏和窗口的默认标题栏都不会显示（开发者自定义的标题栏除外）。再结合按键控制及守护进程，就能有效地防止用户主动退出应用了，代码如下：

```
let win = new BrowserWindow({
    kiosk: true,
    webPreferences: {
        nodeIntegration: true,
    }
});
```

开启kiosk参数后，窗口的高度和宽度设置将失效。

在Windows或Linux系统上开启kiosk参数与开启fullscreen参数效果是一样的，它们的内部实现原理也是一样的。如果你开发的是一款需要全屏显示的游戏应用，也可以使用kiosk参数来控制全屏。

开发者应考虑提供给程序退出kiosk模式的机制，比如测试和运维人员可能就需要这个功能来检查程序是否正常运行。我们可以考虑为应用程序提供登录和角色验证机制，核准当前用户为测试或运维人员后，控制应用退出kiosk模式的按钮可见。

此类应用运行环境比较特殊（自助服务机内部往往是一台工控机，其性能有限但对恶劣的外部环境适应力较高），如果应用自身代码比较复杂，难免会产生异常，导致程序退出。此时如果有一个稳定的守护进程处于监视状态，一旦发现应用程序退出，马上重启该应用，就能有效地避免自助服务机中断

服务。

另外，如果自助服务机支持全键盘，应想办法禁用 Ctrl+Alt+Del 快捷键。因为此快捷键会使应用程序处于被用户手动退出的风险中。Electron 没有内置此支持，因为一旦它这么做了，很有可能会被杀毒软件检测为病毒程序。

又及，有一些自助服务机还在使用 Windows XP 系统，Electron 是不支持 Windows XP 系统的。如果你没办法使自助服务机升级操作系统的话，请考虑使用其他技术方案（NW.js 的早期版本是支持 Windows XP 的，但我不建议使用）。

Electron 应用默认支持触屏设备，无需做额外的设置。触屏应用一般不会显示鼠标指针，开发者可以通过如下样式隐藏界面的鼠标指针：

```
body{ cursor: none; }
```

另外，你可以通过如下 API 把鼠标锁定在窗口可见区域内：

```
document.body.requestPointerLock();
```

如果需要取消鼠标锁定，可以使用如下 API：

```
document.exitPointerLock();
```

有的时候我们需要在自助服务机上打开系统的软键盘，为满足此需求需要用到 Node.js 子进程的技术，代码如下：

```
const exec = require("child_process").exec;
exec("osk.exe");
```

软键盘打开后如图 10-1 所示。

图 10-1 Windows 软键盘

10.2 音视频设备

10.2.1 使用摄像头和麦克风

在开发 Web 网页时，如果要使用用户的音视频设备，浏览器为了安全，会向用户发出提示，如图 10-2 所示。

图 10-2 网页访问音视频设备时的授权申请

用户允许浏览器访问其音视频设备后，前端代码才有权访问这些设备。而 Electron 不必获得用户授权，直接具有访问用户音视频设备的能力，代码示例如下：

```
let option = {
    audio: true,
    video: true
};
let mediaStream = await navigator.mediaDevices.getUserMedia(option);
let video = document.querySelector("video");
video.srcObject = mediaStream;
video.onloadedmetadata = function(e) {
    video.play();
};
```

在示例代码中，我们使用 navigator.mediaDevices.getUserMedia 来获取用户的音视频流。getUserMedia 方法需要一个配置参数，该配置参数有两个属性 audio 和 video。如果你只希望获取两者之一，那么只要把另外一项设置为 false 即可。

你可以设置视频的宽度和高度，也可以设置视频的来源是前置摄像头还是后置摄像头，此时要把 option 对象的 video 属性设置为一个对象，如下代码所示：

```
//设置视频的大小
video: { width: 1280, height: 720 }
//取设备前置摄像头
video: { facingMode: "user" }
//取设备后置摄像头
video: { facingMode: "environment"  }
```

如果你的设备有多个摄像头，并且不区分前后，那么你可以通过如下方法获取到所有摄像头设备的基本信息：

```
let devices = await navigator.mediaDevices.enumerateDevices();
```

返回的 devices 是一个如下形式的数组：

```
[{
deviceId: "e8546e82a253fa8f8eb8f232d114bb65c95e55b566ef50bb46926c17e91757a2"
groupId: "8a181c3a52ac7465b3b8a6844682003f8744aeff3ac30f6c34831260298980bb"
kind: "videoinput"
label: "BisonCam, NB Pro (5986:112d)"
}
//......
]
```

数组中不但包括视频设备，还包括音频设备，你可以根据 deviceId 来指定需要获取哪个音视频设备的数据。参数配置如下：

```
video: { deviceId: myPreferredCameraDeviceId }
```

上面的配置参数，当 myPreferredCameraDeviceId 的设备不可用时，系统会随机返回给你一个可用的设备。你如果只想用你指定的设备，可以用如下配置：

```
video: { deviceId: { exact: myExactCameraOrBustDeviceId } }
```

以此配置访问设备，当设备不可用时，将抛出异常。

10.2.2 录屏

除了获取音视频设备传递的媒体流之外，你还可以通过 Electron 的 desktopCapturer 模块提供的 API 获取桌面应用的屏幕视频流。以下代码可以获取到微信窗口的视频流并显示在应用内：

```
const { desktopCapturer } = require("electron");
let sources = await desktopCapturer.getSources({
    types: ["window", "screen"]
});
let target = sources.find(v => v.name == "微信");
let mediaStream = await navigator.mediaDevices.getUserMedia({
    audio: false,
    video: {
        mandatory: {
            chromeMediaSource: "desktop",
            chromeMediaSourceId: target.id
        }
    }
});
var video = document.querySelector("video");
```

```
    video.srcObject = mediaStream;
    video.onloadedmetadata = function(e) {
        video.play();
    };
```

其中 desktopCapturer.getSources 获取所有显示在桌面上的应用信息，获取到指定应用后，我们把应用的 ID 传递给 video.mandatory.chromeMediaSourceId，同时设置了 video.mandatory.chromeMediaSource 的值为 desktop。此后我们得到的视频流对象就与从摄像头里得到的视频流对象基本一致了。

代码执行后效果如图 10-3 所示。

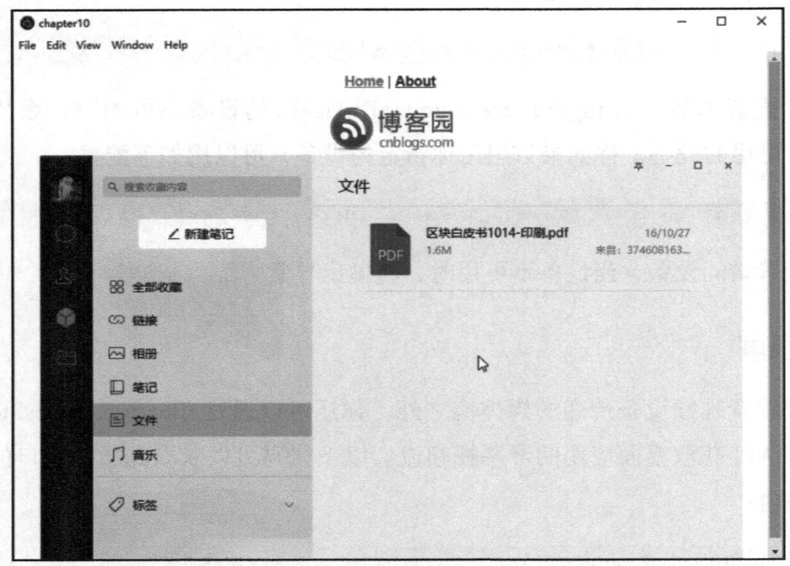

图 10-3　窗口录屏示例

10.3　电源

10.3.1　电源的基本状态和事件

可以通过如下代码获取到电源管理器（BatteryManager）的实例：

```
let batteryManager  = await navigator.getBattery();
```

通过该实例可以获知当前电源的状态信息，监听电源充电状态变化的事件，如

表 10-1、表 10-2 所示。

表 10-1　batteryManager 实例下的状态属性

属性名称	属性说明
charging	是否正在充电，只要正在充电，即使当前电池是满电状态，此值也为 true
chargingTime	距离电池充满还剩多少时间，单位为秒，如果为 0，则当前电池是满电状态
dischargingTime	电池电量用完所需事件，单位为秒，如果电池是满电状态且正在充电，其值为 infinity（无限长）
level	代表充电水平，其值在从 0 到 1 之间

表 10-2　batteryManager 实例的可控事件

事件名称	事件说明
onchargingchange	接入交流电和断开交流电时触发该事件
onchargingtimechange	当 chargingTime 属性变化时，触发该事件
ondischargingtimechange	当 dischargingTime 属性变化时，触发该事件
onlevelchange	当 level 属性变化时，触发该事件

10.3.2　监控系统挂起与锁屏事件

上一小节介绍的是 HTML5 为网页提供的关于电源设备的 API。Electron 应用除了可以使用 HTML5 API 的能力外，自己也封装了关于电源的 powerMonitor 模块，并且把监控系统是否挂起和恢复的事件、系统空闲状态获取的能力也放在了这个模块中。

如下代码演示了如何监视系统挂起和恢复的事件：

```
const { powerMonitor } = require("electron").remote;
powerMonitor.on("suspend", () => {
    console.log("The system is going to sleep");
});
powerMonitor.on("resume", () => {
    console.log("The system is going to sleep");
});
```

当系统睡眠时触发 powerMonitor 模块的 suspend 事件，系统从睡眠中恢复时触发 powerMonitor 模块的 resume 事件。

除此之外，powerMonitor 模块还可以监控屏幕锁定 'lock-screen' 和屏幕解锁 'unlock-screen' 事件，但这两个事件只适用于 Mac 系统和 Windows 系统，Linux 系统下暂无法使用，代码如下：

```
powerMonitor.on("lock-screen", () => {
    console.log("The system is lock screen");
```

```
});
powerMonitor.on("unlock-screen", () => {
    console.log("The system is unlock screen");
});
```

以上四个事件在一些特殊的场景下非常有用，因为在系统挂起后，系统内一些应用会切换到挂起状态，不再提供服务。如果 Electron 应用是依赖这些服务的，那么很有可能会出现业务问题。通过监控这些事件，我们可以让 Electron 应用提前做一些准备，避免业务异常。另外，无论挂起还是锁屏，都代表用户已经离开了应用，此时与用户交互的界面也应离开用户，比如游戏应用中考虑暂停角色受到伤害等。

10.3.3 阻止系统锁屏

操作系统在长时间没有收到用户鼠标或键盘事件时，会进入省电模式：关闭用户的显示器，把内存中的内容转储到磁盘，进入睡眠模式。

在一些特殊的场景中，用户是不希望操作系统息屏式进入睡眠模式的，比如用户看电影、演示文稿或游戏挂机时。

为此，操作系统为应用程序提供了阻止系统息屏、睡眠的 API，Electron 也有访问这个 API 的能力，请看如下代码：

```
const { powerSaveBlocker } = require("electron");
const id = powerSaveBlocker.start("prevent-display-sleep");
```

执行上面的代码，即可阻止系统息屏。

powerSaveBlocker.start 方法接收一个字符串参数，prevent-display-sleep 阻止系统息屏，prevent-app-suspension 阻止应用程序挂起（应用程序在下载文件或播放音乐时需要阻止应用挂起）。

powerSaveBlocker.start 方法返回一个整型的 id 值，如果应用在某个时刻不再需要阻止系统进入省电模式，可以使用 powerSaveBlocker.stop(id)；来取消阻止行为，你也可以通过 powerSaveBlocker.isStarted(id) 来判断阻止行为是否已经启动。

10.4 打印机

10.4.1 控制打印行为

打印是日常办公中常见的需求。Electron 支持把 webContents 内的内容发送至打印机进行打印，下面是打印 webContents 内容的代码：

```
let { remote } = require("electron");
let webContents = remote.getCurrentWebContents();
webContents.print( {
        silent: false,
        printBackground: true,
        deviceName:'',
    }, (success, errorType) => {
        if (!success) console.log(errorType);
    }
);
```

如你所见，调用 webContents 对象的 print 方法即可打印当前页面的内容。执行上面的代码，系统提示你选择打印机，如图 10-4 所示。

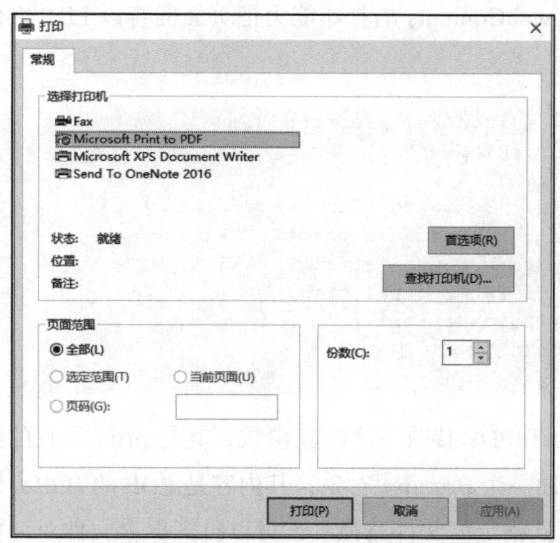

图 10-4　选择打印机

如果你希望通过程序指定一个打印机，那么你应该先获得连接当前电脑的所有打印机，并找出你要使用的打印机，代码如下：

```
let { remote } = require("electron");
let webContents = remote.getCurrentWebContents();
let printers = webContents.getPrinters();
printers.forEach(element => {
    console.log(element.name);
});
```

以上程序执行后，在我的电脑上输出如下内容：

```
Send To OneNote 2016
Microsoft XPS Document Writer
Microsoft Print to PDF
Fax
```

选择其中一个，设置为 webContents.print 方法的参数的 deviceName 属性，然后把 silent 属性设置为 true，即可跳过配置打印机的环节，直接打印内容。

打印成功之后，直接进入 webContents.print 的回调函数，回调函数 success 参数为 true；如果打印失败，或者用户取消打印，success 参数为 false。

10.4.2 导出 PDF

开发者可以利用 webContents 的打印能力把页面内容以 PDF 文件形式导出，如下代码所示：

```
let { remote } = require("electron");
let path = require("path");
let fs = require("fs");
let webContents = remote.getCurrentWebContents();
let data = await webContents.printToPDF({});
let filePath = path.join(__static, "allen.pdf");
fs.writeFile(filePath, data, error => {
    if (error) throw error;
    console.log(" 保存成功 ");
});
```

webContents.printToPDF 接收一个配置参数，其与 print 接收的配置参数类似，这里不再详述。此方法返回一个 Promise 对象，其内容是 PDF 的 Buffer 缓存，开发者可以直接把这个 Buffer 保存到指定的文件路径。也可以打开保存文件对话框，让用户选择保存文件的路径，代码如下所示。

```
let pathObj = await remote.dialog.showSaveDialog({
    title: " 保存成 PDF",
    filters: [{ name: "pdf", extensions: ["pdf"] }]
});
if (pathObj.canceled) return;  //如果用户取消选择，则不保存 PDF 文件
fs.writeFile(pathObj.filePath, data, error => { //使用 pathObj 内的路径属性
    if (error) throw error;
    console.log(" 保存成功 ");
});
```

提示用户选择路径的对话框如图 10-5 所示，注意，我们在程序中设置了保存文件的类型。

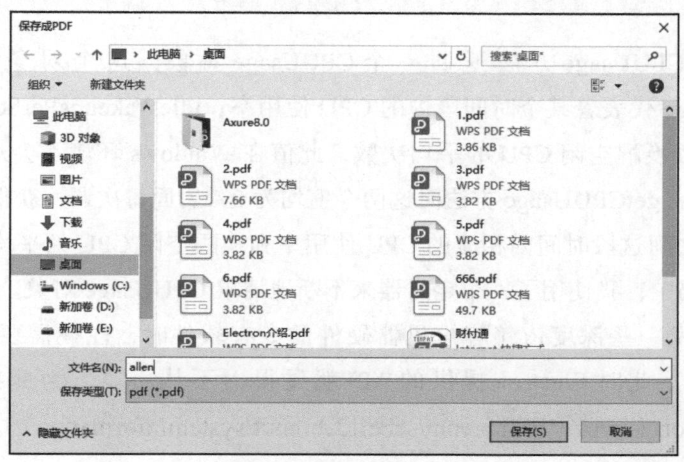

图 10-5　保存 PDF 文件

10.5　硬件信息

10.5.1　获取目标平台硬件信息

Electron 提供了几个简单的 API 来获取用户硬件的使用情况，比如获取内存的使用情况，代码如下：

```
let memoryUseage = process.getSystemMemoryInfo()
console.log(memoryUseage);
```

以上代码输出结果为：

```
> {total: 16601588, free: 8345352, swapTotal: 19091956, swapFree: 7324224}
```

其中 total 为当前系统可用的物理内存总量；free 为应用程序或磁盘缓存未使用的内存总量；swapTotal 为系统交换内存总量；swapFree 为系统可用交换内存总量。单位均为 KB。

获取 CPU 的使用情况的代码如下：

```
let cupUseage = process.getCPUUsage();
```

```
setInterval(()=>{
    cupUseage = process.getCPUUsage();
    console.log(cupUseage);
},1600)
```

process.getCPUUsage 方法返回一个 CPUUsage 对象，这个对象有两个属性：percentCPUUsage 代表着某个时间段内的 CPU 使用率；idleWakeupsPerSecond 代表着某个时间段内每秒唤醒空闲 CPU 的平均次数，此值在 Windows 环境下会永远返回 0。第一次调用 process.getCPUUsage 方法时这两个值均为 0，后面每次调用获得的值为本次调用与上次调用之间这段时间内相应的 CPU 使用率和唤醒空闲 CPU 的平均次数，所以在上面的示例代码中，我使用了一个定时器来不断地请求 CPUUsage 对象。

当我们研发一些深度依赖客户机器硬件的专有软件时，往往需要获得更多更详细的硬件信息，此时 Electron 提供的 API 就显得力不从心了，为此我推荐你使用 systeminformation（https://github.com/sebhildebrandt/systeminformation）这个库来获取更详尽的硬件信息。

systeminformation 是一个 JavaScript 包，所以安装到 Electron 项目中并不需要额外的配置，通过这个工具库获取系统主要硬件信息的演示代码如下：

```
let si = require('systeminformation');
(async function () {
    let cpuInfo = await si.cpu();                                   //获取 CPU 信息
    console.log(cpuInfo);
    let memInfo = await si.mem();                                   //获取内存信息
    console.log(memInfo);
    let networkInterfaces = await si.networkInterfaces();   //获取网卡信息
    console.log(networkInterfaces);
    let diskLayout = await si.diskLayout();                         //获取磁盘信息
    console.log(diskLayout)
})()
```

如你所见，这个库提供了便于开发者使用的 Promise API，所以我们把获取硬件信息的操作包装在一个 async 标记的立即执行函数里了。如果想了解返回的硬件信息的具体含义，读者可以参阅 systeminformation 库的官方文档 https://systeminformation.io/general.html。

10.5.2 使用硬件串号控制应用分发

开发一个商业桌面 GUI 应用，有的时候需要控制应用分发的范围，比如用户购买某软件的使用权后，应用开发商只允许用户在某一台固定的物理设备上使用该软件，不允许用户随意地在其他设备上安装并使用。如果用户希望在另一台设备上也可以使用，则需要另外购买使用权。开发者常用的 WebStorm 或 Visual Studio Ultimate 等软件都有类似的限制。

如果开发者想让自己开发的软件具备这个能力，一种常见的办法是获取用户设备的专有硬件信息，并把这个信息与当前使用该软件的用户信息、用户的付费情况信息绑定，保存在一个服务器上。当用户打开软件时，软件获取这个物理设备的专有硬件信息，并把这个信息连同当前用户信息发送到服务器端，由服务器端确认该用户是否已为该设备购买了授权，如果没有则通知应用，要求用户付费。

这种方式有两个弊端，一是由于验证过程强依赖于服务端，所以这个应用必须联网，对于一些有离线使用需求的应用来说，这个方案显然行不通。除此之外，一些恶意用户完全可以自己开发一个简单的服务，代理这个验证授权的请求，这个简单的服务只要永远返回验证授权通过的结果就能让恶意用户免费使用该软件。

对于离线应用来说，开发者可以通过一个安全的算法来保证应用只被安装在一台设备上，具体实现过程为：当应用第一次启动时，应用获取到这个物理设备的专有硬件信息，并把这个信息发送到服务端，用户付费后，服务端通过算法生成一个与该硬件信息匹配的激活码，并把这个激活码发送给用户，由用户把激活码保存在应用内。以后用户每次启动应用时，应用通过同样的算法验证激活码是否与当前设备的硬件信息匹配，如果匹配则授权成功，反之授权失败。

这个执行逻辑的关键点是服务端根据用户设备的专有硬件信息生成激活码的过程，和应用每次启动时检验激活码与硬件信息是否匹配的过程。这两个过程内的算法是要严格保密的，一旦被恶意用户窃取（或通过逆向工程分析出了算法的逻辑），那么恶意用户就可以开发一个注册机来无限制地生成激活码，无限制地分发你的软件。著名的商业软件 Photoshop 就备受这种恶意注册机的困扰。

WebStorm 支持以上两种形式的授权过程，如图 10-6 中①和②处所示。

无论选用什么方法，应用都要获取用户物理设备的专有硬件信息，而且得到的这个信息不能与其他物理设备重复，所以设备的厂商、磁盘的大小、CPU 的频率等这类信息都不能使用。对我们最有帮助的就是设备串号，设备串号是设备生产厂家保证当前设备全球唯一的一个字符串（理论上唯一，在某些特殊情况下也无法保证唯一）。我们可以通过上一节推荐的 systeminformation 库来获取当前硬件中各个组件的串号，并依据这些串号的组合来保证硬件专有信息唯一，示例代码如下：

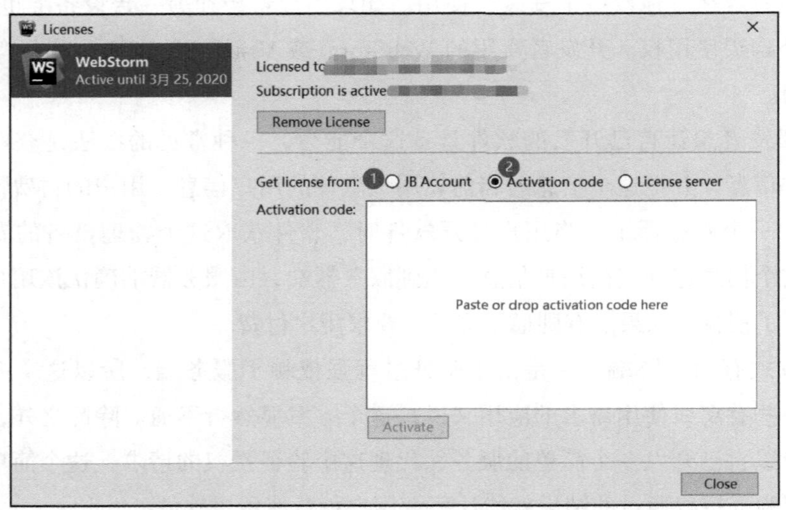

图 10-6 WebStorm 用户授权窗口界面

```
let staticData = await si.getStaticData();
let serial = {
   systemSerial: staticData.system.serial,              //系统串号
   baseboardSerial: staticData.baseboard.serial,        //主板串号
   chassisSerial: staticData.chassis.serial,            //基座串号
   diskSerial: staticData.diskLayout[0].serialNum,      //第一块磁盘的串号
   memSerial: staticData.memLayout[0].serialNum,        //第一个内存的串号
}
let arr = await si.networkInterfaces();
let networkInterfaceDefault = await si.networkInterfaceDefault();
let [item] = arr.filter(v => v.iface == networkInterfaceDefault);
serial.mac = item.mac;  //默认网卡的 MAC 地址
let serialNumStr = JSON.stringify(serial);              //开发者可以依据此字符串
                                                        //保证当前设备是唯一的
console.log(serialNumStr);
```

si.getStaticData 方法返回当前物理设备的所有组件的静态信息，包括内存、CPU、磁盘网卡等组件的生产厂家、型号、硬件串号等信息。通过上述代码得到硬件串号字符串之后，最好不要直接使用它，而是对它进行一次哈希运算，取得这个硬件串号字符串的哈希值，代码如下所示：

```
let crypto = require('crypto');
```

```
    let serialHash = crypto.createHash('sha256').update(serialNumStr).
digest('hex');
    console.log(serialHash);
```

我们可以认为serialHash字符串就代表一台固定的物理设备。得到这个哈希字符串后我们把它与用户的付费信息一起保存在服务端，每次用户启动应用时，首先检验这个哈希值对应的用户是否已为这台设备付费，如果没有付费，则提醒用户付费。

> 扩展 哈希算法可以把任意长度的输入通过散列算法变换成固定长度的输出，这个输出就是哈希值，哈希值和源数据的每一个字节都有十分紧密的关系。另外，哈希算法是很难找到逆向规律的。

如果开发者开发的是可以离线使用的应用程序，那么可以依据此哈希值生成对应的激活码，当用户付费后，用户将获得一个激活码，这个激活码与硬件串号哈希值存在算法上的相关关系，应用每次启动时将通过算法检查这个关系是否存在，如果存在则证明此应用可以正常使用，如果不存在，则提示用户付费。

> 重点 有些开发者直接使用硬件串号的哈希值作为激活码，应用每次启动时得到硬件串号字符串后，即对其进行哈希运算，检查运算后的哈希值是否与激活码相同，以此来验证软件是否付费。如果你能确保恶意用户永远不会知道你是这么做的，那这也不失为一个办法，但我建议你在计算哈希值时为硬件串号加“盐”，以提升安全程度，代码如下所示：
>
> ```
>     let serialHash = crypto.createHash('sha256').update(`[solt]${serialNumStr}
> [solt]`).digest('hex');
> ```
>
> 这里[solt]就是你的“盐”值，在保证算法不被窃取的同时，也需要保证“盐”值不被窃取，这样即使恶意用户知道你是使用sha256算法对硬件串号进行哈希运算的，也无法顺利地开发出注册机来侵犯你的权益。
>
> 通过算法来确保授权过程安全可靠的方法也可以用在基于网络验证授权的方案中，当服务器返回授权成功或授权失败的信息后，给这个信息增加一个随机数值（往往为一个基于时间种子的随机数），然后再加密返回给客户端。客户端收到加密信息后，解密还原出具体的授权信息，由于有随机数的存在，客户端每

次请求这个授权验证服务时返回的结果都是不同的，就算恶意用户发现了这个授权验证的服务地址，在不知道你的算法的前提下，也无法制作他自己的授权验证服务。关于加密、解密的知识，我们将在后续章节详细讲解。

10.6 本章小结

本章主要讲解 Electron 应用可以访问到的硬件设备，以及使用这些硬件设备可以服务于哪些用户场景。

首先我们讲解了屏幕，以及如何开启 kiosk 模式让 Electron 服务于自助服务机的应用场景。

其次我们讲解了音视频设备，如何让 Electron 应用访问摄像头、麦克风以及如何录屏。

之后我们讲解了电源设备，以及如何监控系统的挂起和锁屏事件、如何阻止系统锁屏。

然后我们又讲解了打印机设备，以及如何控制打印行为、如何通过打印行为把页面数据导出成 PDF 文件。

此外我们还介绍了如何获取应用所在平台的硬件信息，以及商业应用中常见的根据硬件串号控制应用分发的知识。

Mac 系统还有一个特殊的硬件设备——触控板，其可以让用户更方便地操作 Mac 系统下的应用。Electron 也提供了相关的 API，但由于其专有性，其他平台不可用，所以这里不做介绍，感兴趣的读者可以访问 Electron 的官方文档进行学习。

另外，HTML5 还提供了蓝牙、VR 设备的 API，Electron 也可以使用，大家可以自行参阅 MDN 的文档进行学习、使用。

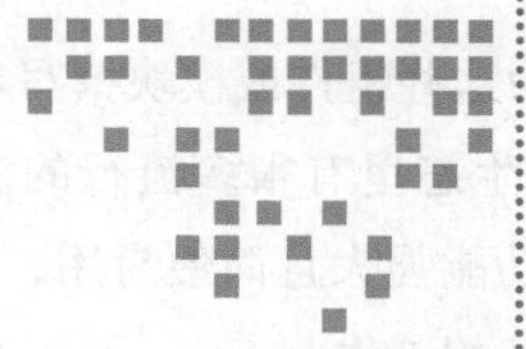

第 11 章 Chapter 11

调 测

如何保证一个软件的正确性、稳定性和可靠性呢？除了需要开发人员为软件编写优秀的代码外，测试人员的测试工作也必不可少。从测试成为一个独立岗位至今，测试领域已经发展出了一系列的技术和概念，按测试方法分类有黑盒测试、白盒测试，按测试策略分类有单元测试、集成测试等。

Electron 作为一个桌面 GUI 框架，专门为测试人员提供了测试支持工具，比如接下来我们要讲到的 Spectron。除了此类专用工具外，Electron 开发人员也可以在渲染进程中使用 Node.js 领域的测试框架，比如 Mocha。

有些问题非常难以定位，比如性能问题、网络问题等。测试人员如果能定位到问题的根源，那对于开发人员来说将是巨大的帮助，Electron 在这方面亦有支持，本章也会涉及一些软件调试方面的知识。

11.1 测试

11.1.1 单元测试

开发者开发一个业务足够复杂的应用，势必会对应用内的业务进行一定程度的抽象、封装和隔离，以保证代码的可复用性、可维护性。每个抽象出的模块或组件都会暴露出自己的接口和数据属性等供其他模块或组件使用。测试人员（或兼有测试职责的开发人员）会为这些组件或模块撰写单元测试代码，以保证这些模块或组件正常可用。

Node.js 生态里有很多流行的测试框架帮助测试人员完成这项工作，Mocha 就是其中之一，它功能强大且简便易用，深受测试人员喜爱。本书也将使用它演示如何完成接口自动化测试的工作。

首先我们需要安装 Mocha。因为测试框架不需要随业务代码一起打包发布，所以安装指令使用了 --dev 参数。

```
> yarn add mocha --dev
```

安装完成后在 package.json 中 scripts 配置节增加 Mocha 的自动化测试指令：

```
"test": "mocha"
```

待我们测试用例代码编写完成后，只要在命令行运行 yarn test，即可通过 Mocha 自动执行测试用例代码。

运行 yarn test 指令时，Mocha 框架会默认执行项目根目录下 test 文件夹内的所有 JavaScript 文件。因此我们在项目根目录下新建一个 test 文件夹，在此文件内创建一个 test.js 文件备用。

在撰写测试用例代码前，我们先在项目 src 目录下创建一个 justForTest.js 文件。此文件为被测试的接口组件，在该文件内编写代码如下：

```
module.exports = {
    getSomeThingFromWeb() {
        return new Promise(resolve => {
            let url = 'https:// www.cnblogs.com/aggsite/AggStats'
            let request = require('request');
            request(url, (err, response, body) => {
                resolve(body);
            })
        });
    }
}
```

这是我们专门为演示如何撰写测试用例代码而创建的一个普通 JavaScript 模块。它只有一个方法，此方法请求一个网络地址，把请求到的内容封装到一个 Promise 对象里返回给被调用方。

接着我们在 test/test.js 文件里撰写测试用例代码，如下所示：

```
let assert = require('assert');
describe('待测试的模块 1', () => {
    describe('方法 1', () => {
        it('此方法应该返回一个 ul 字符串', async () => {
            let justForTest = require('../src/justForTest');
            let result = await justForTest.getSomeThingFromWeb();
            assert(result.startsWith('<ul>'));
        });
    });
});
```

代码中引入的 assert 模块是 Node.js 内置的模块，该模块提供了一组简单的断言测试方法，可用于测试变量和函数是否正常运行。比如 assert 方法验证传入的参数是否为真，assert.strictEqual 方法验证传入的前两个参数是否严格相等。

describe 是 Mocha 框架提供的方法，注意这里我们并没有引入任何 Mocha 框架的模块，但 describe 和后面讲到的 it 方法都能直接使用，这是因为我们启动测试的命令是通过 Mocha 执行的，它为我们建立了拥有这些方法变量的环境。

describe 方法是测试集定义函数，可以在控制台输出一个方便测试人员辨识的测试集名称，可以嵌套多层。一般情况下测试人员会使用 describe 方法以从一级模块到二级模块再到组件这样的层级顺序逐层显示测试用例的执行逻辑。

it 方法是测试用例的定义函数，在此函数的回调函数中执行测试用例代码。我们的单元测试代码执行逻辑是：加载待测试模块，执行待测试模块的方法，验证返回值是否符合预期。

现在我们在控制台执行 yarn test，看一下单元测试结果：

```
$ mocha
    待测试的模块 1
        方法 1
            √ 此方法应该返回一个 ul 字符串 (188ms)
    1 passing (197ms)
Done in 0.53s.
```

结果符合我们的预期，测试通过。假设 result.startsWith('<ul>') 结果为 false，那么控制台将得到如下输出：

```
$ mocha
    待测试的模块 1
        方法 1
            1) 此方法应该返回一个 ul 字符串
    0 passing (215ms)
    1 failing
```

```
        1) 待测试的模块 1
                方法 1
                        此方法应该返回一个 ul 字符串：
                AssertionError [ERR_ASSERTION]: The expression evaluated to a falsy
value:
        assert(result.startsWith('<ul1>'))
                + expected - actual
                -false
                +true
                at Context.it (test\test.js:7:13)
                at process._tickCallback (internal/process/next_tick.js:68:7)
```

上面输出的信息足够清晰，测试人员能很直观地看出哪个测试用例没有通过。

如果你撰写的模块方法不是以 Promise 方式返回结果的，而是在回调方法内返回结果的，这种情况 Mocha 也有很好的支持，代码如下所示：

```
it('此方法应该返回一个 ul 字符串', done => {
    let justForTest = require('../src/justForTest');
    justForTest.getSomeThingFromWeb2((result, err) => {
        if (err) {
            done(err);
            return;
        }
        assert(result.startsWith('<ul>'));
        done();
    });
})
```

我们为 it 方法的回调函数传入了 done 参数，这个参数其实是一个方法，在被测模块的回调方法执行完后调用 done()，即可证明此接口测试通过，一旦被测模块有异常报出（assert 方法没有得到预期结果也会抛出异常），此测试用例会显示未通过。

如果你的被测接口回调函数只有一个 error 参数，无需验证测试结果，即可简写为如下代码：

```
justForTest.getSomeThingFromWeb3(done);
```

除 Mocha 外，业界优秀的单元测试框架还有 AVA（https://github.com/avajs/ava）、jest（https://github.com/facebook/jest）等，用法大同小异，读者可以自行选用。

11.1.2 界面测试

上一小节讲解了如何用 Mocha 框架测试 Electron 应用内部模块的接口，其实一些

HTTP 服务也可以用 Mocha 测试框架来完成测试，其原理是一样的。但如果要做界面测试，单单使用 Mocha 测试框架就不足以支撑了，比如界面上是不是呈现出了某个 DOM 元素，应用程序是不是打开了某个窗口，用户剪切板里是不是有某段文字等。

要做好界面测试工作，就需要使用专门为 Electron 应用设计的测试框架 Spectron。Spectron 是 Electron 官方团队打造的测试工具，它封装了 ChromeDriver 和 WebdriverIO 这两个专门用来测试 Web 界面的工具。

首先在 package.json 中配置开发环境依赖的库：

```
"devDependencies": {
    "electron": "^6.0.0",
    "mocha": "^6.2.2",
    "spectron": "^8.0.0"
}
```

然后执行 yarn 指令，安装这些依赖库，注意：Spectron 版本号 ^8.0.0 对应 Electron 版本号 ^6.0.0，Spectron 版本号 ^9.0.0 对应 Electron 版本号 ^7.0.0，以此类推。如果安装了错误的 Spectron 版本，测试用例可能无法顺利执行。

接着我们在 test 文件夹内创建一个 test.js 测试文件。首先引入必要的测试环境依赖的库，代码如下所示：

```
const Application = require('spectron').Application
const assert = require('assert')
const electronPath = require('electron')
const path = require('path')
```

Application 类是 Spectron 库的入口，使用 Spectron 库进行测试要先实例化 Application 类型。

在第 2 章搭建开发环境时我们讲过，electron 库其实只导出了本项目下 Electron 的可执行文件的安装路径，所以直接把 electron 库的导出值赋值给了 electronPath 变量。

接着完成测试代码：

```
describe('开始执行界面测试', function(){
    this.timeout(10000);
    beforeEach(function() {
        this.app = new Application({
            path: electronPath,
            args: [path.join(__dirname, '..')]
        })
        return this.app.start();
```

```
        })
        afterEach(function() {
            if (this.app && this.app.isRunning()) {
                return this.app.stop();
            }
        })
        it('测试窗口是否启动', async function() {
            let count = await this.app.client.getWindowCount();
            assert.equal(count, 1)
        })
    })
```

上述代码中 this.timeout（10000）；设置了测试用例的超时时间，一旦某个测试用例超过此时间尚未返回结果，则报超时错误，测试用例不通过。这是 Mocha 框架的一个方法。

beforeEach 和 afterEach 是 Mocha 环境提供的两个钩子函数，代表着此作用域内“每个”测试用例执行前和执行后需要完成的工作。对应的还有 before 和 after 钩子函数，代表着此作用域内“所有”测试用例执行前和执行后需要完成的工作。我们这个作用域内只有一个测试用例，所以这两对函数都可以使用。

在启动这个测试用例之前，我们在 beforeEach 的回调函数内创建了 Spectron 的 Application 对象，并为此对象设置了 Electron 的可执行文件的路径和当前项目 package.json 文件的路径。对象创建完成后，通过 this.app.start() 方法启动应用，这个方法返回一个 Promise 对象。Mocha 框架会为我们等待此方法执行成功后再启动测试用例。

在测试用例执行完成之后，我们在 afterEach 的回调函数中通过 this.app.stop() 释放了 Spectron 的测试环境。这个方法也返回一个 Promise 对象。

在具体的测试用例中，我们并没有执行过多的业务，只是通过 this.app.client.getWindowCount() 方法获取了窗口的数量。确认有且只有一个窗口被打开了，则认为测试通过。

运行上述代码，得到如下输出：

```
$ mocha
    开始执行界面测试
        √ 测试窗口是否启动
    1 passing (6s)
Done in 6.95s.
```

除了 getWindowCount 方法之外，还可以通过 await this.app.client.waitUntilWindow

Loaded() 方法等待页面加载完毕，通过 app.client.waitUntilTextExists 等待获取当前窗口内某个元素的内容，通过 app 的 browserWindow 属性获取当前窗口等。更多详情请查看官方文档说明：https://github.com/electron-userland/spectron。

11.2 调试

11.2.1 渲染进程性能问题追踪

谷歌浏览器提供了很强大的性能追踪工具。打开开发者调试工具，选中 Performance 标签页，如图 11-1 所示。

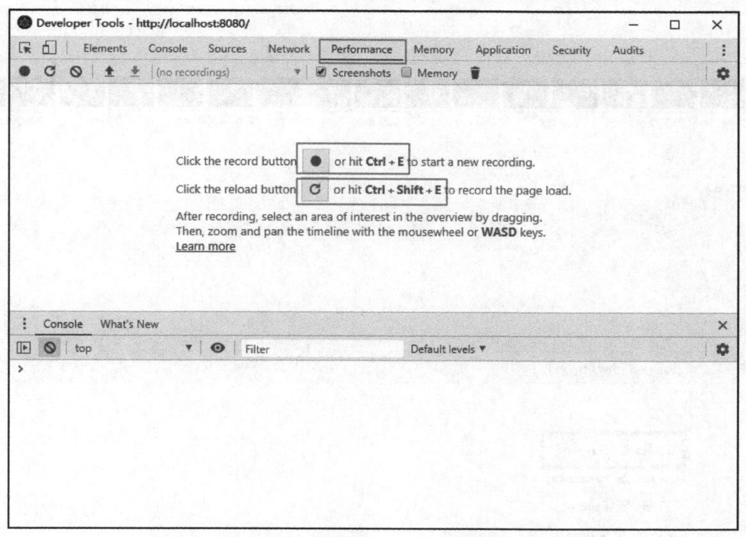

图 11-1　开发者调试工具性能追踪面板

这就是谷歌开发者工具内提供的性能追踪面板，点击黑色小圆点，或在调试工具处于激活状态时按下 Ctrl+E 快捷键，开始追踪当前页面的性能问题。

为了便于演示，我专门写了一个比较耗时的函数，代码如下：

```
start(e) {
    let a = 9;
    a = eval('for (let i = 0; i < 1000000; i++) a = a * a')
    console.log("ok");
}
```

我们知道 JavaScript 不善于做 CPU 密集型的任务，这显然是一个需要大量 CPU 计算的函数，为了防止 JavaScript 执行引擎对代码进行优化，我还使用了 eval 方法。在执行此函数前，点击黑色小圆点，开始性能追踪。如图 11-2 所示。

图 11-2 开始性能追踪后的提示框

接着执行上述方法，当控制台输出 ok 后，点击上图的 Stop 按钮，追踪结果即呈现在此面板上，如图 11-3 所示。

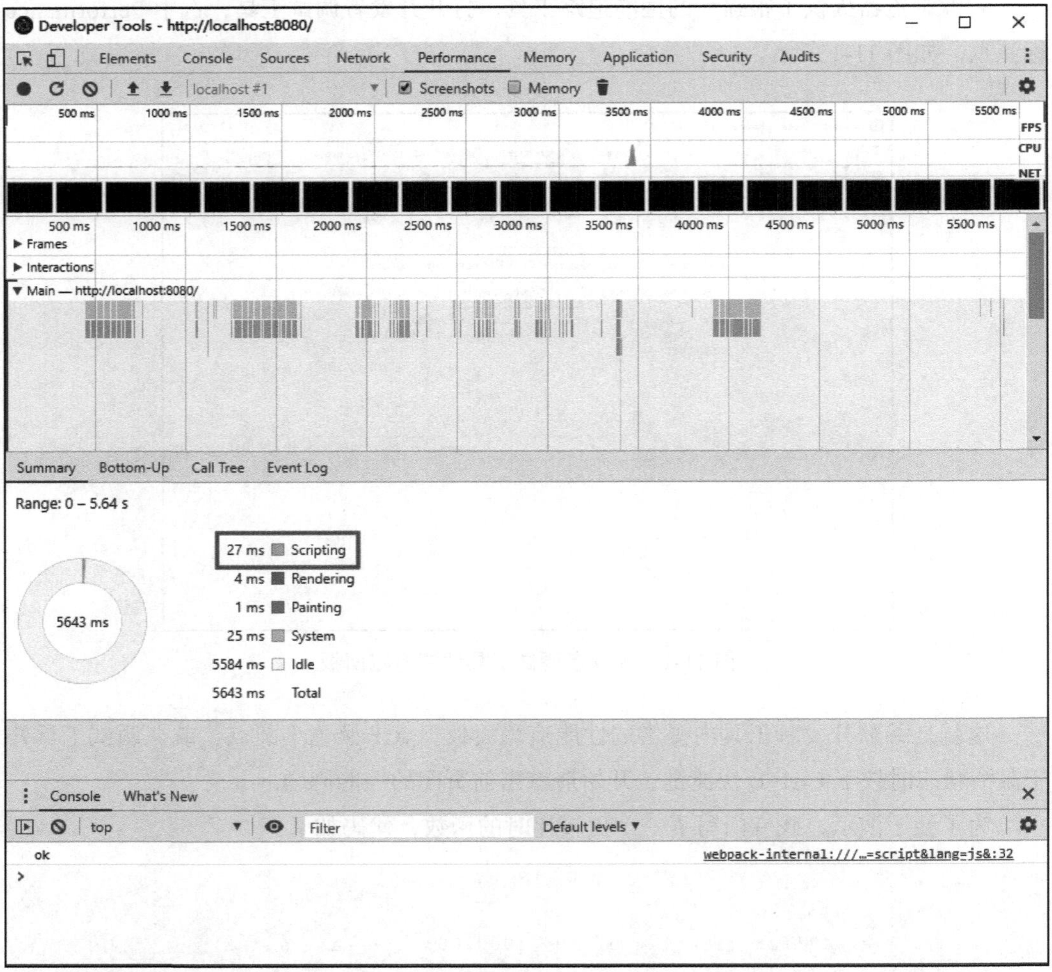

图 11-3　性能追踪结束后的窗口示例

上图中间部分是追踪的摘要信息，用一个环形图表示，黄色区块代表着此监控时段内 JavaScript 执行耗时情况。此外还有界面重排和界面重绘的耗时等，不是我们本案例关注的内容，不多做解释。

把鼠标移至 Main--http://localhost:8080 区域的黄色位置附近，向上滚动鼠标滚轮，放大此区域，如图 11-4 所示。

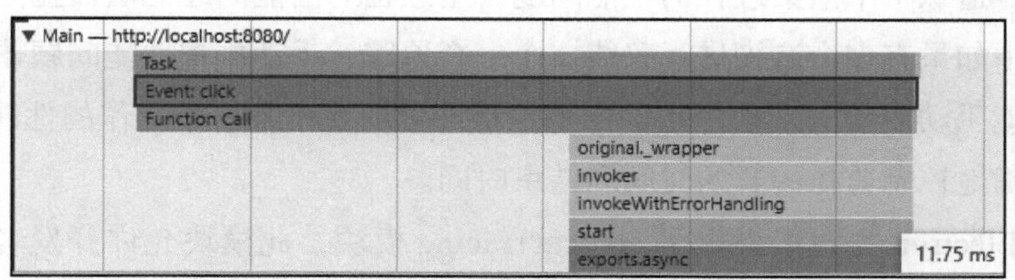

图 11-4　性能追踪面板局部放大

现在我们还是不能追踪到具体哪里耗时了。鼠标点击 Event:click 或 FunctionCall 黄色区块，选中下面面板的 Call Tree 选项卡，依次展开 Activity 的调用堆栈树状结构，操作步骤如图 11-5 所示。

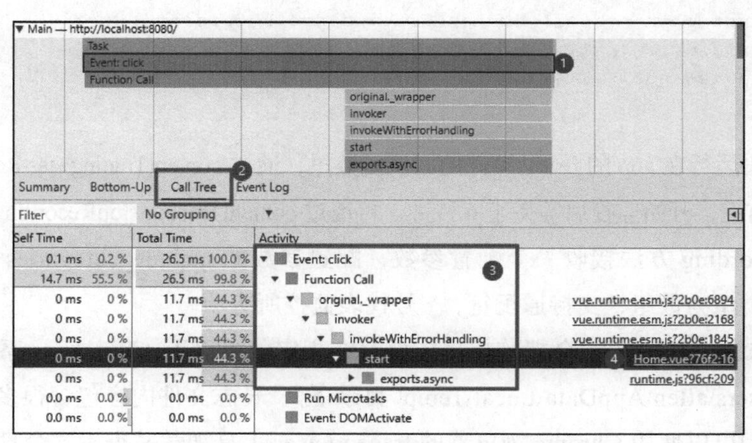

图 11-5　性能追踪面板方法调用树

至此，我们终于找到耗时最长的部分出现在 Home.vue 中了。点击 Home.vue 上的链接，跳转到源码页面，发现谷歌浏览器已经体贴地把每行的耗时时间都显示在行首了，如图 11-6 所示。

```
18   0.3 ms   a = eval('for (let i = 0; i < 1000000; i++) a = a * a')
19   0.1 ms   console.log("ok");
```

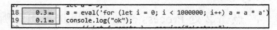

图 11-6　性能追踪代码执行情况示例

这就是谷歌浏览器提供的性能追踪工具，任何 Web 页面都可以使用此工具分析性能，Electron 窗口内的页面也不例外。

11.2.2 自动追踪性能问题

在渲染进程中追踪性能问题存在三个问题：

- 它只能追踪单个渲染进程的性能问题，主进程的性能问题无法覆盖。
- 应用中如果有多个渲染进程只能一个一个追踪，手动排查性能问题非常麻烦。
- 你只能手动启动、手动停止，如果想精细化地观察某一个操作的性能问题，没办法精确地控制监控的开始时间和结束时间。

基于此 Electron 为我们提供了 contentTracing 模块，此模块允许开发者以编码的方式启动性能问题追踪工作和停止性能问题追踪工作。代码如下：

```
(async() => {
    const { contentTracing } = require('electron');
    await contentTracing.startRecording({
        include_categories: ['*']
    });
    await new Promise(resolve => setTimeout(resolve, 6000));
    const path = await contentTracing.stopRecording()
    console.log('性能追踪日志地址：' + path);
    createWindow();
})()
```

上面代码运行在 app 的 ready 事件的回调函数里，通过 contentTracing.startRecording 方法来启动性能监控，开始监控后等待了 6 秒钟，再通过 contentTracing.stopRecording 停止监控。

startRecording 方法接收一个配置参数，配置参数的 include_categories 属性是准备监控的项，类型为数组，支持通配符，* 号代表监控所有项。

监控完成后，Electron 会把监控日志保存在指定的目录下（Windows 系统下此日志保存在 C:\Users\allen\AppData\Local\Temp\ 目录下）。日志文件内容包含很多信息，不容易读懂，我们可以使用 Chrome 浏览器的 trace viewer 工具加载并查看这个日志文件。

打开 Chrome 浏览器，在地址栏输入 chrome://tracing，如图 11-7 所示。

点击①处 Load 按钮加载 contentTracing 保存的日志文件，上图是已经加载过日志文件的截图。

点击②处 Process 按钮，可以选择追踪哪几个进程。这也是 trace viewer 的强大之处，它可以分析性能日志文件中的所有进程，把所有进程的性能数据加载到同一个窗口中显示。

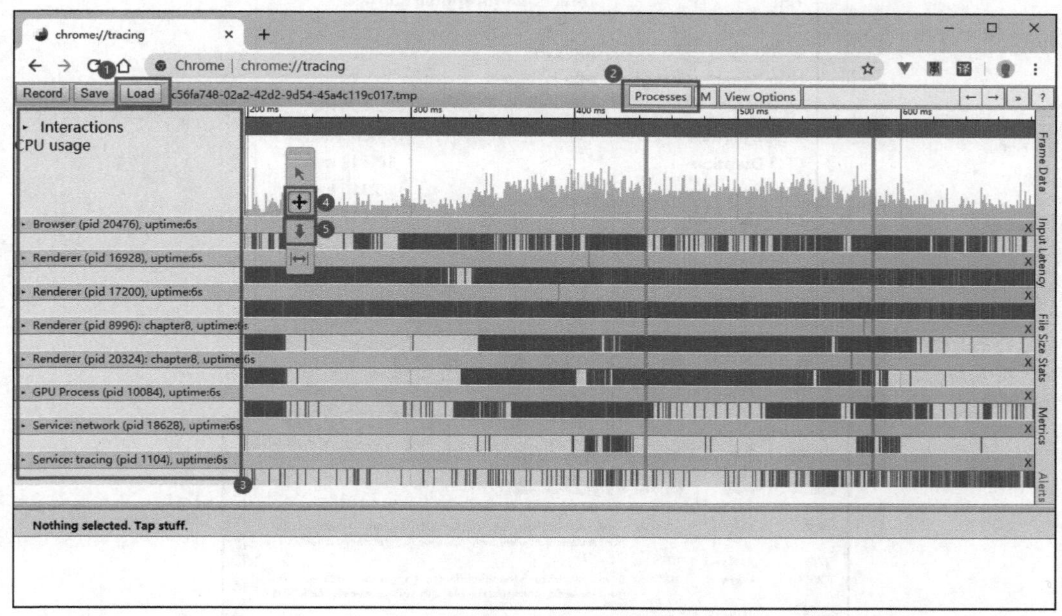

图 11-7　tracing 面板

③面板是你选择追踪的进程，你可以看到这里显示了包括浏览器进程、渲染进程、GPU 进程、网络进程。

选中④按钮，你可以左右拖动时间轴，来精细化地追踪某个时间段内的性能问题。

选中⑤按钮，向上拖拽鼠标放大时间轴，向下拖拽鼠标缩小时间轴。当时间轴放大到一定程度，你可以看到时间轴上的标注信息，如图 11-8 所示。

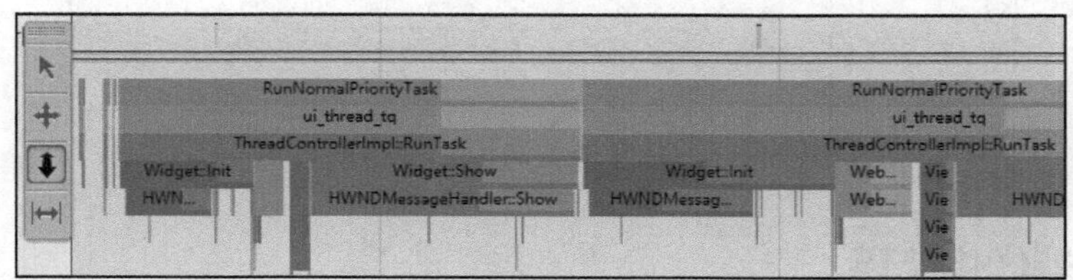

图 11-8　tracing 面板火焰图局部

选中一块你感兴趣的区域，底部面板会展示这块区域的详细信息，如图 11-9 所示。

打开右侧 FrameData 面板可以看到各渲染进程渲染页面的性能情况，如图 11-10 所示。

1 item selected.	Slice (1)
Title	ThreadControllerImpl::RunTask
Category	toplevel
User Friendly Category	other
Start	305.108 ms
Wall Duration	21.062 ms
CPU Duration	10.549 ms
Self Time	0.316 ms
CPU Self Time	0.297 ms
Args	
src_file	"../../ipc/ipc_mojo_bootstrap.cc"
src_func	"Accept"

图 11-9 性能消耗详细信息

Organize by: None

Renderer	Type	Time	URL
8996	TopLevel	193.063 ms	
8996	Frame	0.000 ms	http://localhost:8080/
16928	TopLevel	225.870 ms	
16928	Frame	0.000 ms	devtools://devtools/bundled/devtools_app.html?remoteBase=ht frontend.appspot.com/serve_file/@0810711d5eaee605628c0011
17200	TopLevel	171.775 ms	
17200	Frame	0.000 ms	devtools://devtools/bundled/devtools_app.html?remoteBase=ht frontend.appspot.com/serve_file/@0810711d5eaee605628c0011
20324	TopLevel	207.258 ms	
20324	Frame	0.000 ms	http://localhost:8080/
20324	Frame	142.628 ms	
16928	Frame	527.621 ms	
8996	Frame	143.892 ms	
17200	Frame	459.293 ms	

Frame Data　Input Latency　File Size Stats

图 11-10 FrameData 面板

你也可以通过 Chrome 浏览器的 Performance 来加载这个性能日志文件，如图 11-11 所示。点击①处按钮即可加载日志文件，只是以这种方法能查看到的信息要少得多。

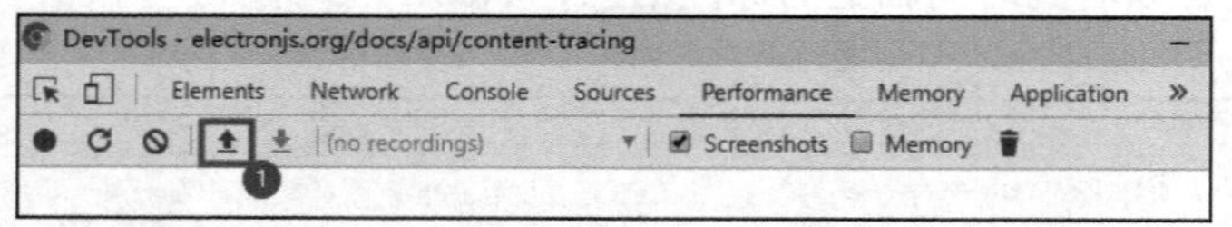

图 11-11 开发者工具内加载追踪日志

11.2.3 性能优化技巧

如果你想驾驭一个大型复杂业务的桌面 GUI 应用，那么在应用建设之初就应该考虑系统性能的问题，而不是等到性能问题出现了之后再考虑如何优化，因为到那时你将付出比前者多得多的成本。

有一项工作，只要你做得足够好，就可以解决掉80%以上的性能问题。这项工作就是写优秀的代码。也就是说，一个系统中大部分性能问题，都是因为开发人员没把代码写好导致的。正因为总有人写不好代码，所以才需要前两个小节演示的强大工具来排查性能问题。

我们不讲怎么把代码写好，本节关注的是Electron特有的性能优化的技巧。下面我们选重要的内容逐一介绍：

1. 引入第三方模块须谨慎

在Web服务上安装Node.js模块，我们一般不会关注Node.js模块的体积和加载该模块带来的损耗。但我们现在使用的是Electron，不同于Web服务，我们开发的应用是要打包发布给客户的，体积庞大的Node.js包不利于我们应用程序的分发工作。

服务于Web的Node.js模块也不关注应用的启动效率，因此它们往往会在应用启动时做大量的初始化工作，但这在Electron应用中也是不可接受的，我们往往希望首屏加载时间尽量短。

另外，服务于Web的Node.js模块也不关注内存的消耗问题，它们甚至尽可能地占用内存以提高IO吞吐率。但Electron应用部署环境多种多样，有些客户的机器本身内存就不大，我们应该尽量节省内存。

在浏览器上使用的Node.js模块，往往需要考虑兼容不同浏览器的特性而做很多额外的工作。而这些工作对于Electron来说也不同于浏览器，因为Electron使用基于Chrome浏览器的核心，能很好地兼容新标准，没必要做这些多余的工作。

比如我们常用的前端网络库axios，就有下面这样的代码：

```
function isStandardBrowserEnv() {
  if (typeof navigator !== 'undefined' &&
      (navigator.product === 'ReactNative' ||
      navigator.product === 'NativeScript' ||
      navigator.product === 'NS')) {
    return false;
  }
  return (
    typeof window !== 'undefined' &&
    typeof document !== 'undefined'
  );
}
```

上面这段代码对用户环境做出了详尽的判断，而且在axios库中频繁地使用了此工具函数。类似这样的代码对于Electron应用来说毫无帮助，平添负担。jQuery也是如此（如果你在开发过程中离不开 jQuery，我建议你到这个网站学习一下：http://youmightnotneedjquery.com）。

你应该仔细考察你引入的 Node.js 模块本身依赖了什么模块，你真的需要它们吗？是不是自己简单封装一下就可以达到同样的功能了？

2. 尽量避免等待

在主进程启动窗口前如果使用同步方法，比如 Node.js 的 fs.readFileSync，将会造成主进程阻塞，窗口迟迟打不开，用户体验下降。

开发者就不应该在窗口创建前处理大量的业务，而是应该在窗口创建后，页面加载完成时再处理你需要在应用程序启动之初完成的工作。哪怕显示一个等待画面（数据加载中的画面），对于用户来说也更容易接受。

主进程窗口启动后如果使用同步方法，可能会造成主进程的 IPC 消息迟迟得不到处理（一直处于排队中），一些时效性要求高的操作可能会产生异常。

在渲染进程中使用同步方法可能会造成页面卡顿，比如 dialog.showSaveDialogSync，如果用户一直没有保存文件，那么该渲染进程的 JavaScript 执行器就会一直等下去，你用 JavaScript 操作 Dom、执行定时任务等工作都将处于等待状态。

无论是渲染进程还是主进程，如果有大量耗时的任务需要完成，应该考虑以下问题：是否可以使用 Web Worker 来处理这项工作以及是否可以等系统空闲的时候再处理这项工作。判断系统是否处于空闲状态，可以使用 Electron 提供的如下 API

```
powerMonitor.getSystemIdleState(idleThreshold);
```

powerMonitor 模块我们在前文已经讲解过，getSystemIdleState 可以获取当前系统是否处于空闲状态，idleThreshold 是一个整型参数，代表系统处于空闲状态的时长。

同样，尽量把用于显示的资源，如 HTML、CSS、JavaScript 文件、图片、字体等打包到你的应用中，这样客户启动你的应用时从本地加载这些资源。如果这些资源是放在互联网上的，那么如果客户的网络状况不好，甚至根本没处在网络环境中，那么你的应用就无法为客户提供服务了。

在用 Node.js 开发 Web 服务端时，我们往往会把一大堆 require 方法放在 JavaScript 文件头部，这是因为在 Web 服务端环境下我们不用太担心初始化时资源消耗的问题。Electron 应用就不一样了，你应该尽可能地在必要时才使用 require 方法，因为 require 是一项昂贵的操作，占用资源较多，这一点尤其体现在 Windows 系统中。

3. 尽量合并资源

在开发 Web 应用时，我们往往会把大文件拆分成小文件，以利用浏览器的并发下载能力，加快下载速度。但 Electron 是本地应用，且我们的资源是在客户电脑本地环境下的，因此下载速度已不是问题。

你应该尽可能地把 CSS 和 JavaScript 合并到同一个文件中，以避免不必要的 require 和浏览器加载工作。如果你使用 webpack，这项工作只需要简单地配置一下即可完成。

11.2.4 开发环境调试工具

Electron 官方团队为开发者提供了一个调试工具——Devtron，这个工具以浏览器插件的形式为开发者服务，安装方式如下：

先为项目安装 Devtron 包：

```
> yarn add devtron --dev
```

接着启动窗口后，在开发者工具的命令行内执行如下指令，安装插件：

```
> require('devtron').install();
```

安装完成后，开发者工具将会增加一个 Devtron 的面板，如图 11-12 所示。

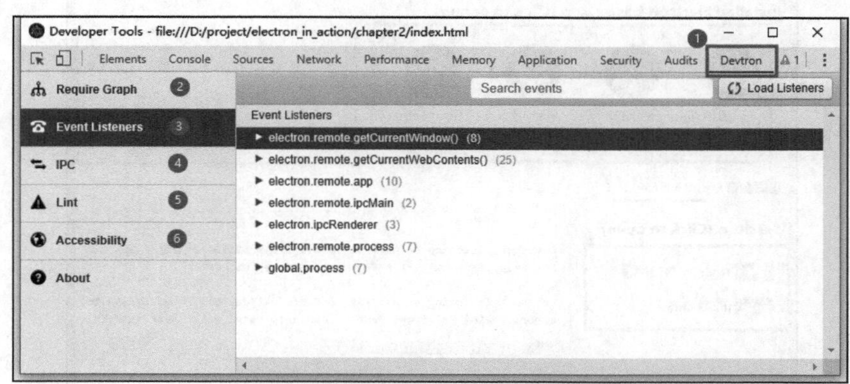

图 11-12 Devtron 调试工具

- 选中①处 Devtron 标签，可以查看 Devtron 为开发者提供的功能。
- ②处面板显示主进程和渲染进程引用了哪些脚本资源。
- ③处面板显示应用程序注册了哪些 Electron 提供的事件，比如 app 的事件、窗口的事件等。

- ④处面板显示渲染进程和主进程通信的情况，包括消息发生的顺序、消息管道的名称和消息携带的数据等。
- ⑤处面板显示应用程序有可能存在的问题，提示开发者应该监听哪些事件。
- ⑥处面板显示应用程序界面元素可访问性相关的问题。

11.2.5 生产环境调试工具

一旦应用程序打包发布，开发者就很难再使用开发者工具或者 Devtron 来调试了，但如果应用程序在生产环境出现问题，我们有没有办法对它进行调试呢？又或者我们知道某个应用程序是基于 Electron 开发的，希望学习一下它内部的运行机制，是否有调试工具支持呢？

答案是有的，字节跳动公司的工程师开发的 Debugtron（https:// github.com/bytedance/debugtron）可以帮助开发者完成这项工作。Debugtron 是一个基于 Electron 开发的客户端桌面 GUI 程序，它就是为调试生产环境下的 Electron 应用而生的。

下载、安装后界面如图 11-13 所示。

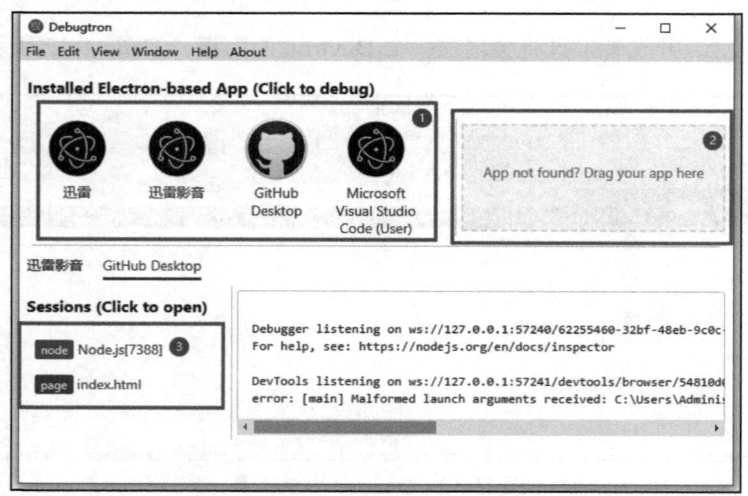

图 11-13 Debugtron 主界面

Debugtron 启动后会自动把电脑内基于 Electron 开发的应用程序显示在主界面上，如上图①区域所示。如果你发现自己电脑内的某个基于 Electron 开发的应用没出现在此区域内，你也可以把它拖拽到②区域，手动让 Debugtron 加载它。

选中你需要调试的应用，点击③区域内的调试目标，打开一个基于 Chrome 的调试工具，如图 11-14 所示。

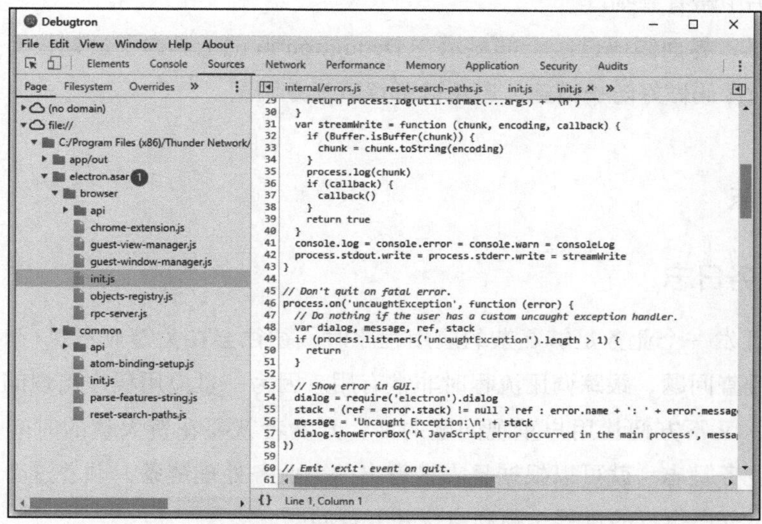

图 11-14 Debugtron 调试界面一

你会发现 Debugtron 会自动读取 asar 当中的源码，如①处所示。如果你调试 HTML 的内容，将得到如图 11-15 所示的内容。

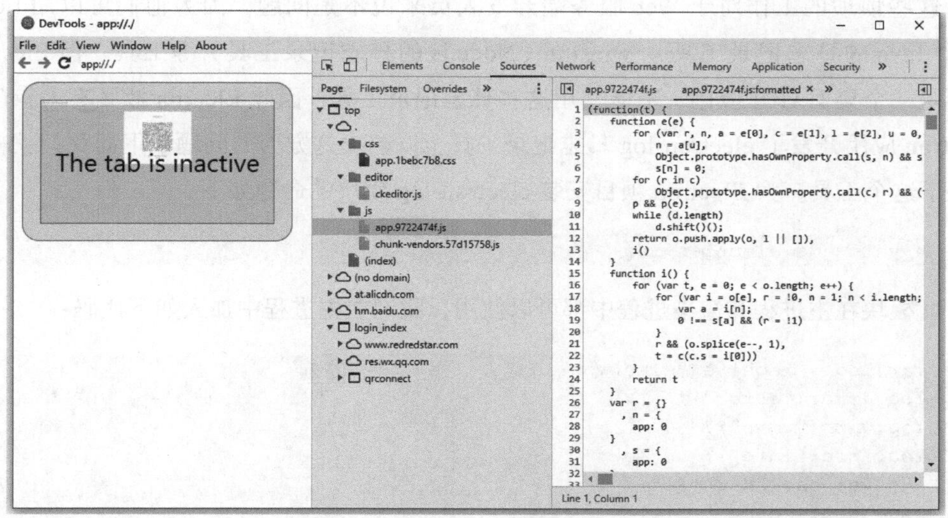

图 11-15 Debugtron 调试界面二

开发者可以在此调试工具内下断点对业务代码进行调试。

本书完稿前此工具尚处于一个早期版本（0.4.1 版本），因此读者使用的 Debugtron 界面可能与书中略有差别。

如你所见，界面源码已经全部显示在 Debugtron 调试工具内了。建议开发者在发布应用程序前对源码做好防护措施，避免被恶意第三方调试。

11.3 日志

11.3.1 业务日志

开发者开发一个业务足够复杂的应用程序时，往往会在关键业务执行时记录日志。这些日志在排查问题、跟踪调用流程时非常有用。因为一旦应用程序出现问题，如果没有业务日志，又不方便让用户重现问题的话，开发者就要花费大量的时间去追踪和排查。如果有业务日志，就可以根据日志整理出一个业务处理链条，顺着这个业务处理链条就可以得出程序执行的过程，顺利定位并复现问题。

记录业务日志并不是一个技术难度很高的工作，但它比较烦琐，因为有的时候要把业务日志打印到控制台，有的时候要把业务日志输出到本地文件中。日志还要分级别，比如 error 级别、warn 级别、info 级别等。

这些烦琐的工作对于 Web 服务端开发人员来说不是问题，因为他们可以用 Log4j（一个 Java 的日志记录工具）、winston（Node.js 的日志记录工具）等工具。但 Electron 应用是一个桌面 GUI 应用，不能使用这些日志记录工具，因此 Elecron 社区有人专门为 Electron 应用开发了 electron-log 日志记录工具，以解决这方面的问题。下面我们就来了解一下这个工具。为 Electron 项目安装 electron-log 模块的命令如下：

```
> yarn add electron-log
```

此模块在主进程和渲染进程中都可以使用，我们在主进程中加入如下代码：

```
var log = require("electron-log");
log.error("error");
log.warn("warn");
log.info("info");
log.verbose("verbose");
log.debug("debug");
log.silly("silly");
```

上述代码以不同的日志级别记录日志，默认情况下日志既会在控制台输出，也会保存到本地文件中，日志默认保存在 app.getPath("userData") 目录下的 log.log 文件中。

日志记录的内容如下：

```
[2019-12-02 11:17:03.635] [error] error
[2019-12-02 11:17:03.636] [warn] warn
[2019-12-02 11:17:03.636] [info] info
[2019-12-02 11:17:03.636] [verbose] verbos
[2019-12-02 11:17:03.637] [debug] debug
[2019-12-02 11:17:03.637] [silly] silly
```

你会发现，日志发生的时间、日志级别、日志内容都记录在其中了。

开发者可以通过 log.transports.file.level 和 log.transports.console.level 来分别设置日志输出目标和日志输出级别。

记录日志的信息也可以通过如下方法进行格式化：

```
log.transports.file.format = '[{y}-{m}-{d} {h}:{i}:{s}.{ms}] [{level}] {text}'
```

如果不方便让用户把日志文件发送给我们的测试人员，那么开发者也可以开发一个程序，在适当的时候把用户日志自动上传到 Web 服务器上去。

11.3.2 网络日志

一般情况下，我们通过渲染进程的开发者调试工具即可查看应用程序发起的网络请求数据，如图 11-16 所示。

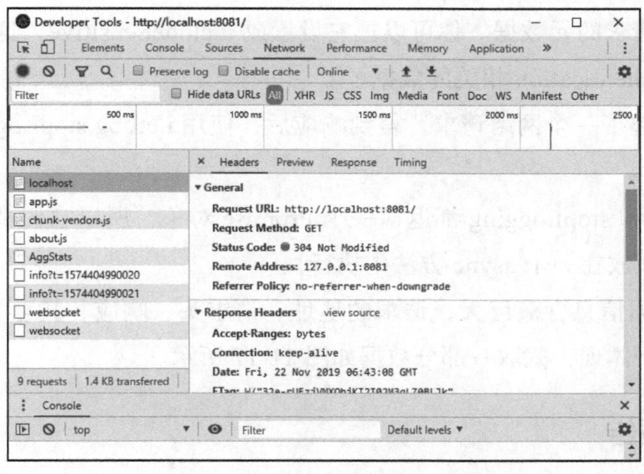

图 11-16 开发者调试工具网络面板

但使用这种方法有三个问题：

- 无法监控主进程发起的网络请求。
- 多个窗口发起的网络请求要在不同的窗口中监控，如果不同窗口发起的网络请求间存在一定的关联关系，就需要联合监控，非常麻烦。
- 无法精确地分析某个时段内的网络请求。当一个应用内的网络请求非常频繁时，你只能手动查找某个时间点发生的请求，而且其中可能会有干扰数据（例如 Wiresharq）。

为了弥补这些方面的不足，Electron 为我们提供了 netLog 模块，允许开发人员通过编程的方式记录网络请求数据。代码如下：

```
let { remote } = require("electron");
await remote.netLog.startLogging("E:\\net.log");
let ses = remote.getCurrentWebContents().session;
let xhr = new XMLHttpRequest();
xhr.open("GET", "https://www.baidu.com");
xhr.onload = async () => {
    console.log(xhr.responseText);
    await remote.netLog.stopLogging()
};
xhr.send();
```

netLog 模块是一个主进程模块，所以我们需要通过 remote 来使用它。它的 startLogging 方法接收两个参数，第一个参数是日志文件记录的路径，你可以通过 app.getPath 方法获取当前环境下可用的路径，我这里指定了一个固定的路径。

第二个参数是一个配置对象，该对象的 captureMode 属性代表你想记录哪些网络数据，默认只记录请求的元数据。你可以把它设置成 includeSensitive，这样记录的数据就包括 cookie 和 authentication 相关的数据了。

接着我们发起了一个网络请求，得到响应后，使用 netLog.stopLogging 方法停止网络监控。

startLogging 和 stopLogging 都返回一个 Promise 对象，所以它们都是异步操作（因此上面的代码应该放在一个 async 方法中执行）。

收集到的数据信息含量巨大，请求的地址、请求头、响应、甚至 HTTPS 证书的数据都在日志中有所体现，截取一部分数据如图 11-17 所示。

11.3.3 崩溃报告

开发一个业务较复杂的客户端应用程序，开发者很难确保程序运行期不出任何问题。

这主要是因为客户端的环境多种多样，不同客户使用应用程序的方式也各有不同。开发者能做的就是尽可能地收集应用崩溃时产生的异常数据，为将来解决问题保存必要的信息。


```
{"params":{"priority":"MEDIUM","traffic_annotation":101845102,"url":"https://www.baidu.com/"},"phase":1,"source
"type":2},
{"phase":1,"source":{"id":695,"type":1},"time":"18820071","type":103},
{"phase":2,"source":{"id":695,"type":1},"time":"18820071","type":103},
{"params":{"load_flags":131072,"method":"GET","privacy_mode":0,"url":"https://www.baidu.com/"},"phase":1,"sourc
"type":99},
{"phase":1,"source":{"id":695,"type":1},"time":"18820071","type":102},
{"phase":2,"source":{"id":695,"type":1},"time":"18820071","type":102},
{"phase":1,"source":{"id":695,"type":1},"time":"18820071","type":116},
{"phase":2,"source":{"id":695,"type":1},"time":"18820071","type":116},
{"phase":1,"source":{"id":695,"type":1},"time":"18820071","type":117},
{"params":{"created":true,"key":"https://www.baidu.com/"},"phase":1,"source":{"id":696,"type":13},"time":"18820
{"phase":2,"source":{"id":695,"type":1},"time":"18820071","type":117},
{"phase":1,"source":{"id":695,"type":1},"time":"18820071","type":120},
{"phase":2,"source":{"id":695,"type":1},"time":"18820071","type":120},
{"params":{"is_preconnect":false,"url":"https://www.baidu.com/"},"phase":1,"source":{"id":697,"type":22},"time"
{"phase":1,"source":{"id":695,"type":1},"time":"18820071","type":141},
{"params":{"source_dependency":{"id":697,"type":22}},"phase":0,"source":{"id":695,"type":1},"time":"18820071","
{"params":{"source_dependency":{"id":695,"type":1}},"phase":0,"source":{"id":697,"type":22},"time":"18820071","
{"phase":1,"source":{"id":697,"type":22},"time":"18820071","type":23},
{"params":{"pac_string":"DIRECT"},"phase":0,"source":{"id":697,"type":22},"time":"18820071","type":25},
{"phase":2,"source":{"id":697,"type":22},"time":"18820071","type":23},
{"params":{"proxy_server":"DIRECT"},"phase":0,"source":{"id":697,"type":22},"time":"18820071","type":157},
{"params":{"expect_spdy":false,"original_url":"https://www.baidu.com/","priority":"MEDIUM","source_dependency":
www.baidu.com/","using_quic":false},"phase":1,"source":{"id":698,"type":15},"time":"18820071","type":142},
```


图 11-17 网络日志数据

Electron 内置了崩溃报告上报模块 crashReporter，开发者可以利用此模块收集应用程序崩溃时的环境情况和异常数据，并让应用程序把这些数据提交到一个事先指定好的服务器上。

启动崩溃报告服务的代码如下：

```
let electron = require('electron');
electron.crashReporter.start({
    productName: 'YourName',
    companyName: 'YourCompany',
    submitURL: 'http:// localhost:8989/',
    uploadToServer: true
});
```

Electron 官方推荐了两个用于构建崩溃报告服务的项目。一个是 Mozilia 的 Socorro，虽然这是一个开源项目，但 Mozilia 的开发人员明确说明这是他们的内部项目，没有精力支持外部用户的需求。另外一个是 mini-breakpad-server，这是 Electron 官方推出的崩溃报告服务，但已经有近 3 年没更新过了。除此之外还有一些第三方托管的服务，这里也都不推荐使用。

虽然没有现成的工具支撑我们完成此项任务，但并没有什么大碍，我们可以自己构建一个用于接收崩溃报告的 HTTP 服务。当你的应用崩溃时，Electron 框架会以 POST 的形式发送以下数据到你指定的 HTTP 服务器：

- ver：Electron 的版本。
- platform：系统环境，如：'win32'。
- process_type：崩溃进程，如：'renderer'。
- guid：ID，如：'5e1286fc-da97-479e-918b-6bfb0c3d1c72'。
- _version：系统版本号，为 package.json 里的版本号。
- _productName：系统名称，开发者在 crashReporter 对象中指定的产品名字。
- prod：基础产品名字，一般情况下为 Electron。
- _companyName：公司名称，开发者在 crashReporter 对象中指定的公司名称。
- upload_file_minidump：这是一个 minidump 格式的崩溃报告文件。

如果以上数据项不足以支撑你分析应用崩溃的原因，你还可以通过如下代码增加上报的内容：

```
crashReporter.addExtraParameter(key, value);
```

或者在启动崩溃报告服务时即设置好附加字段，代码如下：

```
electron.crashReporter.start({
    //...
    extra: { 'key': 'value' }
});
```

为了测试崩溃报告服务是否正常可用，你可以通过如下代码，引发应用崩溃：

```
process.crash();
```

以下为一个简单的崩溃日志接收服务的演示代码：

```
let http = require('http');
let inspect = require('util').inspect;
let Busboy = require('busboy');
http.createServer(function(req, res) {
    if (req.method === 'POST') {
        var busboy = new Busboy({ headers: req.headers });
         busboy.on('file', function(fieldname, file, filename, encoding,
mimetype) {
                console.log('File [' + fieldname + ']: filename: ' +
filename + ', mimetype: ' + mimetype);
```

```
        });
        busboy.on('field', function(fieldname, val, fieldnameTruncated,
valTruncated, encoding, mimetype) {
                console.log('Field [' + fieldname + ']: value: ' +
inspect(val));
        });
        busboy.on('finish', function() {
          res.end();
        });
        req.pipe(busboy);
      }
  }).listen(8989);
```

上述代码以最简单的方式创建了一个 Node.js HTTP 服务，服务接收客户端请求，并把请求体中的内容格式化显示在控制台中。Busboy 是一个可以格式化含有文件的请求体的第三方库，开源地址为 https://github.com/mscdex/busboy。

此服务接收到的 dump 文件可以使用 Electron 团队提供的 minidump 工具查看（https://github.com/electron/node-minidump）。

另外你可以通过 crashReporter.getLastCrashReport() 方法获得已上传的崩溃报告，通过此方法也可以适时地提醒用户：应用上次退出是内部异常导致的，管理人员会跟踪此错误。

11.4 本章小结

本章主要介绍 Electron 应用的调试和测试相关的知识和工具。

首先我们介绍了使用 Mocha 测试框架完成单元测试工作，使用 Spectron 测试框架完成界面测试工作。

然后我们介绍了如何追踪渲染进程的性能问题和如何利用 Electron 的 contentTracing 模块自动追踪性能问题。追踪出问题后，我们也介绍了如何对性能问题进行优化。除此之外还介绍了两个调试工具：Devtron（开发环境调试工具）和 Debugtron（生产环境调试工具）。

最后我们介绍了如何使用 electron-log 模块收集业务日志，如何使用 netLog 模块收集网络日志，如何使用 crashReporter 模块收集崩溃报告并把崩溃报告上传到服务器。

开发一个优秀的客户端 GUI 程序，调试和测试工作必不可少。希望读者学完本章后能掌握调试和测试相关的知识和常用工具。

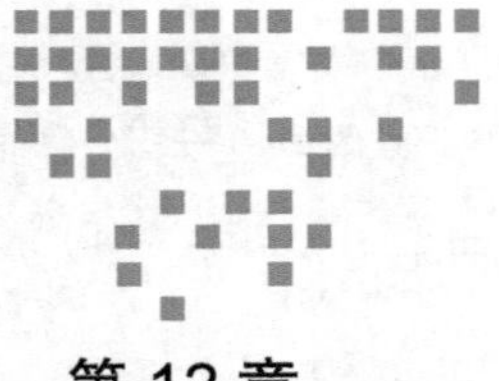

Chapter 12 第12章

安　全

Web开发人员通常享有浏览器提供的强大的安全保障，代码运行在浏览器的安全沙箱中，可获得的权限十分有限，开发代码时对安全的考虑也主要集中在XSS（跨站脚本攻击）和CSRF（跨站请求攻击）等问题上。

扩展　跨站脚本攻击（XSS，Cross Site Scripting）：一旦网站允许用户提交内容，并且会在网站的某些页面上显示用户提交的内容，比如留言或者博客等，那么如果不做防范，就有可能受到跨站脚本攻击。

恶意用户会在提交内容时在内容中夹带一些恶意JavaScript脚本。当其他用户访问页面时，浏览器会运行这些恶意脚本，恶意脚本有可能会窃取用户的Cookie、页面上的用户隐私信息等，并发送到恶意用户的服务器。他们可以通过这些窃取来的信息模拟用户身份完成非法操作。这就是跨站脚本攻击。

跨站请求攻击（CSRF，Cross Site Request Forgery）：当用户登录了自己信赖的网站后，用户身份信息（token）会被保存在用户的浏览器上。后来用户又不小心打开了一个恶意网站，这个恶意网站可能会要求浏览器请求用户信赖的网站（通过iframe等形式），如果用户信赖的网站没有做安全防范就有可能被恶意网站获取到用户的敏感信息，从而给用户带来伤害。

开发者基于 Electron 开发桌面应用相对于传统 Web 开发而言拥有更高的权限，可以访问客户端电脑更多的资源，所以 Electron 开发人员要考虑的安全问题也要多得多。Electron 团队也号召所有开发人员重视自己的责任和义务。本章我们就带领大家了解与 Electron 相关的安全主题。

12.1 保护源码

12.1.1 立即执行函数

通常我们编写一个方法，使用以下两种形式：

```
//声明函数
function func1() {
 console.log('func1');
}
//匿名函数被赋值给变量
var func2 = function() {
 console.log('func2');
}
```

如果开发者在全局范围内用以上形式声明函数，全局范围内就多了两个变量 func1 和 func2，别有用心者很容易通过调试的手段找到这两个全局变量，比如遍历一下全局对象，除去浏览器自带的属性外，剩下的就是开发者自己增加的属性了。当他们拿到开发者给全局对象增加的属性后，就可以使用这些属性执行非法操作，甚至以全局对象为入口逆向分析你的业务逻辑。为了避免这种情况，我们就需要使用立即执行函数来制造一个封闭的作用域空间：

```
(function(){
    console.log('my func');
})()
```

上面一行代码中，第一个括号内包着一个匿名函数，这样这个匿名函数就成为了一个表达式，而后面一个括号是执行这个表达式。注意：前面一个括号不能省略，省略后就不再是表达式而变成函数定义语句了。

如果省略掉前面一个括号，再执行上述代码 JavaScript 解释器会抛出异常。

立即执行函数有两个优势：第一是不必为函数命名，避免了污染全局变量；第二是函数内部形成了一个单独的作用域，外部代码无法访问内部的对象或方法，这可以有效地避免业务变量或方法被恶意脚本引用。

12.1.2 禁用开发者调试工具

谷歌提供了强大的开发者调试工具 DevTools，这给前端调试者调试自己写的前端程序带来了极大的便利，但也给不怀好意的黑客提供了帮助。黑客可以利用它追踪、分析我们的代码，从而找到漏洞攻击我们的程序，或者绕过某些业务逻辑验证，直接访问核心功能。

在开发、测试环境下，一般会先允许前端开发人员或测试人员使用开发者调试工具，在程序分发前再把开发者调试工具禁用掉。这样就能在一定程度上减少程序被恶意追踪的可能性。

传统的 Web 页面禁用开发者工具，需要用到一系列的 trick。

比如禁用 F12 按键（F12 的键码是 123）：

```
window.onkeydown = event => { if (event.keyCode === 123) event.preventDefault(); }
```

禁用右键菜单：

```
window.oncontextmenu = event => event.preventDefault();
```

禁用 Ctrl（Command）+Shift+I 按键（I 的键码是 73）：

```
window.onkeydown = event => { if ((event.ctrlKey || event.metaKey) && event.keyCode == 73) event.preventDefault(); }
```

此外，还有一个有趣的在 Web 页面上禁用调试工具的方法：

```
var element = new Image();
Object.defineProperty(element, "id", {
    get() {
        window.location.href = "https:// www.baidu.com";
    }
});
console.log(element);
```

这种方法中我们先创建一个 Image 对象，然后通过 Object.defineProperty 重写了这个对象的 id 属性的 get 方法。当调试者打开控制台的时候，控制台马上就会输出这个 Image 的 Dom 对象，而输出此对象的同时就会访问此对象的 id 属性，此时就会执行这个属性的 get 方法，在这个 get 方法里浏览器的 url 路径被重定向到了百度。这样即使打开了控制台，调试的也不是当前页面了。

扩展　Object.defineProperty 可以为一个对象定义一个新属性，或者修改一个对象的现有属性，并返回这个对象。

Object.defineProperty(obj, prop, desc) 接收三个参数：obj 是需要定义属性的当前对象；prop 为当前需要定义的属性名；desc 是属性描述对象。

desc 属性描述对象可以设置如下字段：

- get：该方法返回值被用作属性值。
- set：该方法将接受唯一参数，并将该参数的值分配给该属性。
- configrable：属性是否可配置，是否可删除。为 false 时，不能删除当前属性，且不能重新配置此属性。
- enumerable：属性是否可遍历。
- writable：属性是否可赋值。

上面例子中，我们使用了属性描述的 get 设置。

但在 Electron 里就不必这么麻烦了，开发者在创建窗口时直接设置 webPreferences.devTools 参数即可禁用调试工具，代码如下：

```
let win = new BrowserWindow({
    height: 768,
    width: 1024,
    webPreferences: {
        devTools: false          //禁用开发者调试工具
    }
});
```

通过以上方式打开的窗口，无论是通过菜单的 View->Toggle Developer Tools 还是使用 Ctrl（Command）+Shift+I 快捷键都无法打开开发者工具。

12.1.3 源码压缩与混淆

很早以前，开发者开发的前端代码都是直接发布到 Web 服务器上的，浏览器从 Web 服务器下载这些代码文件并解释、执行、渲染成用户看到的网页界面。后来开发者发现代码里有很多内容对于浏览器的工作是没有任何帮助的，比如代码中的注释、空行、空格，它们不仅没有帮助还使源码文件体积变大，增大了用户和服务器的网络负担。

于是就有人开发了各种压缩工具，以 JavaScript 的压缩工具为例，它主要完成了以下五项工作：

- 去掉不必要的注释、空行、空格。
- 将变量命名替换成更短的形式（一般都是一两个字符）。
- 尽可能地将方括号表示法替换成点表示法，比如把 obj["param"] 替换为 obj.param，这不仅能压缩体积，还能提升 JavaScript 的执行效率。
- 尽可能地去掉直接量属性名的引号，比如把 {"param": "value"} 替换为 {param: "value"}。
- 尽可能地合并常量，比如把 let str = "str1"+"str2" 替换为 let str = "str1str2"。

如果只是没有注释、空格和空行，恶意用户在调试你的代码，理解代码的执行逻辑时仍旧毫无阻碍。一个优秀的程序员写的代码本身就是一种形式的文档，代码中的变量名和方法名都直观地表达了开发者的意图。

但是如果压缩工具把变量名、方法名和类名全部换掉，变成无意义的名字，这对于恶意调试者来说就是一记重击了。

代码压缩工具的意图主要是为了提升性能，而不是为了防止破解。但近年涌现出的一些代码混淆工具就是专门针对恶意调试者的武器了。它们会给原始代码做额外的封装，从而降低代码的可读性，举个例子：

```
//原始代码
var test = 'hello';
//混淆后的代码
var _0x9d2b = ['\x68\x65\x6c\x6c\x6f'];
var _0xb7de = function (_0x4c7513) {
    _0x4c7513 = _0x4c7513 - 0x0;
    var _0x96ade5 = _0x9d2b[_0x4c7513];
    return _0x96ade5;
};
var test = _0xb7de('0x0');
```

如你所见，混淆后的代码已经没有任何可读性了。但这样的代码反而增加了文件的体积和额外的运行开销，因此开发者需要衡量得失善加利用。

这个领域最常用的工具就是 uglify-js，开源地址为：https://github.com/mishoo/UglifyJS2。

如果你使用了 webpack 来打包你的前端代码，那么它默认自带压缩功能，生成的前端文件如图 12-1 所示。

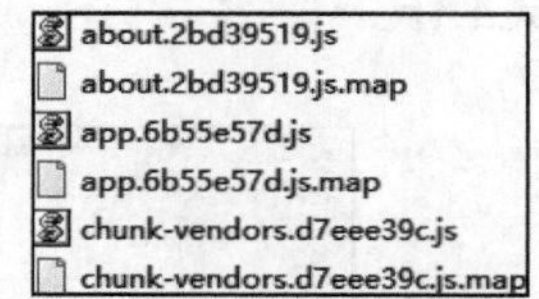

图 12-1 webpack 压缩后的代码一

上图中每个 js 文件都对应这一个 .js.map 文件，因为 js 文件都是被压缩过的，但压缩过的代码不利于调试，所以 webpack 为开发人员生成了 .js.map 文件，以支持开发者调试代码。有了此文件，开发者就可以在开发者工具中像调试未压缩的代码一样，准确地定位哪一行出错，在哪一行下断点等。此文件不应该出现在你分发给客户的应用中，恶意用户拿到了此文件就像拿到了你的源码一样。

如果你项目中使用的现代前端框架是 Vue，你应该在 vue.config.js 中设置 productionSourceMap 为 false，以此来阻止 webpack 给生产环境打包时输出 .js.map 的行为。

打开其中任意一个 js 文件，我们会发现代码已经变成如图 12-2 所示的样子了。

```
(function(e){function t(t){for(var n,u,l=t[0],s=t[1],i=t
p&&p(t);while(v.length)v.shift()();return a.push.apply(a,
={},o={app:0},a=[];function u(e){return l.p+"js/"+({about
,r.exports}l.e=function(e){var t=[],r=o[e];if(0!==r)if(r)
setAttribute("nonce",l.nc),s.src=u(e);var i=new Error;a=
chunk "+e+" failed.\n("+n+": "+a+")",i.name="ChunkLoadErr
Promise.all(t)},l.m=e,l.c=n,l.d=function(e,t,r){l.o(e,t)
"Module"}),Object.defineProperty(e,"__esModule",{value:!0
"default",{enumerable:!0,value:e}),2&t&&"string"!=typeof
l.d(t,"a",t),t},l.o=function(e,t){return Object.prototype
slice();for(var c=0;c<s.length;c++)t(s[c]);var p=i;a.push
r(t);var n=r("2b0e"),o=function(){var e=this,t=e.$createE
to:"/about"}},[e._v("About")])],1),r("router-view")],1)},
return n("div",{staticClass:"home"},[n("img",{attrs:{alt:
staticClass:"hello"},[r("h1",[e._v(e._s(e.msg))]),e._m(0)
$createElement,r=e._self._c||t;return r("p",[e._v(" For a
}},[e._v("vue-cli documentation")]),e._v(". ")])},functio
target:"_blank",rel:"noopener"}},[e._v("babel")])]),r("li
=this,t=e.$createElement,r=e._self._c||t;return r("ul",[r
rel:"noopener"}},[e._v("Forum")])]),r("li",[r("a",{attrs:
"noopener"}},[e._v("Twitter")])]),r("li",[r("a",{attrs:{h
```

图 12-2 webpack 压缩后的代码二

这段代码几乎没有什么可读性，但高明的调试人员可以在 Chrome 浏览器中找到被加载的 js 文件，然后按图 12-3 中的操作顺序把代码美化一下，仍然可以进行一定程度的调试工作。

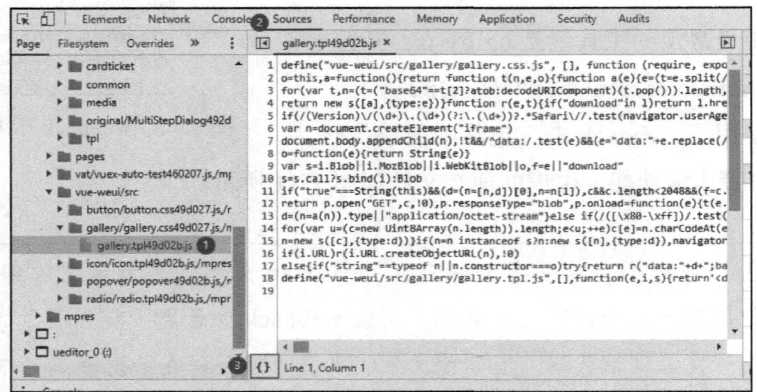

图 12-3　使用开发者工具美化代码一

点击③处大括号图标后，代码将变成如下格式，如图 12-4 所示。

```
e  Sources  Performance  Memory  Application  Security  Audits
gallery.tpl49d02b.js    gallery.tpl49d02b.js:formatted ×

define("vue-weui/src/gallery/gallery.css.js", [], function(require, expo
    module.exports = "/*How to usefont-family: 'wechatnum';*/.weui-deskt
});
define("3rd/downloadjs/download.min.js", [], function(e, t, n) {
    var o, a
    o = this,
    a = function() {
        return function t(n, e, o) {
            function a(e) {
                e = (t = e.split(/[:;,]/))[1]
                for (var t, n = (t = ("base64" == t[2] ? atob : decodeUR
                    a[o] = t.charCodeAt(o)
                return new s([a],{
                    type: e
                })
            }
            function r(e, t) {
                if ("download"in l)
                    return l.href = e,
                    l.setAttribute("download", f),
                    l.className = "download-js-link",
                    l.innerHTML = "downloading...",
                    l.style.display = "none",
                    document.body.appendChild(l),
                    setTimeout(function() {
                        l.click(),
                        document.body.removeChild(l),
                        !0 === t && setTimeout(function() {
                            i.URL.revokeObjectURL(l.href)
                        }, 250)
                    }, 66),
                    !0
```

图 12-4　使用开发者工具美化代码二

虽然代码变量名是被混淆过的，但给代码下断点、跟踪代码执行情况几乎不受影响。

12.1.4 使用asar保护源码

除了避免其他人看懂、调试你的代码外，最好的源码保护手段就是不让其他人找到你的代码。但前端代码基本都是解释执行的，通常要随应用一起分发，很难做到不让别人找到。

关于这个问题，Electron为我们提供了这样一个工具：asar。此工具的价值之一就是保护开发者的前端源码。

如果你使用的是vue-cli-plugin-electron-builder创建的项目，那么你在渲染进程的调试控制台中输入__filename（此为Node.js的全局变量，值为当前脚本的绝对路径），将得到如下结果：

```
D:\project\electron_in_action\chapter9\node_modules\electron\dist\
resources\electron.asar\renderer\init.js
```

然而打开D:\project\electron_in_action\chapter9\node_modules\electron\dist\resources\这个目录，发现electron.asar不是以文件夹的形式存在的，而是一个文件，也找不到renderer\init.js文件。

asar是一种将多个文件合并成一个文件的归档格式，且多文件打包后，还可以按照原来的路径读取打包后的内容。asar格式的文档与tar格式的文档类似，但你不能使用解压缩文件将其解压。而Electron无需解压即可从其中读取任意文件内容（甚至加载速度略有提升）。

需要注意的是，虽然大部分时候可以无需解压，但是在处理一些依赖真实文件路径的底层系统方法时，Electron还是会将所需文件解压到临时目录下，然后将临时目录下的真实文件路径传给底层系统方法使其正常工作。这类API比如child_process.execFile、fs.open等，处理时会增加一些系统开销。

尽量不要把可执行程序打包到asar压缩文档中，因为只有child_process.execFile才能启动你的可执行文件，而且还需要额外的解压开销。

如果你在手动创建的Electron项目，获取__filename变量的值，将得到如下内容：

```
D:\project\electron_in_action\chapter1\index.html
```

这说明手动创建的Electron项目默认不会打包你的应用。开发者可以手动安装asar库，然后调用asar库完成打包工作：

```
> yarn add -g asar
> asar pack your-app app.asar
```

asar 除保护开发者的前端源码外，还可以缓解 Windows 系统下路径名过长的问题，同时也能略微增加 require 加载模块的速度。

以此方式保护源码并不能防止 Debugtron 等生产环境调试工具的调试，所以即使使用了 asar 也有必要执行源码压缩和源码混淆。

12.1.5 使用 V8 字节码保护源码

Electron 底层是基于 Chromium 浏览器和 Node.js 构建的，而 Chromium 浏览器和 Node.js 包含一个同样的核心部件：V8 JavaScript 执行引擎。V8 引擎的一项重要职责就是将 JavaScript 编译成字节码，字节码是机器代码的抽象，它表述程序逻辑的方式与物理 CPU 计算模型相似，因此相比于 JavaScript 代码，将字节码编译为机器码更容易，这也是 Chromium 和 Node.js 下执行 JavaScript 的效率比其他同类竞品好很多的原因。

这给开发者带来一种可能，那就是我们可以事先把 JavaScript 代码编译为 V8 字节码，发布应用时仅发布 V8 字节码文件，JavaScript 源码不随应用程序分发给终端用户。由于 V8 字节码几乎没有可读性和可调试性，这样做能有效地防止恶意用户使用 Debugtron 之类的工具调试我们的应用程序。

这里我推荐读者使用 bytenode（https://github.com/OsamaAbbas/bytenode）工具库来编译 JavaScript 代码。但是，我并不建议大家把工程下的所有 JS 文件都编译成字节码，因为 JavaScript 语言是一门非常灵活的语言，脱离运行环境直接编译字节码可能会带来不可预知的问题，这在 bytenode 开源项目中也有提及，比如任何基于 Function.prototype.toString 的代码都会导致程序异常。

不过这已经足够了，我们往往只是要保护系统的关键核心代码，以应对 10.5.2 小节所涉及的如何保护算法代码的问题。下面我们看一下 bytenode 是如何编译及使用 V8 字节码的，先创建一个 js 文件，代码如下：

```
const {app} = require('electron');
app.on('ready', function(){
    //程序启动时检验授权是否合法，如果不合法，可以启动权限购买页面或禁止程序运行
    console.log('licence accept')
})
app.on('window-all-closed',function(){
    //程序退出时检验授权是否合法，如果不合法，可以记录用户信息上报日志或删除程序安装包
```

```
    console.log('licence accept')
});
module.exports = {
    flag:true
}
```

这是一个普通的 js 模块，我们假设它能在应用启动和退出时验证用户授权是否合法（读者可根据上面代码中注释的内容完成授权验证的逻辑）。接下来，我们通过如下代码对这个文件进行编译：

```
let bytenode = require('bytenode');
let compiledFilename = bytenode.compileFile({
    filename: `D:\\project\\test\\v8\\licence.js`,
    output: `D:\\project\\test\\v8\\licence.jsc`,
    compileAsModule: true
});
```

编译完成后，你将得到 licence.jsc 文件，这个文件的内容就是 V8 字节码，compileAsModule 参数设置为 true 时代表着你编译的是一个符合 CommonJs 规范的模块。接下来我们使用这个由 V8 字节码构成的模块：

```
let bytenode = require('bytenode');
let licence = require('./licence.jsc');
console.log(licence);
```

如你所见，与使用传统的 Node.js 模块并无二致，运行上面的代码，启动 Electron 程序，接着关闭程序，控制台将输出：

```
> { flag: true }
> licence accept
> licence accept
```

说明模块已经加载成功，程序启动和退出事件都得到了执行。读者可以尝试把 10.5.2 小节提到的代码放在这个模块中运行一下看看效果，或者尝试在代码内使用 debugger 来看看是否能调试这里的代码。

现在，你关注的重点应该是如何保护好引入这个模块的代码了。

重点

开发者应该清楚，安全工作是有边界的，当恶意用户攻破你的系统所付出的成本远大于他们能获得的收益时，我们就认为这个系统是安全的。计算机世界自诞生那一刻起攻防之战就在无休止的进行。我们可以认为这世界上没有一个

“绝对”安全的应用系统。开发者能做的就是清晰地认知系统的安全边界，尽可能地完成安全工作，让自己开发的系统“足够”安全即可。

12.2 保护客户

12.2.1 禁用 Node.js 集成

我在前文中多次提到，如果你在 webContent 中加载的是不受控的内容，一定要禁用 Node 集成。如果不这么做，那些不受控的内容就可以访问你客户端的 Node.js 环境，进而有可能会给客户的电脑造成伤害。汇总起来有以下两个方面需要注意：

1. 创建 BrowserWindow 或创建 BrowserView 时需要配置 webPreferences 参数，该参数对象下有以下几个属性与 Node 集成有关：

- nodeIntegration：是否在当前窗口或当前 BrowserView 中集成 Node.js 环境。
- nodeIntegrationInWorker：是否在当前窗口或当前 BrowserView 的 webworker 中集成 Node.js 环境。
- nodeIntegrationInSubFrames：是否在当前窗口或当前 BrowserView 的子页面中集成 Node.js 环境。

如果当前窗口或当前 BrowserView 加载了第三方不受控的内容，应保持以上三个配置为默认值 false 的状态。

2. 使用 <webview> 标签时，如果加载了第三方不受控的内容，不应设置 nodeIntegration 属性，不推荐使用以下代码。

```
<webview nodeIntegration src="page.html"></webview>
```

12.2.2 启用同源策略

如果你在 webContent 中加载的是不受控的内容，那么你不应该禁用同源策略，即在创建 BrowserWindow 或 webview 时，webPreferences 的 webSecurity 属性应保持默认为 true 的状态。

使用 <webview> 标签时也不应该设置 disablewebsecurity 属性，不推荐使用以下代码：

```
<webview disablewebsecurity src="page.html"></webview>
```

在前文讲解跨域请求的时候，我们禁用了同源策略以方便我们撰写的本地代码跨域访问互联网服务的 Web API。但在当时的场景下，webContent 加载的内容是我们自己编写的代码，是受控的。但当我们加载第三方不受控的内容时，不应该禁用同源策略，这不仅是为了防止第三方不受控的资源跨域访问我们的 Web API，更主要的还是为了防止其跨域访问我们的 Cookie 里的数据。

同理，当我们加载第三方不受控资源的同时也应保持 webPreferences.allowRunningInsecureContent 的默认值为 false。一旦禁用了 webSecurity 属性，allowRunningInsecureContent 属性也会被自动的设置为 true。

12.2.3　启用沙箱隔离

如果我们也希望获得和 Web 开发人员一样的安全保障，而不是要费心地去控制 webecurity、nodeIntegration 或 allowRunningInsecureContent 等配置，那么在创建窗口或 webview 时，可以直接启用沙箱隔离特性，代码如下：

```
let win = new BrowserWindow({
    webPreferences: {
        sandbox: true
    }
})
```

Chromium 主要的安全特征之一便是所有的 blink 渲染和 JavaScript 代码都在沙箱环境内运行。此环境可以保障运行在渲染器内的进程不会损害系统。一旦启用沙箱环境渲染进程，应用程序就像一个浏览器一样，不能使用任何 Node.js 的能力了。

但开启沙箱隔离后还是可以给渲染进程的页面预加载脚本的，而且预加载脚本的权力是不变的。

12.2.4　禁用 webview 标签

webPreferences 下有一个 webviewTag 属性，此属性标记着是否可以在当前窗口或 BrowserView 内使用 <webview> 标签，默认值为 false。一般在不使用 <webview> 标签时，我们不会开启此属性。

我并不推荐大家使用 <webview> 标签，因为大多数时候此技术都可以用 BrowserView 替代，推荐大家使用 BrowserView。

但假设你开启了这个属性，而且通过 <webview> 标签引入了第三方不可控的内容，

即使你没有给 <webview> 标签设置不安全的属性，但此 <webview> 内的第三方内容有能力在它自身内部创建一个 <webview> 标签，而它自己创建的 <webview> 标签则完全有可能具有不安全的属性。

为了防范这一点，我们需要监听 webContents 的 will-attach-webview 事件，并在此事件中做安全性的保障，如下代码所示：

```
app.on('web-contents-created', (event, contents) => {
    contents.on('will-attach-webview', (event, webPreferences, params) => {
        delete webPreferences.preload
        delete webPreferences.preloadURL
        webPreferences.nodeIntegration = false
        if (!params.src.startsWith('https:// example.com/')) {
            event.preventDefault()
        }
    })
})
```

此代码运行在主进程中。当有 webContents 实例被创建时，即监听此 webContents 的 will-attach-webview 事件，一旦有 webview 标签被创建即触发该事件，此事件中 webPreferences 参数与创建 BrowserWindow 或 webview 时的 webPreferences 参数相同。我们可以在此事件中删掉它的 preload、preloadURL 属性，禁用它的 nodeIntegration 属性，还可以通过 params 参数来判断此 webview 标签请求的地址。这样就可以避免第三方不可控内容自行构建不安全的 <webview> 标签了。

12.3 保护网络

12.3.1 屏蔽虚假证书

以前浏览器和网站服务器之间都是以 HTTP 协议传送数据的。HTTP 协议以明文方式发送内容，不提供任何方式的数据加密。攻击者可以很容易地通过嗅探工具或网络分析工具获取到浏览器和网站服务器之间传输的数据（如 Wiresharq 或 Fiddler），而且得到的数据都是明文的。因此 HTTP 协议不适合传输一些敏感信息，比如信用卡号、密码等。

后来 HTTPS 出现了，虽然它的底层还是 HTTP 协议，但上层利用 SSL/TLS 来加密数据包。HTTPS 主要目的是提供对网站服务器的身份认证，保护交换数据的隐私与完整性。

假设我们开发了一个 Electron 应用，禁用了开发者调试工具，并且使用 HTTPS 协议与服务端进行通信，那么攻击者还有没有办法分析我们的客户端是如何与服务端通信的呢？答案是：有！下面我们就按攻击者的思路来演示一下这种分析工作。

首先，安装 Fiddler 协议分析工具（https:// www.telerik.com/fiddler)，从菜单中打开 Tools->Options 窗口，选中 HTTPS 选项卡，勾选 Decrupt HTTPS traffic，如图 12-5 所示。

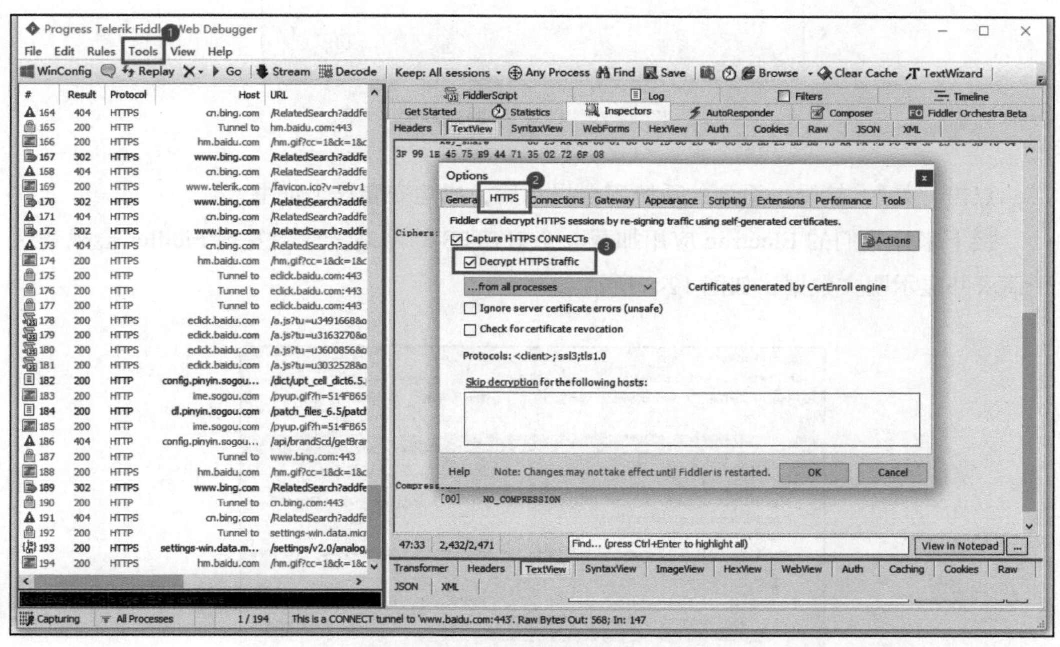

图 12-5　Fiddler 协议分析工具

此时会提示：Fiddler 要为你安装一个根证书。这个证书就是用来解密以 HTTPS 协议传输的数据的，如图 12-6 所示。

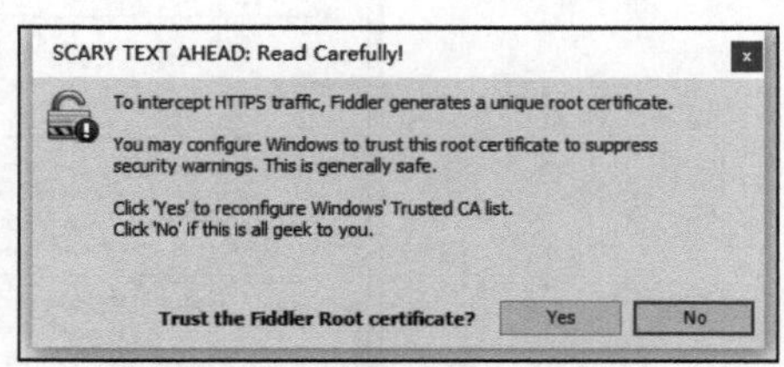

图 12-6　根证书安装提示

此时操作系统会发出相应的安全警告，Fiddler 的作者为了避免 Fiddler 被用做恶意用途，故意给这个证书起名为 DO_NOT_TRUST_FiddlerRoot，如图 12-7 中①处所示。

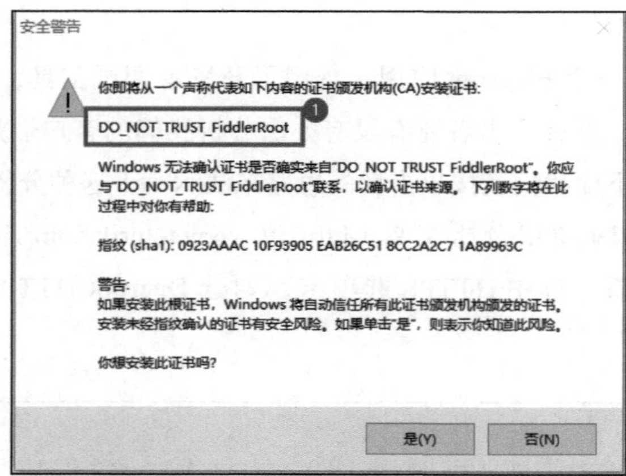

图 12-7　根证书安装警告

点击“是”，接受一系列的系统安全提示后，成功安装这个证书。

接下来让我们的 Electron 应用加载一个 HTTPS 的网站，你会发现 Fiddler 会截获这个请求并显示明文数据，如图 12-8 所示。

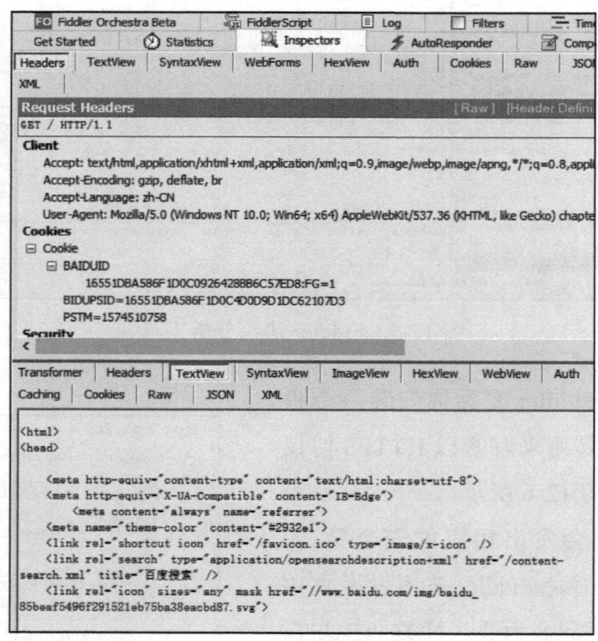

图 12-8　Fiddler 截获请求数据

也就是说，Electron 应用即使禁用了开发者调试工具，使用 HTTPS 协议与服务端进行通信时，也还是可以很容易被攻击者分析数据传输协议。

当然 HTTPS 还是起到了一定的作用的。假如我们没有安装 Fiddler 的"DO_NOT_TRUST_FiddlerRoot"证书，这个请求将会得到 Fiddler 的提示，说明这个请求传输的数据它没办法解密。

```
This is a CONNECT tunnel, through which encrypted HTTPS traffic flows.
```

总之，我们的应用还是不够安全。为了更好地保证 Electron 应用与 Web 服务交互的安全性，我们应该使用 session 模块的 setCertificateVerifyProc 方法，如下代码所示：

```
let session = win.webContents.session;
session.setCertificateVerifyProc((request, callback) => {
    if(request.certificate.issuer.commonName == 'DO_NOT_TRUST_FiddlerRoot'){
        callback(-2);
    }else{
        callback(-3);
    }
})
```

setCertificateVerifyProc 方法为当前会话设置证书验证钩子函数，我们可以在这个钩子函数中判断证书的发行人信息、证书序列号和发行人指纹。一旦证书信息不符合预期即调用 callback(-2) 来驳回证书。给 callback 传入 -3 表示使用 Chromium 的验证结果，传入 0 表示成功并禁用证书透明度验证。

通过这样的方法可以在一定程度上屏蔽恶意用户通过伪造客户端证书来分析 Electron 应用的网络交互协议，但要注意，这也只是在一定程度上起到了保护作用，并不是绝对安全。

12.3.2 关于防盗链

Web 开发者开发网站时，常常会因为没有施加防盗链的措施而被其他网站大量盗用静态资源。

除了版权问题外，盗链还有可能会给网站带来大量的请求压力。服务器消耗了大量的资源为盗链请求提供服务，而这些请求对自己的网站一点价值也没有。

有安全意识的网站运维者一般都会防范其他网站盗链自己网站的静态资源。做过防范的网站，接收到盗链请求时一般会返回一个 403 响应（访问被禁止）。他们是怎么知道这个请求是否是一个恶意的盗链请求的呢？

这要从浏览器发起请求的原理说起。浏览器发起请求时，会构造一个请求头数据集合，在这个集合内有一项Referer请求头，这个请求头代表着发起请求时前一个网页的地址。根据Referer请求头我们可以推测出当前请求是否为一个盗链请求。

Referer头允许服务器识别发起请求的用户正从哪里进行访问。网站运维者会对请求的Referer头进行判断，如果发现Referer头不为空且与自己的网站域名不一致（Referer头为空一般是在浏览器中直接请求此静态资源的情况），那么就拒绝响应这个请求，如果一致，就说明是合理的用户请求，正常响应即可。

扩展

还有一些其他的防盗链的手段，比如：

- 为静态资源生成动态路径：定期为静态资源更换访问路径，这样盗链者获取到的资源路径一段时间后就失效了。
- 根据请求携带的Cookie判断是否为盗链请求：依据Cookie的特性，浏览器每次发起请求时，都会携带上该网站在浏览器端设置的Cookie。网站运维者可以判断请求是否携带了指定的Cookie，如果没有，这次请求就是盗链。

总之，根据Referer请求头来防盗链是最常用也是最简便易用的方法。本节也只讲解此种防盗链的方法。

但有一个场景比较特殊，假设网站是我们自己的，我们既需要防止其他恶意网站盗链我们的静态资源，又要为我们的Electron应用提供静态资源服务，此时我们该怎么办呢？

Electron允许开发者监听发起请求的事件，并允许开发者在发起请求前修改请求头，如下代码所示：

```
let session = window.webContents.session;
let requestFilter = { urls: ["http://*/*", "https://*/*"] };
session.webRequest.onBeforeSendHeaders(
    requestFilter,
    (details, callback) => {
    if (details.resourceType == "image" && details.method == "GET") {
        delete details.requestHeaders["Referer"];
    }
    callback({ requestHeaders: details.requestHeaders });
    }
);
```

以上代码中，我们监听了 session.webRequest 的 onBeforeSendHeaders 事件，并在此事件的执行方法内删除了 Referer 请求头。

注册 onBeforeSendHeaders 事件的第一个参数是目标地址过滤器，过滤器过滤规则支持通配符。第二个参数是事件执行函数。

在 Electron 发送 HTTP 请求头之前，事件函数得以执行。事件函数有两个参数 details 和 callback。details 对象包含请求头的所有信息，你可以用 details.resourceType 来获取请求的资源类型，可以用 details.method 获取请求的方式，可以用 details.url 来获取请求的 URL 地址。此对象的 requestHeaders 属性代表着所有请求头。想删掉 Referer 请求头，只要执行一个简单的 delete 语句即可。

callback 是回调方法，当你操作完请求头后，要把新的请求头传递给此方法，请求才可以继续执行。

当需要在 Electron 应用中引用你自己的网络资源时，你可以使用这种方法来完成任务。这样你的网站不用做任何改动就可以在兼顾防盗链需求的同时，又能保证 Electron 应用正确地引用资源。

12.4 保护数据

12.4.1 使用 Node.js 加密解密数据

无论是把数据保存在本地，还是在网络之间传输，我们都应该保证关键的数据是安全可靠的。关键数据既不会被非法用户窃取，也不会被非法用户篡改。

Electron 并未为开发者提供这方面的支持，但 Node.js 内置了数据加密、解密模块，可以利用它来保证关键数据的安全。接下来我们就看一下怎么使用 Node.js 的 crypto 模块来进行数据加密、解密。

首先要为加密、解密工作创建原始密钥和初始化向量，代码如下：

```
let crypto = require("crypto");
const key = crypto.scryptSync('这是我的密码', '生成密钥所用的盐', 32);
const iv = Buffer.alloc(16, 6);
```

crypto.scryptSync 方法会基于你的密码生成一个密钥，使用这种方法可以有效地防止密码被暴力破解。

Buffer.alloc 会初始化一个定长的缓冲区，这里我们生成的缓冲区长度为 16，填充值为 6。建议把 key 和 iv 保存成全局变量，避免每次加密、解密时执行重复工作。

接着对待加密的数据进行加密，代码如下：

```
let cipher = crypto.createCipheriv("aes-256-cbc", key, iv);
let encrypted = cipher.update(" 这是待加密的数据，这是待加密的数据 ");
encrypted = Buffer.concat([encrypted, cipher.final()]);
let result = encrypted.toString("hex");
console.log(result);
```

上面代码中使用 aes-256-cbc 进行加密，首先通过 crypto.createCipheriv 创建了加密对象 cipher，cipher.update 对数据进行加密，cipher.final 结束加密。最终生成的密文保存在 result 变量中，上面结果执行后得到的密文为：

```
d4f8d3137af958c05ab589cb7e9a5bcf1b327fc62a4a7115ac49297aa04059a6f3a97ef30364
30eedde29ca259c33a484e24bd345e3bc7e5510e49a76a5b1c9b
```

在需要的时候对密文进行解密，代码如下：

```
let encryptedText = Buffer.from(result, "hex");
let decipher = crypto.createDecipheriv("aes-256-cbc",Buffer.
from(key),iv);
let decrypted = decipher.update(encryptedText);
decrypted = Buffer.concat([decrypted, decipher.final()]);
result = decrypted.toString();
console.log(result);
```

result 为待解密的密文，通过 crypto.createDecipheriv 创建解密对象，decipher.update 执行解密过程，decipher.final 结束解密工作。最终结果保存在 result 变量中。

注意，加密、解密过程必须使用一致的密钥、初始化向量和加密、解密算法。

如果每次加密完之后都会在可预期的未来执行解密过程，那么你也可以用下面这种方式生成随机的密钥和初始化向量：

```
const key = crypto.randomBytes(32);
const iv = crypto.randomBytes(16);
```

这种方法会随机生成 key 和 iv，加密、解密过程都应使用它们。如果这两个值可能会在解密前被丢弃，那么就不应该使用这种方法。

对敏感数据进行加密可以保证你的数据不会被恶意用户窃取或篡改，你可以放心地把加密后的数据保存在客户端本地电脑上或在网络上传输（服务端使用对应的解密算法对密文进行解密）。这么做会使你的密钥和初始化向量变得尤为重要，因此你应保证它们不会被恶意用户窃取，不应把它们明文保存在客户端电脑上或在网络间传输。

如果需要把密钥保存在客户电脑上，可以考虑使用 node-keytar 库（https://github.com/atom/node-keytar）。这是一个原生 Node.js 库，它帮助你使用本地操作系统密钥管理工具来管理你的密钥，Mac 系统上使用的是钥匙串工具，Windows 系统上使用的是用户凭证工具。

网上有大量使用 crypto.createCipher 方法和 crypto.createDecipher 方法来完成加密、解密工作的示例，我不推荐大家使用，因为这两个方法都已经被 Node.js 官方标记为废弃了。Node.js 官方不保证被标记为废弃的 API 向后兼容。

12.4.2 保护 lowdb 数据

lowdb 是 Electron 应用中常用的 JSON 文件访问工具，它不支持自动加密、解密数据，但它提供了一个扩展钩子，代码如下所示：

```
const low = require("lowdb");
const FileSync = require("lowdb/adapters/FileSync");
const adapter = new FileSync("./db.json", {
    serialize: data => encrypt(JSON.stringify(data)),
    deserialize: data => JSON.parse(decrypt(data))
});
const db = low(adapter);
```

此时，我们把上一节讲解的加密、解密过程封装成了两个方法：encrypt 和 decrypt，在 lowdb 创建 adapter 对象时，提供给 FileSync 方法。这样保存在客户电脑上的数据就是加密后的了，并且操作 db 对象不受任何影响，如下所示：

```
db.defaults({ posts: [], user: {}, count: 0 }).write();
db.get("posts")
    .push({ id: 1, title: "lowdb is awesome" })
    .write();
```

如你所见，加入加密、解密机制后开发过程几乎不受任何影响，但增加了额外的内存和 CPU 损耗。

12.4.3 保护 electron-store 数据

electron-store 内置了数据加密、解密的支持，只要在创建 Store 对象时为其设置

encryptionKey 配置项即可加密保存在客户端的数据。同样设置此配置项后，读写客户端数据也不受影响。

```
const Store = require("electron-store");
const schema = {
    foo: {
        type: "number",
        default: 50
    }
};
const store = new Store({
    schema,
    encryptionKey:'myEncryptKey'
});
```

12.4.4 保护用户界面

有很多黑客工具会捕获你的窗口，然后通过模拟鼠标和键盘来操作你的窗口、输入数据、用机器模拟交互操作等。由于它看起来就像真实的用户在操作一样，对于应用程序的开发者来说，这种黑客行为防不胜防。

想要预防这种黑客行为，就要防止你的窗口被不法工具截获。Electron 为我们提供了这样的 API，如下代码所示：

```
win.setContentProtection(true);
```

执行上述代码后，如果再有这类黑客工具捕获你的窗口，Windows 环境下窗口将显示一块黑色区域，应用窗口拒绝被捕获。

恶意用户无法捕获应用的窗口，也就很难模拟鼠标和按键操作来操作你的窗口了，从而我们可以保证应用程序收集到的所有数据均来自于真实的客户的行为。

12.5 提升稳定性

12.5.1 捕获全局异常

一般情况下，开发人员会在可能出现异常的地方使用 try...catch... 语句来捕获异常，但有些时候开发者并不能明确地判断应用程序什么地方可能会出现异常。当应用程序出现异常但又不想让应用程序停止响应时，我们可以使用捕获全局异常的技术。

开发网页时，我们经常会通过如下方式捕获全局异常：

```
window.onerror = function () {
    //收集日志
    //显示异常提示信息或重新加载应用
}
```

当网页中有异常发生时，会触发 window 的 onerror 事件，开发者可以在此事件中收集日志、显示异常提示信息或重新加载应用。但以这种方式捕获异常后，异常依旧存在，开发者工具控制台还会输出异常。

在 Electron 中还有另外一种捕获全局异常的方法：

```
process.on('uncaughtException', (err, origin) => {
    //收集日志
    //显示异常提示信息或重新加载应用
});
```

这种方式是利用 Node.js 的技术捕获全局异常，以这种方式捕获异常后，异常会被“吃掉”，开发者工具控制台也不会再输出任何异常提示信息了。

因为 process 是 Node.js 的全局变量，所以在主进程和渲染进程中都可以使用这种方法捕获全局异常。

注意，一定要谨慎使用这种捕获全局异常的方法，因为一旦异常发生，异常发生点后面的业务逻辑将不再执行，无论是用户还是开发者都将得不到通知。这可能导致你应用程序出现数据一致性的问题。

12.5.2 从异常中恢复

上一章中我们讲到的崩溃报告服务只能在应用崩溃时自动发送崩溃报告，但我们并不能确切地通过它知道应用程序何时崩溃了。Electron 提供了两个事件来帮助开发者截获渲染进程崩溃或挂起的事件。

可以通过监听渲染进程的 crashed 事件来获悉渲染进程何时发生了崩溃错误，代码如下所示：

```
let { dialog } = require('electron');
win.webContents.on("crashed", async (e, killed) => {
    //应加入收集日志的逻辑
    let result = await dialog.showMessageBox({
```

```
            type: "error",
            title: " 应用程序崩溃 ",
            message: " 当前程序发生异常，是否要重新加载应用程序？ ",
            buttons: [" 是 ", " 否 "]
        });
        if (result.response == 0) win.webContents.reload();
        else app.quit();
    });
```

以上代码在主进程中监听 webContents 的 crashed 事件，一旦渲染进程崩溃，系统将弹出一个友善的提示对话框，如图 12-9 所示。

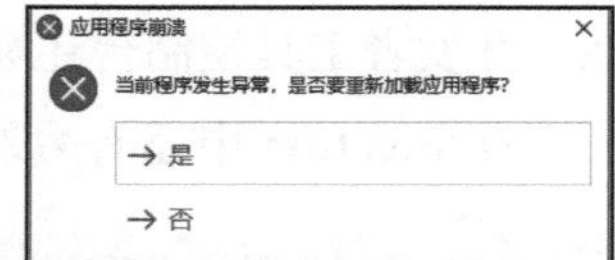

图 12-9　应用程序崩溃提示

点击“是”，应用程序将重新加载渲染进程的页面；点击“否”，应用程序将直接退出。

除此之外 webContents 还有另一个事件 'unresponsive'，当网页变得未响应时，会触发该事件。需要注意的是，Electron 会花一段时间来确认网页是否已经变成未响应了，这大概需要几十秒的时间。

开发者也可以通过监听 'unresponsive' 事件收集程序运行日志，给客户友善的提示，并恢复应用程序运行状态。

我们可以使用如下代码模拟渲染进程崩溃或挂起：

```
// 模拟进程崩溃
process.crash();
// 模拟进程挂起
process.hang();
```

需要注意的是，因为渲染进程是受控的，所以才有这两个事件提供给开发者，允许开发者监控异常并从异常中恢复。但主进程并没有类似的事件提供给开发者，开发者可以考虑使用 process 的 'uncaughtException' 事件，在此事件中收集日志并重启应用。

12.6　本章小结

安全的概念分为两个方向：safety 和 security。本章内容我们更多的是讲解 security 相关的内容。

首先讲解了如何保护开发者的源代码，比如：如何利用立即执行函数保护你的变量和方法，如何禁用开发者调试工具，如何对源码进行压缩，如何使用 asar 保护源码。

其次讲解了如何保证客户的系统环境是安全的，比如：如何禁用 Node.js 集成，如何启用同源策略和沙箱隔离，如何禁用 webview 标签等内容。

之后讲解了如何保证客户的网络环境是安全的，比如：如何屏蔽虚假证书，如何防盗链等内容。

再之后讲解了如何保护用户的数据，比如：如何加密保存在用户电脑上的敏感数据，如何解密读取这些数据，还涉及如何保护用户界面不被恶意程序捕获。

最后主要讲解了应用程序 safety 相关的能力，比如：如何捕获全局异常，如何从异常中恢复等内容。

安全是一个大课题，没有绝对的安全，安全永远是相对的。希望读者学完本章能开发出一个相对安全的客户端 GUI 应用程序。

Chapter 13　第 13 章

发　布

一个程序在开发完成之后，就需要被打包成指定格式的文件并分发给最终用户。Electron 为开发者提供了多种功能完善的打包发布工具，比如 electron-packager 和 electron-builder 等。它们都有丰富的配置项和 API，开发者可以使用它们完成不同需求的打包任务，而且这些打包工具在各个平台上的打包方式是基本一致的。本章我们将介绍与应用程序发布有关的知识。

13.1　生成图标

在编译打包应用程序之前，你要先为应用程序准备一个图标。图标建议为 1024*1024 尺寸的 png 格式的图片。把图标文件放置在 [your_project_path]/public 目录下，然后安装 electron-icon-builder 组件：

```
> yarn add electron-icon-builder --dev
```

接着在 package.json 的 scripts 配置节增加如下指令的配置：

```
"build-icon": "electron-icon-builder --input=./public/icon.png
--output=build --flatten"
```

然后执行生成应用程序图标的指令：

```
> yarn build-icon
```

此时会在 [your_project_path]/build/icons 中生成各种大小的图标文件，如图 13-1 所示。

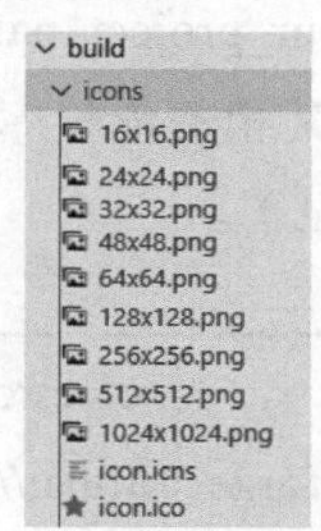

图 13-1　生成的应用程序图标

生成的这些图标将被打包编译进最终的可执行文件内。这个工具可以帮助团队美工节省大量的重复工作的时间。

13.2　生成安装包

Electron 生态下有两个常用的打包工具：electron-packager（https://github.com/electron/electron-packager）、electron-builder（https://www.electron.build/）。下面我们来介绍一下它们的不同：

electron-packager 依赖于 Electron 框架内部提供的自动升级机制，需要自己搭建自动升级服务器，才能完成自动升级工作。electron-builder 则内置自动升级机制，把打包出的文件随意存储到一个 Web 服务器上即可完成自动升级（比如七牛云对象存储服务或阿里云的 OSS 服务）。

这两个项目都是 Electron 官方团队维护的，electron-packager 直接挂载 Electron 组织下，electron-builder 项目挂在 electron-userland 组织（也由 Electron 团队创建）下。

基于以上对比，显然 electron-builder 更胜一筹。接下来我们就主要介绍如何使用 electron-builder 来打包我们开发的 Electron 应用。

如果你是使用 Vue CLI Plugin Electron Builder 创建的项目，那么工程内自带 electron-builder。你只需要执行 package.json 中默认配置的打包指令即可完成打包工作：

```
> yarn electron:build
```

打包过程比较慢，需耐心等待。打包完成后会在 [your project]/dist_electron 目录下生成一系列的文件，如图 13-2 所示。

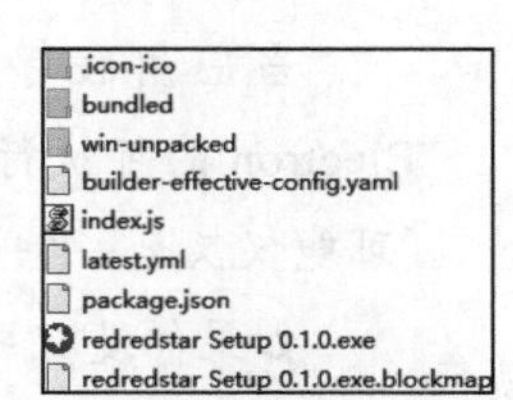

图 13-2　打包后的安装文件

其中 [your_project_name] Setup [your_project_version].exe 即你要分发给你的用户的安装文件。Mac 环境下待分发的文件为 [your_project_name]-[your_project_version].

dmg。

[your_project_path]/dist_electron/win-unpacked 这个目录下存放的是未打包的可执行程序及其相关依赖库。Mac 环境下的 .app 文件存放在 [your_project_path]/dist_electron/mac 目录下。

除 electron-packager 和 electron-builder 外，你还可以考虑使用 electron-forge（https:// www.electronforge.io/）作为你的打包工具。这个项目也是由 Electron 团队开发的，目标是使 Electron 项目的创建、发布、安装工作更简便。以此工具创建的项目可以很方便地集成 webpack 和原生的 Node.js 模块。它也可以把应用程序打包成安装文件，但需要自己搭建服务器才能实现自动升级，不像 electron-builder 那样简单。

除此之外，还有专门为 Windows 平台打包的工具 electron-installer-windows（https://github.com/electron-userland/electron-installer-windows）和专门给 Linux 平台打包的 electron-installer-snap（https://github.com/electron-userland/electron-installer-snap），这两个工具也都是由 Electron 团队开发的。

前文我们提到，Electron 的缺点之一就是安装包巨大，如不做特殊处理，每次升级就都相当于重新下载了一次安装包，虽然现在网络条件越来越好，但动辄四五十兆大小的安装包还是给应用的分发带来了阻碍。一个可行的解决方案是：使用 C++ 开发一个应用程序安装器，开发者把这个安装器分发给用户，当用户打开这个安装器的时候，安装器下载 Electron 的可执行文件、动态库以及应用程序的各种资源，下载完成后创建开始菜单图标或桌面图标。当用户点击应用图标启动应用时，启动的是 Electron 的可执行程序。由于安装器逻辑简单，没有携带与 Electron 有关的资源，所以可以确保安装器足够轻量，易于分发。

当应用程序升级的时候，如果不需要升级 Electron 自身，就不必下载 Electron 的可执行程序及动态库，只需要下载你修改过的程序文件及资源即可（可能仅仅是一个 asar 文件）。

如果你没有一个高性能服务器，那么用户通过安装器下载应用所需文件时，可能会对你的服务器造成巨大的网络压力，这时你可以考虑把这些文件放置在

CDN 服务器上，或者让安装器分别从两处下载：从淘宝镜像网站下载 Electron 的可执行文件及其动态库，从你的服务器下载应用程序文件及其资源文件。

如果你的应用只会分发给 Windows 用户，那么你可以通过配置 electron-builder 使其内部的 NSIS 打包工具从网络下载程序必备的文件，这样就不用再开发一个独立的安装器了，具体配置文档详见 https://www.electron.build/configuration/nsis#web-installer。

13.3 代码签名

在应用程序分发给用户的过程中，开发者很难知道应用是否被篡改过。如果不加防范，很可能会对用户造成伤害。操作系统也提供了相应的机制来提醒用户这类风险：在 Mac 操作系统下，默认只允许安装来自 Mac App Store 的应用；Windows 系统下安装未签名的应用程序会给出安全提示。作为一种安全技术，代码签名可以用来证明应用是由你创建的。

如果要给 Windows 应用程序签名，首先我们需要购买代码签名证书。你可以在 digicert（https://www.digicert.com/code-signing/microsoft-authenticode.htm）、Comodo（https://www.comodo.com/landing/ssl-certificate/authenticode-signature/）或 GoDaddy（https://au.godaddy.com/web-security/code-signing-certificate）等平台按时间付费的方式购买代码签名证书。

个人开发者可能会期望寻求免费的代码签名证书，对此我做过简单的调研。然而即使是类似 Let's Encrypt（https://letsencrypt.org）这种全球知名的免费证书颁发机构也不做代码签名证书。主要原因是他们无法验证现实世界申请人的身份是否真实、合法。他们可以做到由机器自动颁发和确认 HTTPS 证书，但给软件颁发证书这个过程从安全角度而言很难做到全自动。

在实际使用中，如果能说服用户信任你分发的软件，那么即使不为软件做代码签名也没什么大碍。

如果你使用 electron-builder 来打包你的应用，待证书购买好之后可以按照 https://

www.electron.build/configuration/win 文档所述步骤进行证书的配置。

如果你是使用 Vue CLI Plugin Electron Builder 创建的项目，配置信息将被放置在 vue.config.js 中，代码如下：

```
module.exports = {
    productionSourceMap: false,
    pluginOptions: {
        electronBuilder: {
            builderOptions: {
                win: {
                    signingHashAlgorithms: ['sha1', 'sha256'],
                    certificateFile: "./customSign.pfx",
                    certificatePassword:"********",
                    certificateSubjectName:'your certificate subject name'
                    // ...
                }
            },
            mainProcessFile: 'public/background/start.js',
        },
    }
}
```

其中 customSign.pfx 为证书颁发机构颁发给你的证书文件，certificatePassword 为证书密码。

在 Mac 平台上使用 electron-builder 打包应用时，一般情况下不用做额外的配置，electron-builder 会自动加载 Mac 系统下钥匙串中的证书。但如果想获得证书则必须加入苹果开发者计划（这也是一个付费项目），关于如何加入苹果开发者计划并创建证书的详细步骤请参见本书附录 A：Mac 代码签名。

13.4 自动升级

如何让应用程序自动升级是桌面应用程序开发者需要考虑的一个重要问题。开发者给应用增添了新功能、解决了老问题，如何把新版本的应用推送给用户呢？有些用户已经升级了新版本，有些用户尚未升级新版本，怎么保证新旧版本的应用程序能同时运行呢？还有很多类似的问题都需要开发者关注。Web 开发人员则不用太担心这方面的问题，这也正是 Web 应用的优势之一。

electron-builder 内置自动升级的机制。现在我们就模拟一下应用新版本发布的流程，看看 electron-builder 是如何完成自动升级的。

首先需要修改应用程序的配置文件，增加如下配置节：

```
publish: [{
    provider: "generic",
    url: "http: //download.yoursite.com"
}]
```

如果你是使用 Vue CLI Plugin Electron Builder 创建的项目，此配置节应该在 builderOptions 配置节下（见上一节代码签名的配置样例）。这里配置的 URL 路径就代表你把新版本安装包放在哪个地址下了，也就是说这是你的版本升级服务器。这个服务器并没有特殊的要求，只要可以通过 HTTP 协议下载文件即可，所以阿里云的 OSS 服务或者七牛云对象存储服务均可使用。

接着需要在主进程中加入如下代码：

```
const { autoUpdater } = require('electron-updater');
autoUpdater.checkForUpdates();
autoUpdater.on('update-downloaded', () => {
    this.mainWin.webContents.send('updateDownLoaded');
})
ipcMain.on('quitAndInstall', (event) => {
    autoUpdater.quitAndInstall();
});
```

这段逻辑应在窗口启动后的适当的时机执行，尽量不要占用窗口启动的宝贵时间。

autoUpdater 模块负责管理应用程序升级，checkForUpdates 方法会检查配置文件中 Web 服务地址下是否存在比当前版本更新的安装程序，如果有则开始下载。下载完成后将给渲染进程发送一个消息，由渲染进程提示用户“当前有新版本，是否需要升级”。当用户选择升级之后，再由渲染进程发送 'quitAndInstall' 消息给主进程。主进程接到此消息后，执行 autoUpdater.quitAndInstall(); 方法，此时应用程序退出，并安装刚才下载好的新版本的应用程序。安装完成后重启应用程序。

autoUpdater 模块是根据 package.json 中的版本号来判断当前版本是否比服务器上的版本老的。所以打包新版本时，一定要更新 package.json 中的 version 配置。

新版本打包完成后，Windows 平台需要把 [your_project_name] Setup [your_project_version].exe 和 latest.yml 两个文件上传到你的升级服务器；Mac 平台需要把 [your_project_name]-[your_project_version]-mac.zip、[your_project_name]-[your_project_ version].dmg 和 latest-mac.yml 三个文件上传到你的升级服务器；Linux 平台需要把 [your_project_name]-[your_project_version].AppImage 和 latest-linux.yml 两个文件上传到你的升级服务器。

做好这些工作后，用户重启应用，将收到新版本通知。

如果你使用 electron-packager 或者 electron-forge 打包你的应用，需要自己搭建一个专有的升级服务器才能支撑应用的自动升级功能，这里我们就不多做介绍了。

13.5 本章小结

本章介绍了应用程序打包发布相关的知识。首先介绍如何使用 ectron-icon-builder 生成应用程序图标文件。

其次介绍如何使用 electron-builder 为应用程序生成安装包，以及它与 electron-packager 之间的差异。

之后介绍了 Windows 平台和 Mac 平台下的应用程序签名相关的知识。

最后介绍如何使用 autoUpdater 模块来完成应用程序的自动升级功能。

希望读者读完本章内容后能从容地把自己开发的应用程序打包并分发给你们的用户。

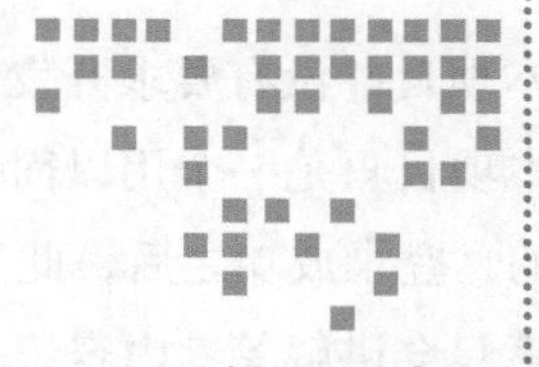

第 14 章 Chapter 14

实战：自媒体内容发布工具

14.1 项目需求

目前国内有很多自媒体平台，包括但不限于大鱼号、网易号、头条号、搜狐号、企鹅号、快传号等。很多自媒体从业者写一篇文章后往往需要同时发布到多个平台上，这就增加了很多额外的工作。假设一篇文章有三张图片，如果要在十几个自媒体平台上都发布一遍，就会上传三十几次图片，手工操作非常烦琐。

现在我们就要开发一个可以让自媒体从业者在这里编辑好文章，然后把文章发布到对应的自媒体平台的工具。表 14-1 是此项目的功能清单。

表 14-1 功能清单

功能	功能描述
文章列表	可以增加新文章，删除文章，查找文章，点击文章标题进入文章编辑状态
文章编辑	支持所见即所得的文章编辑器，可以拖拽或粘贴图片到文章编辑器内
文章发布	允许用户自主选择把文章发布到哪个自媒体平台。用户可以设置默认显示被选定平台
系统用户	可以通过微信扫码登录系统，可以查看和修改用户信息
自动升级	支持自动升级，可以查看历次版本升级记录及升级内容
辅助功能	记住窗口大小及布局信息，用户再次启动应用时使用这些信息初始化窗口

除此之外还有一些隐性需求，比如用户重新安装程序后数据不能丢失等。

注意，本项目并没有要求开发者破解各自媒体平台系统，不需要把文章直接推送到目标平台。本项目只是一个用以简化文章发布流程的工具，使用者还是需要手动登录各自媒体平台的，登录成功之后，此工具辅助自媒体作者完成文章发布工作。

另外本章只会讲解关键内容，一些简单的或与 Electron 无关的内容将不会涉及。

预期项目构建成功后的界面如图 14-1 所示。

图 14-1 项目最终效果图

14.2 项目架构

14.2.1 数据架构

系统中的大部分数据都保存在客户端，只有一小部分数据保存在网络服务器上，网络服务器上仅保存用户的基础身份信息，比如用户 ID、用户昵称、注册时间等。

保存在客户端的数据也分为两部分，一部分保存在 Electron 内部的 IndexedDB 内，一部分保存在用户的磁盘上。

由于文章正文以及正文内的图片文件可能非常多，且只有在编辑文章时才会读取这部分数据，所以把它们保存在客户端电脑的磁盘上。

而为了保证检索文章的效率，文章标题、文章创建时间等与文章相关的数据应保存在 Electron 内部的 IndexedDB 上。此外还有一些例如用来记住用户窗口大小、用来记住分隔栏位置、缓存在客户端的用户信息、工具支持的自媒体平台信息等的辅助性数据，为了操作方便，也保存在 Electron 内部的 IndexedDB 上。

文章标题表的数据结构如表 14-2 所示。

表 14-2　文章标题表的数据结构

字段名	字段示例值	字段说明
id	1574662721184281	由创建时间和定长的随机数组合而成，定长随机数的意义是防止重复
title	VSCODE 源码分析	文章标题，不得超过 38 个字
update_at	157466272118	文章更新时间。因为文章创建时间记录在文章 id 内，所以不必再单列一个字段记录文章的创建时间了

工具支持的自媒体平台信息表的数据结构如表 14-3 所示。

表 14-3　自媒体平台信息表的数据结构

字段名	字段示例值	字段说明
article_url	https:// baijiahao.baidu.com/builder/rc/edit?type=news	自媒体平台文章编辑页面的 URL 地址
reg_url	https:// baijiahao.baidu.com/builder/app/choosetype	自媒体平台注册、登录页面的 URL 地址。如果用户未登录过该自媒体平台或登录信息过期，打开此页面给用户登录或注册
code	baijia	自媒体平台编码
name	百家号	自媒体平台名称
order	20	自媒体平台显示时的排序值

用户信息客户端缓存表的数据结构如表 14-4 所示。

表 14-4　客户端缓存表的数据结构

字段名	字段示例值	字段说明
avatar	[微信用户头像地址]	用户用微信登录系统后会返回用户的头像信息给服务端，并缓存一份在客户端
nick_name	%E5%88%98%E6%99%93%E4%BC%A6	用户的微信昵称。有些用户的微信昵称包含特殊字符，所以此处保存的值为 encodeURIComponent 后的值
sex	1	用户性别
t	[加密后的字符串]	用户 token。用户登录后由服务端生成并发送给客户端

应用辅助信息表的数据结构如表 14-5 所示。

表 14-5 辅助信息表的数据结构

字段名	字段示例值	字段说明
left_width	448	分隔条所在位置。文章列表和文章编辑器处于同一个界面，中间有一个分隔条分割，此分隔条可以拖动改变两个区域的大小，此值记录分隔条距离窗口左边的距离
win_width	1024	窗口上次关闭时的宽度
win_height	768	窗口上次关闭时的高度
maxsized	true	窗口上次关闭时是否最大化

用户每创建一篇文章程序就会在 userData 目录下（通过 app.getPath（"userData"）得到该目录）增加一个子目录，子目录以文章 id 命名，文章的正文和文章内的图片都会存放在这个目录下。

14.2.2 技术架构

本项目的架构并不是特别复杂，以主进程和渲染进程的职责来区分，主进程的职责如图 14-2 所示。

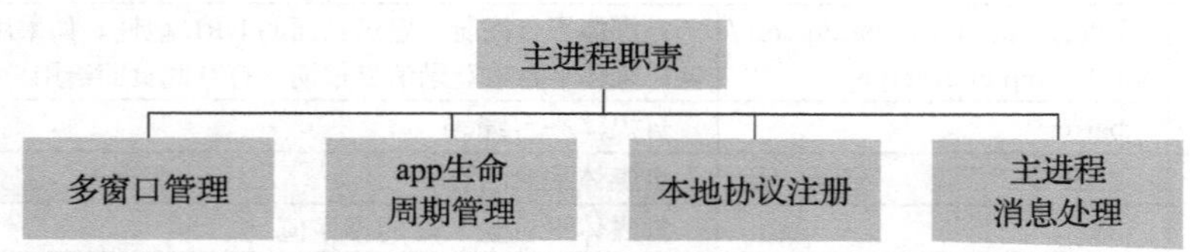

图 14-2 主进程职责

渲染进程的职责如图 14-3 所示（注意，本项目使用 Vue 相关技术创建界面）。

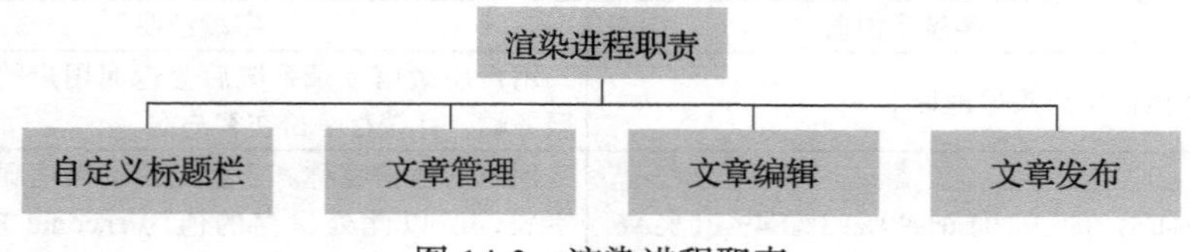

图 14-3 渲染进程职责

发布文章是本项目的关键逻辑。我把所有自媒体平台相同的业务逻辑抽象到文章发布的基类中，各自媒体平台不同的业务逻辑分散到子类中，类继承关系图如图 14-4 所示。

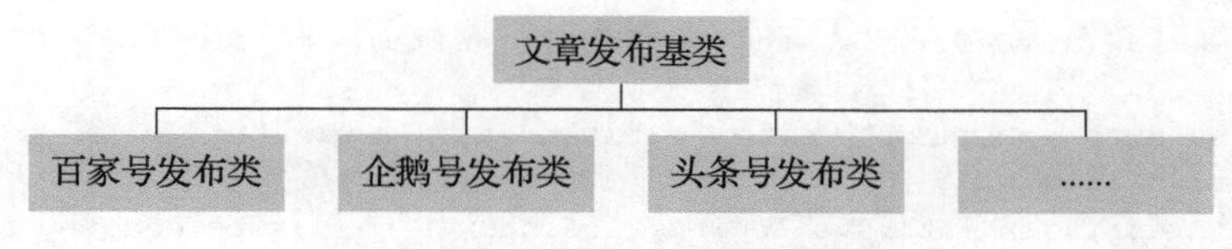

图 14-4　文章发布类继承关系

程序的目录结构如下：

```
project/
├ public
├ ├ background 主进程业务逻辑文件夹
├ ├ ├ app.js 应用程序生命周期管理
├ ├ ├ msg.js 主进程消息处理
├ ├ ├ protocal.js 本地协议注册
├ ├ ├ start.js 程序入口
├ ├ ├ win.js 窗口管理
├ ├ editor 所见即所得的编辑器的代码存放路径
├ ├ sites 所有自媒体平台文章发布类和他们的基类存放在此目录内
├ src 渲染进程代码所在目录
├ ├ assets 静态资源所在目录（包括 CSS 和 Image）
├ ├ commonps 存放 Vue 组件，包括窗口标题栏、模拟弹窗等
├ ├ plugins 存放全局组件，这里我只封装了一个 HTTP 请求组件
├ ├ routes 导航配置目录
├ ├ stores 全局数据，包括文章和全局消息等（这里我没有用到 Vuex 组件）
├ ├ views 界面组件，包括文章编辑、文章列表、文章发布等
├ app.vue 全局界面
├ main.js 渲染进程入口
├ vue.config.js vue 的配置文件，里面配置了自动升级路径和主进程的入口地址
└── package.json
```

14.3 核心剖析

14.3.1 创建窗口并注入代码

很显然，如何把文章发布到对应的自媒体平台是本项目的核心。在用户编辑完文章点发布按钮之后，渲染进程通知主进程创建一个文章发布的窗口，代码如下：

```
createSiteWindow(site, article) {
    let win = this.createWindow('window');
    let preload = path.join(__static, `sites/${site.code}.js`);
    let view = this.createView(site.article_url, preload, win);
    view.webContents.on("dom-ready", _ => {
```

```
            view.webContents.send("start", { site, article });
        });
        this.siteWins.push({ site, article, win, view });
        win.on('closed', () => {
            let index = this.siteWins.findIndex(v => v.site.code == site.code);
            this.siteWins[index].view.destroy();
            this.siteWins[index].win.destroy();
            this.siteWins.splice(index, 1);
            this.mainWin.webContents.send("siteWinClose", { site });
        });
    }
```

上面代码中 createWindow 负责创建窗口，createView 负责创建 BrowserView。此处因为创建的窗口有自定义标题栏，所以才用到了 BrowserView，BrowserView 是主要的业务界面承载对象。

site.code 就是我们保存在 IndexedDB 内的自媒体平台的编码。path.join(__static, `sites/${site.code}.js`)；是需要注入到目标平台的脚本路径。

窗口、BrowserView、文章数据和自媒体平台对象都被缓存在一个数组中。待窗口关闭时需要调用窗口和 BrowserView 的 destroy 方法及早地释放这些对象，避免给用户电脑造成太大的内存压力。

在 BrowserView 内的页面加载完毕之后，应用会向此 BrowserView 发送一个跨进程消息 start，并把文章数据传递给此 BrowserView，此工作负责启动目标网站的文章同步过程。

14.3.2 开始同步文章数据

以百家号自媒体平台为例，sites/baijia.js 的部分代码如下：

```
const SiteBase = require('./SiteBase');
class RedRedStar extends SiteBase {
    //......
}
new RedRedStar().waitStart();
```

此代码中创建了一个继承自 SiteBase 的 RedRedStar 类，一旦代码注入成功，则马上实例化了这个类，并调用了这个实例的 waitStart 方法。这与注入到其他自媒体平台的代码的基本逻辑一致。

waitStart 方法写在 SiteBase 基类里，代码如下：

```
waitStart() {
    ipcRenderer.on('start', (event, data) => {
        this.win = remote.getCurrentWindow();
        this.web = remote.getCurrentWebContents();
        this.site = data.site;
        this.article = data.article;
        this.start();
    })
}
```

这段代码监听进程间消息 start，这个消息就是我们在上一小节内 BrowserView 创建完毕后发送给渲染进程的消息。

接收到此消息后，获取到当前窗口对象、当前 webContents 对象，获取消息内的网站信息对象、获取文章内容对象，并把这些对象缓存起来。然后马上执行此对象的 start 方法。

由于此方法的逻辑可复用于所有自媒体平台，所以我们才把它抽象到 SiteBase 基类里来的。

start 方法在子类里实现，如下是百家号 start 方法的代码：

```
async start() {
    this.clearCache();
    await this.checkLogin();
    await this.checkNavigate();
    await this.uploadImgs();
    await this.setTitle();
    await this.setUEContent();
    this.showWindow();
}
```

此方法只是一系列方法的调用，clearCache 负责清理缓存（目标平台可能会自己读缓存内的文章数据，并把文章数据填充到界面中，此过程可能会跟我们的文章填充逻辑冲突，所以要先清理掉缓存）；checkLogin 负责检查用户有没有登录，如果没有登录则跳转到登录页面；checkNavigate 检查跳转是否完成；uploadImgs 上传文章内的图片到目标平台；setTitle 设置文章标题；setUEContent 设置文章正文；上面工作完成后通过 showWindow 显示窗口。此时用户会发现他编辑的文章已经自动填充到目标平台的文章编辑页面中了。

因为有些平台可能不需要清理缓存，有些平台的文章编辑器可能不是 UEditor，此 start 方法在各个平台中的代码并不完全一致，所以 start 方法在子类里实现。

14.3.3 检查是否登录

如果用户没有登录目标平台，我们的工具会跳转到该平台的登录页面引导用户登录或注册。检查用户是否登录的代码如下：

```
async checkLogin() {
    await this.wait();
    let flag = document.querySelector('.avatar img.portrait');
    if (flag) return;
    this.showWindow();
    await this.checkLogin();
}
```

这是一个异步方法，刚开始会先等待一段时间，之后再进行登录状态检查，因为刚开始时页面元素可能还没有加载完成。

我们通过检索用户的头像来判断用户是否登录，因为只有用户登录之后头像才会出现在界面中，未登录的用户则不会显示头像，如图 14-5 所示。

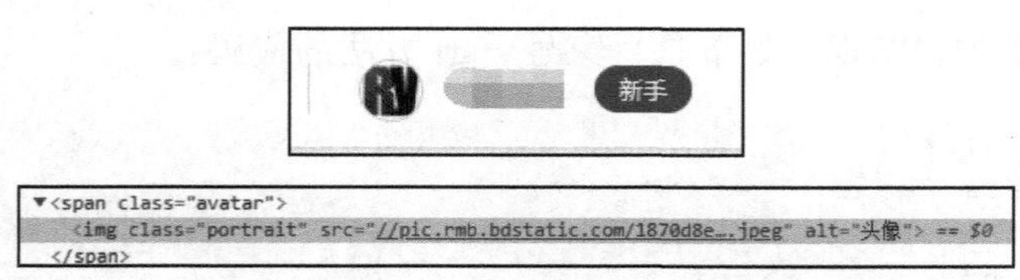

图 14-5 用户头像及其 Dom 元素

如果存在用户头像的 DOM 元素，我们则认为用户是登录状态，如果不存在，则程序把窗口显示出来（主进程中创建的窗口默认是不显示的）。此时显示的窗口即为目标平台的登录窗口，用户看到此窗口后，即会手动完成登录操作。当用户登录成功后窗口内页面会跳转到后台页面。

注意，检查登录的方法是一个递归方法，如果用户没有登录（或本地缓存中没有用户的身份信息）就访问文章发布页面的话，目标平台（此处为百家号）会把当前页面重定向到登录页面，此时 checkLogin 方法在不断地执行。一旦用户成功登录后，checkLogin 会检测到用户头像的 DOM 元素，退出递归循环，进入下一个环节。

但用户登录成功后目标平台并不会直接跳转到文章发布页，而是跳转到了它们的系统首页，所以我们还需要一个方法来辅助页面跳转，代码如下：

```
async checkNavigate() {
```

```
        await this.wait();
         let flag = document.querySelector('.index-top-statistics a.index-
article-publish-btn');
        if (flag) window.location.href = this.site.article_url;
    }
```

此方法通过检查文章发布页面的发布按钮来实现，如果没有检测到此元素，则执行跳转工作，检测到了，则不做任何处理。此处不需要递归执行（如果做得更细致一些，应该在页面跳转之后，重新执行整个 start 方法）。

上面两个方法中我们都用到了 wait 方法，这是一个异步等待工具方法，写在基类里，代码如下：

```
    async wait(timeSpan = 600) {
        return new Promise(resolve => { setTimeout(resolve, timeSpan) })
    }
```

此方法接收一个等待时长参数（默认为 600 毫秒），返回一个 Promise 对象，等待时长到期后将执行 Promise 的 resolve 方法。此方法是一个很好的执行流程控制工具，有点像让线程睡眠了 600 毫秒（Thread.sleep(600);），但其实内部的执行逻辑完全不一样。这个方法是不会阻塞 JavaScript 执行线程的。

14.3.4 上传文章图片

当用户登录成功，窗口内也显示了文章编辑页面之后，工具接着要做的就是把文章内的本地图片上传到目标平台的服务器上，我们通过如下代码来帮助用户完成这个工作：

```
    async uploadImgs() {
        let parser = new DOMParser();
        let doc = parser.parseFromString(this.article.content, "text/html");
        let imgs = doc.querySelectorAll('img');
        let url = "https://baijiahao.baidu.com/builderinner/api/content/file/upload";
        for (let v of imgs) {
            let file = this.getFileObj(v.src);
            let fd = new FormData();
            fd.append("type", "image");
            fd.append("app_id", window.MP.appInfo.appid);
            fd.append("save_material", 1);
            fd.append("is_waterlog", 1);
            fd.append('no_compress', 0);
            fd.append('media', file);
            let result = await this.post(url, fd);
```

```
            v.src = result.ret.bos_url;
        }
        this.article.content = doc.body.innerHTML;
    }
```

首先使用 DOMParser 对象把文章正文字符串解析成 Dom 文档格式，便于我们查找文章正文内的本地图片。接着构造一个表单对象，并把目标平台需要的数据填充到这个表单对象里去。

你只有完成了目标平台提交图片的分析过程，才能正确地构造这个表单对象。一般情况下，我们要在浏览器中打开开发者调试工具，然后在目标平台的编辑页面上传一个图片，观察并分析浏览器提交了哪些数据，从而完成分析过程，如图 14-6 所示。

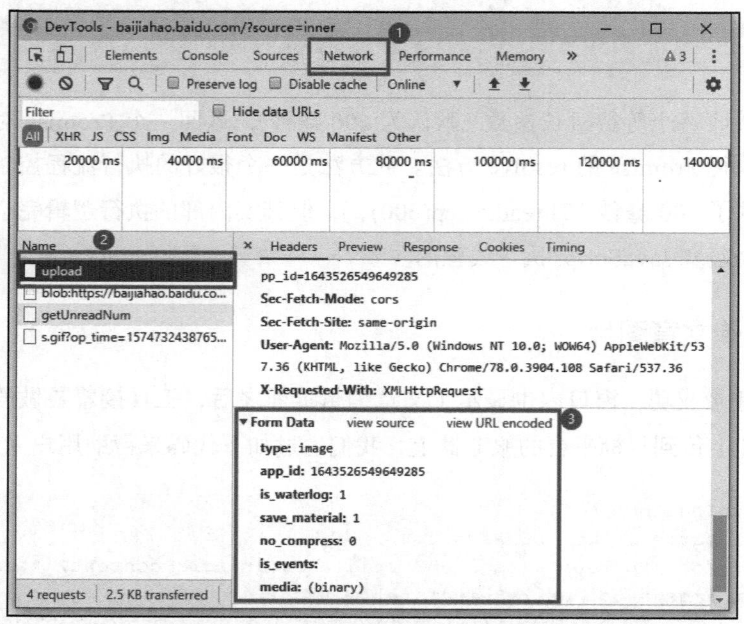

图 14-6 图片上传请求分析

至于表单内的数据，比如 app_id，是从哪里得到的，则需要耐心细致地分析客户端浏览器都提供了哪些数据，这并没有捷径。我们可以先检查页面全局对象有哪些内容，浏览器 Cookie 或 LocalStorage 内有哪些数据，仍未找到就给页面的提交代码下断点，检查提交过程是如何得到这些数据的。

getFileObj 方法负责读取本地文件数据，返回一个 File 对象，这是一个写在基类里的通用方法，代码如下：

```
    getFileObj(url) {
        let pathIndex = remote.process.platform == "win32" ? 8 : 7
        let filePath = decodeURI(url).substr(pathIndex);
        let extname = path.extname(filePath).substr(1);
        let buffer = fs.readFileSync(filePath);
          let  file  =  new  window.File([Uint8Array.from(buffer)],  path.
basename(filePath), {
            type: this.ext2type[extname]
        });
        return file;
    }
```

方法中前面三行负责获取文件的路径和扩展名，由于 Windows 操作系统和 Mac 操作系统路径不一致，所以此处我们做了一个额外的判断。

通过 Node.js 的 fs.readFileSync 方法读取文件内容（此处用到了同步方法，实际工作中建议使用异步方法），接着把文件内容转换到一个 8 位无符号整型数组中，连同文件名、文件类型构建成一个 File 对象。

文件类型是通过文件扩展名获取到的，ext2type 是一个字典对象，代码为：

```
    ext2type = {
        "jpg": "image/jpeg",
        "gif": "image/gif",
        "bmp": "image/bmp",
        "png": "image/png",
        "webp": "image/webp",
        "svg": "image/svg+xml"
    }
```

14.3.5　设置文章标题

设置文章标题与检查用户是否登录的方法类似，也要先验证文章标题输入框是否已经成功渲染在页面上了，如果没有则不断地检查，如果已经完成则开始设置文章标题，代码如下所示：

```
    async setTitle() {
        let dom = document.querySelector(".client_components_titleInput textarea");
        if (!dom) {
            await this.setTitle();
            return;
        }
        this.web.focus();
```

```
        dom.value = '';
        dom.focus();
        clipboard.writeText(this.article.title);
        this.web.paste();
    }
```

这里我们并没有直接用 dom.value = this.article.title 的形式来设置文章标题，因为这样操作会导致目标平台认为标题不是用户手动设置的（并不是所有目标平台都有这种检查逻辑），会自动把已设置的标题清空掉。

因此，这里我们粗暴地使用系统剪切板来为网页的标题文本框填充数据，这样操作就和用户粘贴了一段文字到这个文本框内一样了。注意，在粘贴标题内容之前，首先要让文本框处于聚焦状态。

这里有一个问题，用户剪切板里的内容会被我们设置的内容替换掉，因此为剪切板填充内容时，最好先检查用户剪切板里是否已经有内容了，如果有，则把用户剪切板里的内容先保存到一个变量里，待设置完文章标题后，再把变量里的值设置回用户剪切板内。

14.3.6 设置文章正文

设置文章正文页一样要进行递归检查，代码如下：

```
    async setUEContent() {
        if (typeof UE == 'undefined' || typeof UE.instants == 'undefined' ||
typeof UE.instants.ueditorInstant0 == 'undefined') {
            await this.setUEContent();
            return;
        }
        UE.instants.ueditorInstant0.setContent(this.article.content);
    }
```

如果目标平台使用的是 UEditor，则直接使用 UEditor 实例的 setContent 方法设置文章正文即可，无需经由剪切板操作。

UEditor 是百度工程师开发的一个所见即所得的内容编辑工具，已经很长时间没有维护了，但很多自媒体平台还都在使用这个工具，包括微信公众号、趣头条和大鱼号等，所以我们也把此方法抽象出来放在基类里实现。

14.3.7 其他工作

至此文章内容已经完整地填录到目标平台的文章编辑页面了，用户只要手动点一下发布按钮即可把文章提交到此自媒体平台。

如果你想，完全可以做到一键自动化发布，但是示例中并没有这么做，一方面是因为这么做要进行更多的与本书主旨无关的检查和分析的工作，另一方面假设文章发布过程中出现了一个未知的错误（我们无法预知目标平台是否会改动前端代码），用户是得不到通知的，所以此工具只能算一个半自动文章发布工具。

14.4 辅助功能

14.4.1 图片缩放

用户在编辑文章时，往往是直接把照片粘贴或拖拽到文章编辑器里去的。现在一台普通的手机都能拍摄高清的照片，但这样的图片对于自媒体平台来说太大了，上传图片时传输缓慢，有些自媒体平台甚至直接拒绝体积过大的图片上传。

此时我们的工具就要提前为用户处理一下图片，将图片压缩到合适的大小，省去用户自己用 PhotoShop 处理图片的工作。

当一个图片被粘贴或拖拽到文章编辑器时会触发 processImg 事件，在此事件中我们完成了图片的压缩和缩放的处理工作，代码如下：

```
async processImg(fileObj,fullName) {
    let box = { w: 1200, h: 800 };
    let buffer = await this.getFileData(fileObj);
    let jimpObj = await Jimp.read(buffer);
    let h = jimpObj.bitmap.height;
    let w = jimpObj.bitmap.width;
    if (h <= box.h && w <= box.w) {
        fs.outputFileSync(fullName, buffer);
        return fullName;
    } else if (h > box.h && w <= box.w) {
        jimpObj = await jimpObj.resize(Jimp.AUTO, box.h);
    } else if (h <= box.h && w > box.w) {
        jimpObj = await jimpObj.resize(box.w, Jimp.AUTO);
    } else if (h > box.h && w > box.w) {
        let hPer = h / box.h;
        let wPer = w / box.w;
        if (hPer > wPer) jimpObj = await jimpObj.resize(Jimp.AUTO, box.h);
        else jimpObj = await jimpObj.resize(box.w, Jimp.AUTO);
    }
    buffer = await jimpObj.getBufferAsync(Jimp.AUTO);
    fs.outputFileSync(fullName, buffer);
}
```

此方法中，先设置了一个图片大小范围，接着把用户粘贴进来的图片读取到一个 Buffer 缓存中，然后把 Buffer 缓存内的数据转换为 Jimp 对象。Jimp 是一个非常有名的纯 JavaScript 代码实现的图片处理库（https://github.com/oliver-moran/jimp），它可以识别图片的大小，并能对图片进行压缩、缩放、裁剪及添加水印等工作。

当我们发现用户提交的图片比我们预先设置的图片尺寸小时（宽度和高度均小于预先设置的值），则不进行任何处理，直接保存图片；当高度大于预先设置的高度，而宽度小于预先设置的宽度时，使用 jimpObj.resize（Jimp.AUTO, box.h）缩放图片，即把高度缩放为固定的值，宽度按比例进行缩放，保证图片的宽高比不变；当宽度大于预先设置的宽度，而高度小于预先设置的高度时，使用 jimpObj.resize（box.w, Jimp.AUTO）；缩放图片，缩放逻辑同上；当宽度和高度均大于预先设定的值时，则根据哪个超出得比率更大再依据哪个值进行缩放。

图片缩放完成后，即保存为本地文件。保存文件的路径即为用户 userData 下的子目录，生成图片路径的代码如下：

```
let fullName = path.join(
    this.$root.dataPath,
    this.$root.curArticle.id.toString(),
    parseInt(Math.random() * 1000000) + path.extname(fileObj.name)
);
```

this.$root.dataPath 是一个事先定义好的 userData 下的子目录路径，以当前文章的 ID 为该目录下的文章子目录，文件名是一个随机数，文件扩展名通过 path.extname 获取。this.$root 是全局数据对象，其中缓存了当前文章和当前用户数据路径，对应的实现代码在 /src/stores 内。

getFileData 方法负责把浏览器的 File 对象的内容读取到 Buffer 缓存中，代码如下：

```
getFileData(file) {
    return new Promise((resolve, reject) => {
        let fr = new FileReader();
        fr.onload = () => {
            if (fr.readyState != 2) return;
            let buffer = Buffer.from(fr.result);
            resolve(buffer);
        };
        fr.readAsArrayBuffer(file);
    });
}
```

此方法返回一个 Promise 对象，便于我们使用 await 关键字来异步执行此操作。

14.4.2 用户身份验证

项目中提供了微信扫码登录的功能，本节不会花大量篇幅介绍如何与微信服务端进行身份验证，只会介绍如何生成用户 token，并把用户 token 保存在 Electron 客户端中，以及对于一些需要授权的操作，如何传输、校验 token 的正确性。

首先，无论用户通过用户名或密码登录，还是通过微信扫码登录，当服务端确认用户身份后，就会颁发一个 token 给客户端。我们使用 jsonwebtoken 库（https://github.com/auth0/node-jsonwebtoken）来完成服务端为客户端颁发 token 的工作，代码如下所示：

```
const jwt = require('jsonwebtoken');
//验证客户端传递的用户信息是否存在，是否合法。
let token = jwt.sign({ id: user.id }, '[你的密钥]');
//把 token 响应给客户端
```

首先 token 属于用户的敏感信息，不建议明文传输或保存，所以这里我们使用 jwt.sign 方法来把需要发送给客户端的数据进行加密。如果你希望生成的 token 具有超时过期的特性，那么还可以给 sign 传递第三个参数 token 配置对象。通过设置配置对象的属性可以设置 token 的过期时间。

JSON Web Token 简称 JWT，此身份验证技术并不是 Node.js 独有的，Java 或 .Net 等 Web 服务也经常使用这种方式进行身份验证。它生成的 token 通常为如下格式：

```
[string].[string].[string]
```

这个字符串通过“.”分成三段，第一段为请求头（加密算法），第二段为负载信息（如 userId、过期时间），第三段为服务端密钥生成的签名（用来保证不被篡改）。

这种机制使服务端不再需要存储 token，因此是一个非常轻量的用户认证方案。对于微服务这种需要不同服务间共用 token 的跨域认证，有很大的帮助。

当客户端携带着 token 请求服务端待授权的 API 时，服务端会验证 token 是否有效，如下代码所示：

```
const jwt = require('jsonwebtoken');
```

```
try {
    let {id} = jwt.verify(token, '[你的密钥]');
    //token 为客户端发送上来的数据
    //验证解密后的 id 是否合法，并有权继续进行此次请求
} catch (ex) {
    //记录日志
    reply.send({ info: 'need_login' });       //返回登录错误信息给客户端
}
```

jsonwebtoken 对象通过 verify 来验证用户上报的 token 是否合法或是否过期，如果不合法或已过期，则抛出异常。开发者应该在异常处理代码块中记录日志，终止本次请求，并返回需要重新登录的信息给客户端。

如果你设置了过期时间，那么应该考虑加入时间滑片的机制：当每次用户请求待授权的 API 后，过期时间更新，重新生成 token 发送到客户端。

因为 token 数据内部带有过期时间的信息，所以 token 不一定非要保存在 Cookie 中，保存在客户端任何地方均可，但要注意数据安全的问题。

另外，因为每次访问服务端待授权 API 都要发送 token 数据，所以不如索性把发送逻辑封装到 HTTP 请求库中，如下代码所示：

```
new Promise((resolve, reject) => {
    let xhr = new XMLHttpRequest();
    xhr.open("POST", url);
    xhr.setRequestHeader('accept', 'application/json');
    xhr.setRequestHeader('content-type', 'application/json');
    xhr.setRequestHeader('authorization', your_token); //此处为你的 token
    xhr.onload = _ => {
        let result = JSON.parse(xhr.responseText);
        resolve(result);
    }
    xhr.onerror = _ => reject(xhr.statusText);
    xhr.send(JSON.stringify(data));
});
```

为了避免与正常的业务数据混淆，所以 token 数据加在 Header 内。至此，客户端与服务端身份验证的任务基本完成。

14.5 本章小结

本章从一个实际项目出发，讲解了我们打算做的这个项目的需求、数据架构和技术

架构。做完这些准备工作后，我们就重点介绍这个项目中与 Electron 有关的核心内容：如何注入代码到目标网站、如何检查用户是否已经登录了目标网站、如何把文章标题、正文和文章内的图片数据同步到目标网站的文章编辑页面。

另外还介绍了一些与 Electron 有关的工具类内容：如何进行图片的按大小范围和比例缩放、如何在 Electron 应用进行用户身份验证。

本章为大家补充了一些创建一个完整项目的必备知识，比如用户身份验证。也为大家开拓了眼界，通过注入脚本，你可以用 Electron 创建功能非常丰富的应用，甚至实现一些传统应用难以实现的功能。

Appendix A 附录 A

Mac 代码签名

1）注册苹果 ID

打开苹果开发者注册页面 https://appleid.apple.com/account?page=create#!&page=create，你需要填写一系列用户信息和安全问题，填写的 Apple ID 是一个电子邮件地址，此处你应填写实际可用的电子邮件地址。问题填写完成后，点击页面下方的“继续”按钮，进入验证电子邮件地址画面。

此时打开你的电子邮箱，发现苹果用户注册服务已经给你发了一份电子邮件，将邮件中的验证码输入。点击“继续”，进入授权协议页面，勾选同意授权协议复选框，点击“提交”即完成了苹果账号的注册。

2）开启两步验证

用新注册的账户登录 appleid.apple.com 页面，在此页面的“安全”信息设置区域点击“编辑”，进入两步身份验证设置画面，界面如图 A-1 所示。

此页面出现“两步验证”的内容，点击最下方的“开始使用”，进入两步验证的设置画面，如图 A-2 所示。

在此页面点击“继续”（如你所见，你最好手边有一部 iPhone 手机，不然无法设置成功），如图 A-3 所示。

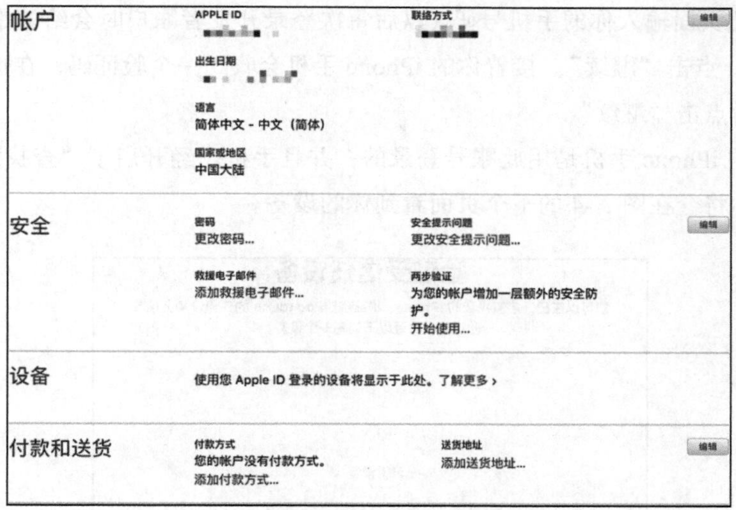

图 A-1　两步身份验证设置画面

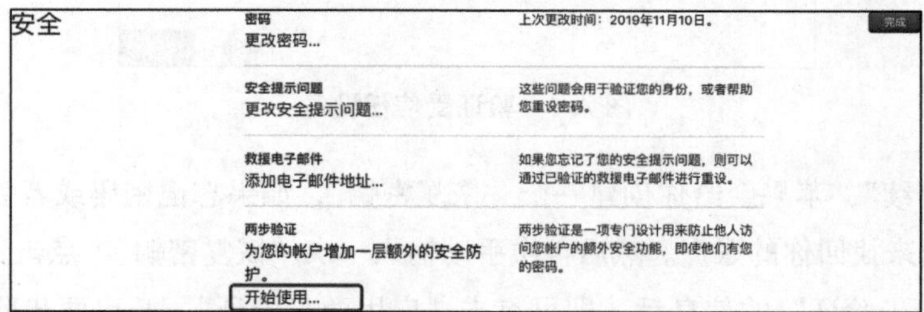

图 A-2　开始使用两步验证一

图 A-3　开始使用两步验证二

接着在此页面输入你的手机号码（以后每次登录开发者账户时会给该手机号码发送短信验证码），点击“继续”。接着你的 iPhone 手机会收到一个验证码，在这个画面输入验证码，然后点击“继续”。

如果你的 iPhone 手机是用此账号登录的，并且手机已经开启了“查找我的 iPhone”功能，那么你将会在图 A-4 的下个页面看到你的设备。

验证受信任设备

您可以在已开启查找我的 iPhone、iPad 或 iPod touch 的任何设备上接收验证码。验证以下的每一个设备。

无可用设备

看不到设备？刷新设备或设置“查找我的 iPhone”。

取消　继续

图 A-4　验证受信任设备

点击“继续”，苹果会给你创建一个“恢复密钥”，如果忘记密码或者丢失设备，可以使用此密钥来找回你的账户。然后再次手动输入一次“恢复密钥”，点击“确认”。

确认“两步验证”的信息后，即可点击“启用两步验证”，开启两步验证功能，如图 A-5 所示。

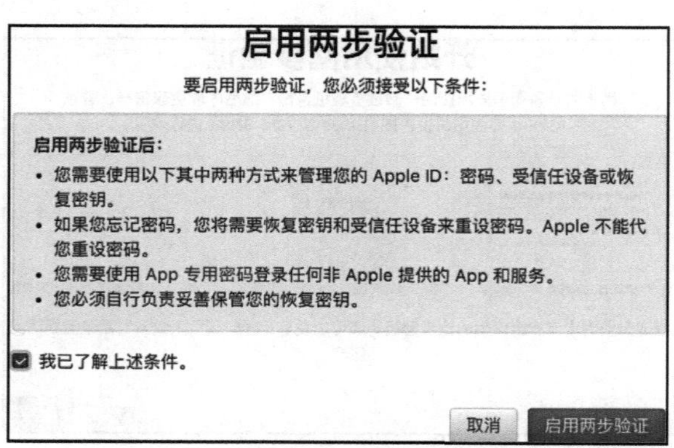

图 A-5　启用两步验证

3）开启双重认证

打开你的 iPhone 手机，进入系统设置界面，点击用户名右侧的箭头按钮，进入用户设置界面，如图 A-6 所示。

在用户设置界面点击密码与安全性右侧的箭头按钮，进入密码与安全性设置界面，如图 A-7 所示。

在密码与安全性界面，点击双重认证右侧的“开启”，按提示要求，开启双重认证，如图 A-8 所示。

注意：以上三步的过程中必须保证你的 iPhone 手机是以新注册的账号登录的。

图 A-6　进入个人信息页面

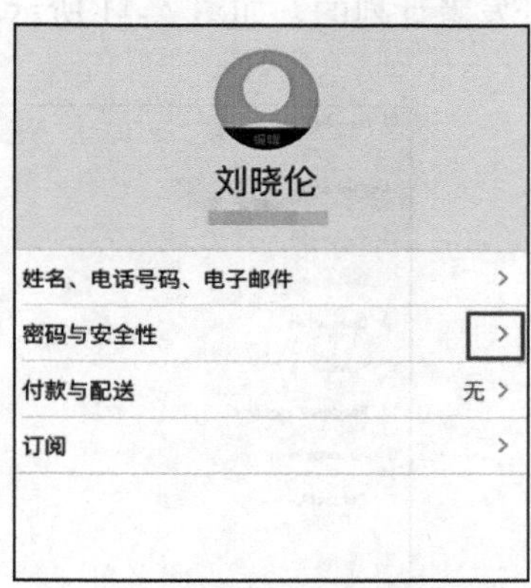

图 A-7　密码与安全性一

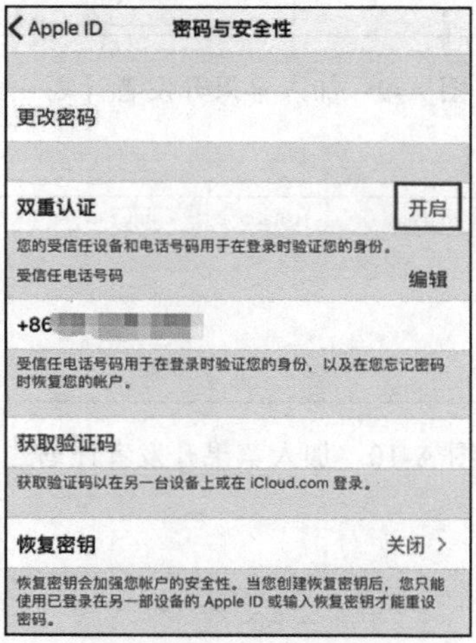

图 A-8　密码与安全性二

4）加入苹果开发者计划

登录苹果开发者中心 https://developer.apple.com/，点击该页面右侧最下方的“Join The Apple Developer Program（加入苹果开发者计划）”，打开苹果开发者计划页面，如图 A-9 所示。

在苹果开发者计划页面，点击“Enroll”，打开加入计划之前的提示信息页面，如图 A-10 所示。

无论是以个人还是企业身份注册，都应该加入这个计划。点击“开始注册”，打开信息确认页面。在信息确认页面，如果你没有开启两步验证或双重认证，是不允许你加入苹果开发者计划的，如图 A-11 所示。

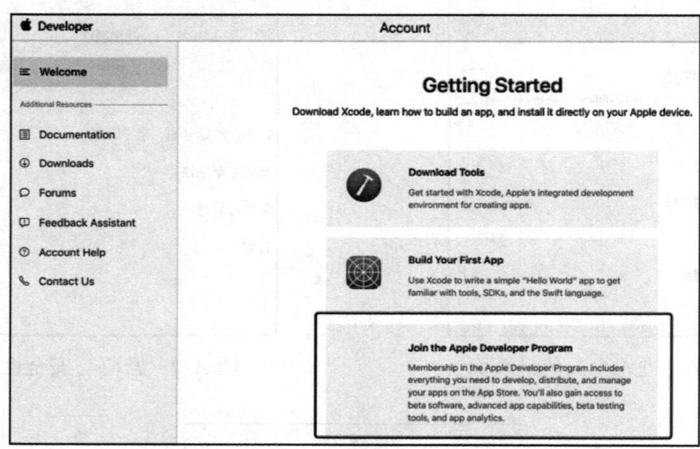

图 A-9　加入苹果开发者计划一

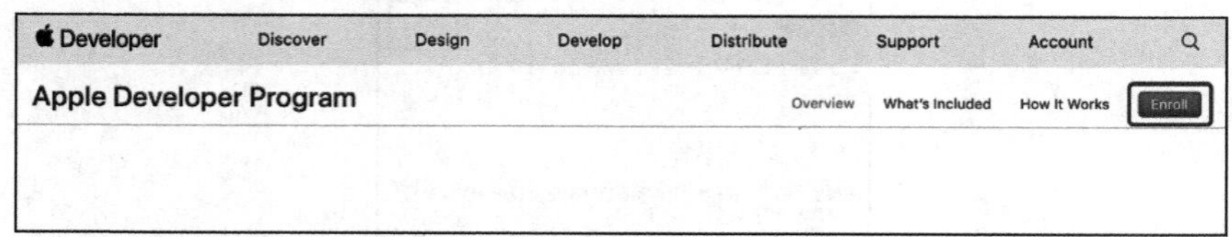

图 A-10　加入苹果开发者计划二

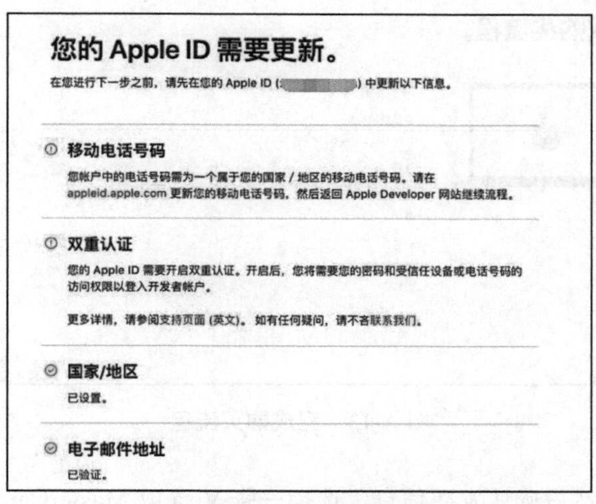

图 A-11　信息验证未通过

接下来需要填写一系列的个人信息填写完成之后，点击“继续”，选择您的实体类型。此处我们选择“个人 / 个人独资企业”，如果你为你的公司注册，应该选择“企业”，如图 A-12 所示。

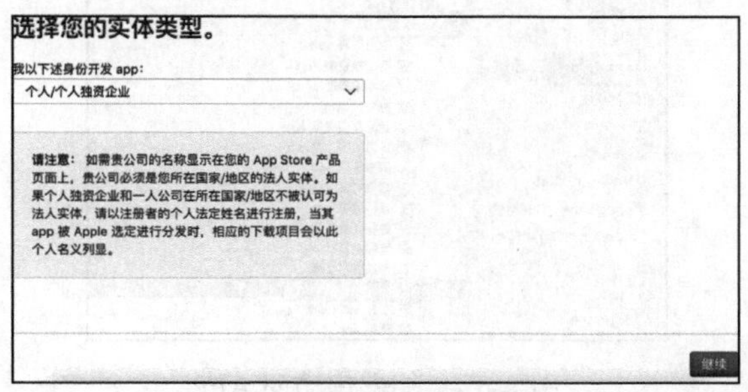

图 A-12　选择实体类型

接着是用户条款页面，接受用户条款，点击“继续”，然后要求你确认购买流程的用户信息，如图 A-13 所示。加入苹果开发者计划是需要付费的，价格是每年 688 元人民币。

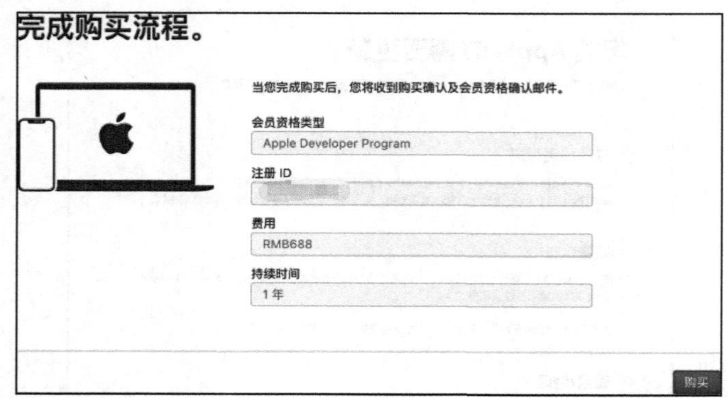

图 A-13　完成购买流程

点击“购买”，然后确认发票信息，选择一张 Visa 或 MasterCard 信用卡进行支付即可，支付完成后你即加入了苹果开发者计划。

5）创建证书

打开你的 Mac 电脑，在应用程序中打开钥匙串访问程序，如图 A-14 所示。

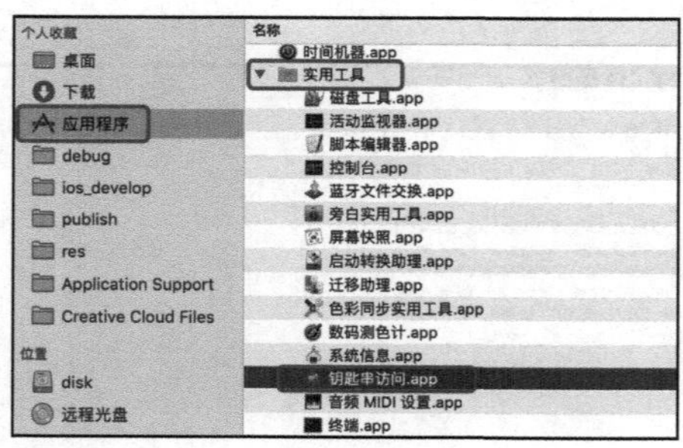

图 A-14　钥匙串访问 APP

在钥匙串访问程序的菜单中点击“从证书颁发机构请求证书”，如图 A-15 所示。

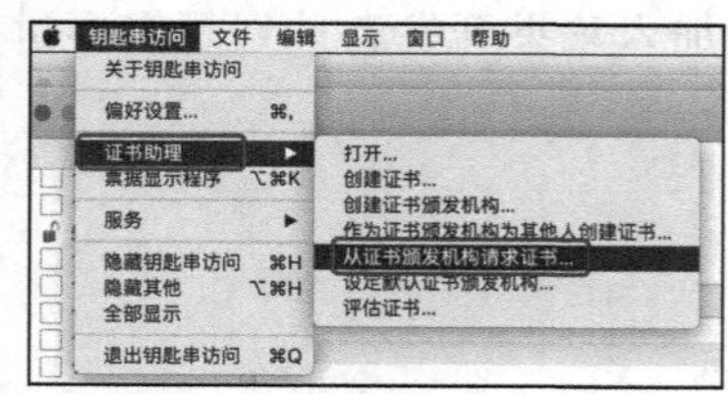

图 A-15　从证书颁发机构请求证书一

按如图 A-16 的操作，把请求来的证书保存到磁盘（CA 电子邮件地址可以不写）。

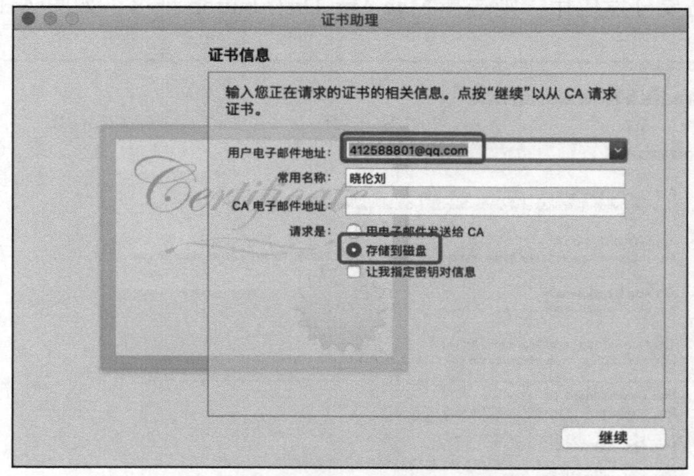

图 A-16　从证书颁发机构请求证书二

登录苹果开发者中心 https://developer.apple.com/，进入 Certificates, Identifiers & Profiles（证书、认证、配置）页面，如图 A-17 所示。

图 A-17　进入证书认证、配置页面

在证书管理页面点击蓝色加号按钮，添加一个证书，如图 A-18 所示。

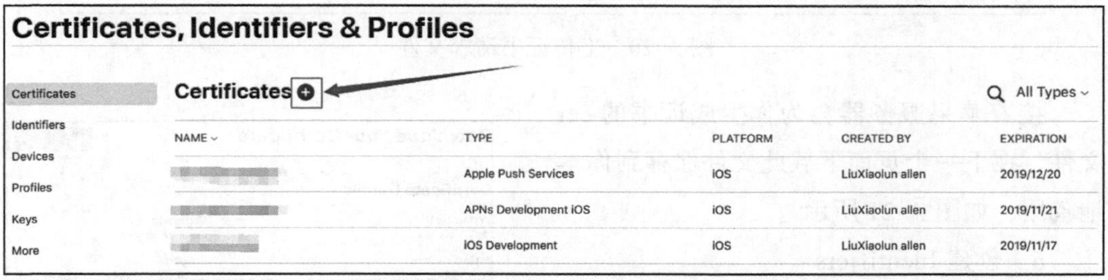

图 A-18　证书列表

因为我们开发的是 Mac 桌面应用，所以此处选择 Mac Development 证书。如果应用开发好了，需要分发应用，则选择 Mac App Distribution 证书，如图 A-19 所示。

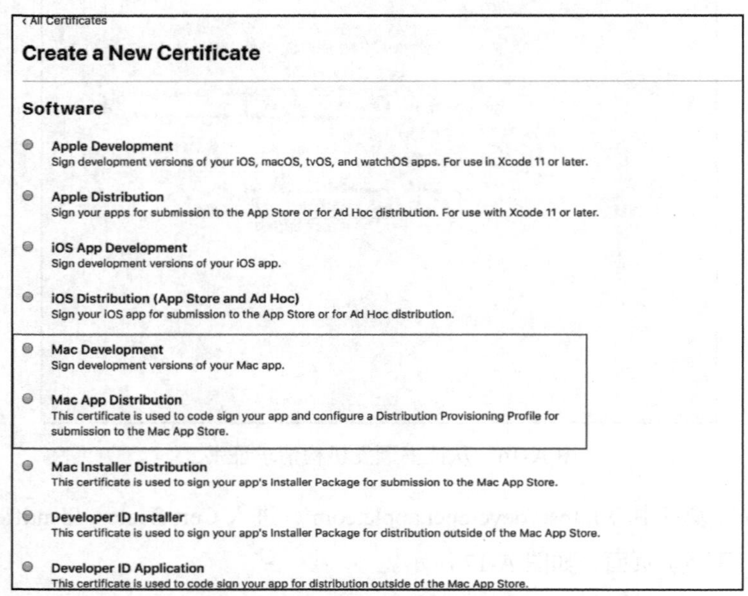

图 A-19　选择证书类型

在这个页面通过“ Choose File”上传前面用“钥匙串”工具请求的证书，上传完成后，点击“Continue”，如图 A-20 所示。

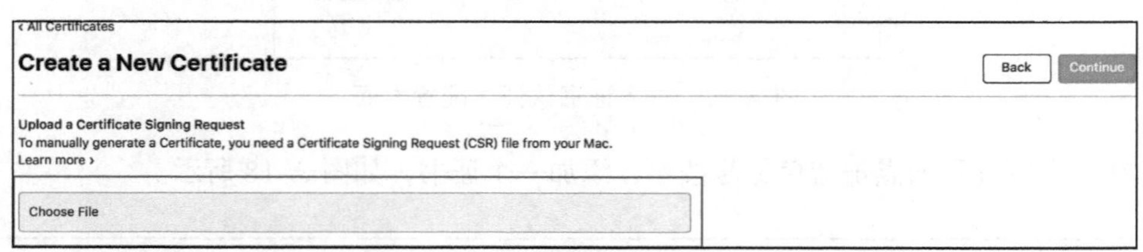

图 A-20　上传证书请求文件

接着苹果服务器会为你生成证书的 cer 文件，在下一个页面下载此文件保存到你本地备用，如图 A-21 所示。

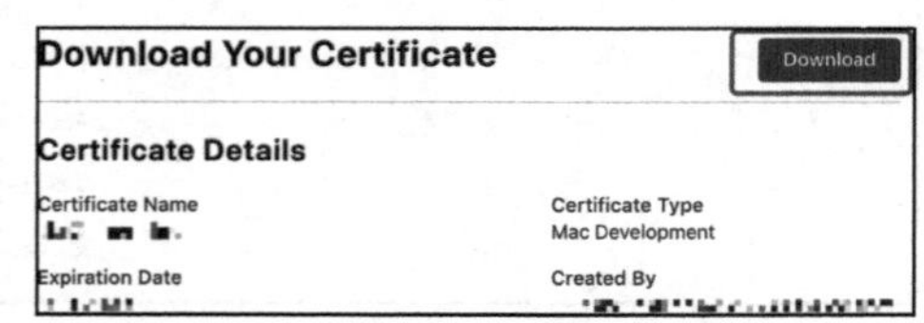

图 A-21　下载证书文件

6）创建 Identifiers

点击页面左侧 Identifiers 菜单，进入 Identi

fiers 页面，点击页面右上方的添加按钮，添加一个新的 Identifiers，如图 A-22 所示。

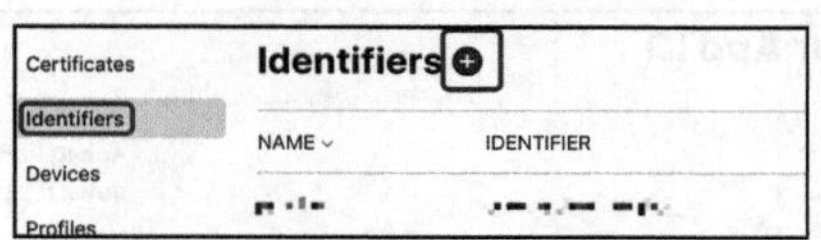

图 A-22　创建 Identifiers

选择 App IDs，点击 "Continue"，进入下一步，如图 A-23 所示。

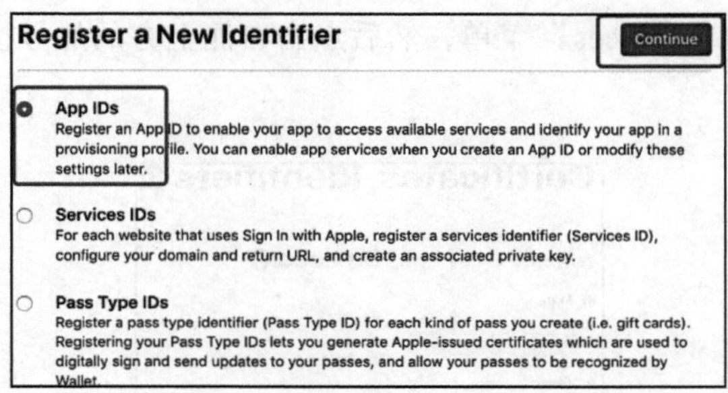

图 A-23　选择 Identifiers 类型

选择 macOS 平台，填写应用描述（Description），填写 Bundle ID，点击 "Continue"，进入下一步，如图 A-24 所示。

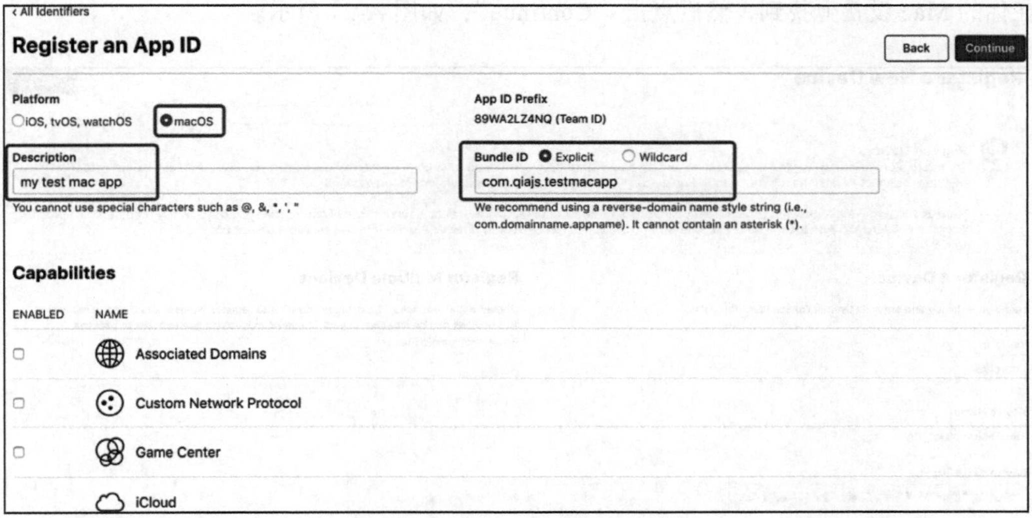

图 A-24　注册 App ID

确认上个页面填写的信息，点击“Register”，即可创建一个 App ID，如图 A-25 所示。

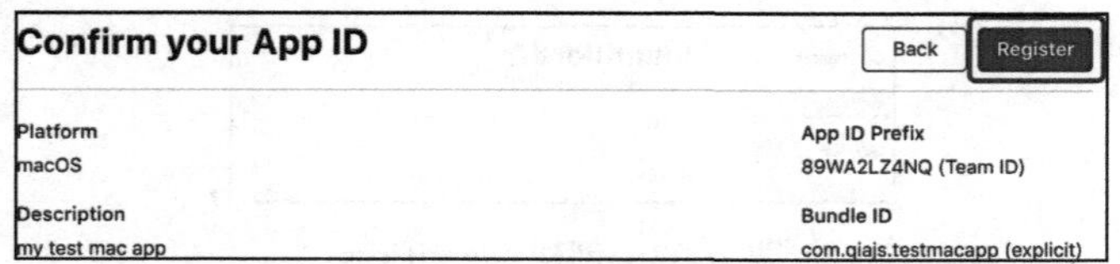

图 A-25　确认注册信息

7）创建设备

点击页面左侧的“Devices”菜单，然后点击右侧上方的加号按钮，增加一个设备，如图 A-26 所示。

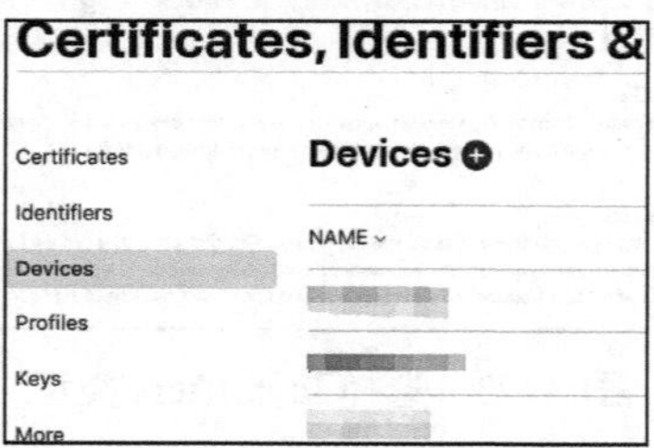

图 A-26　添加设备

Platform 选择 macOS，Device Name 可以按你的需要填写，Device ID(UUID) 可以在你的 Mac 设备上找到，然后点击“Continue”，如图 A-27 所示。

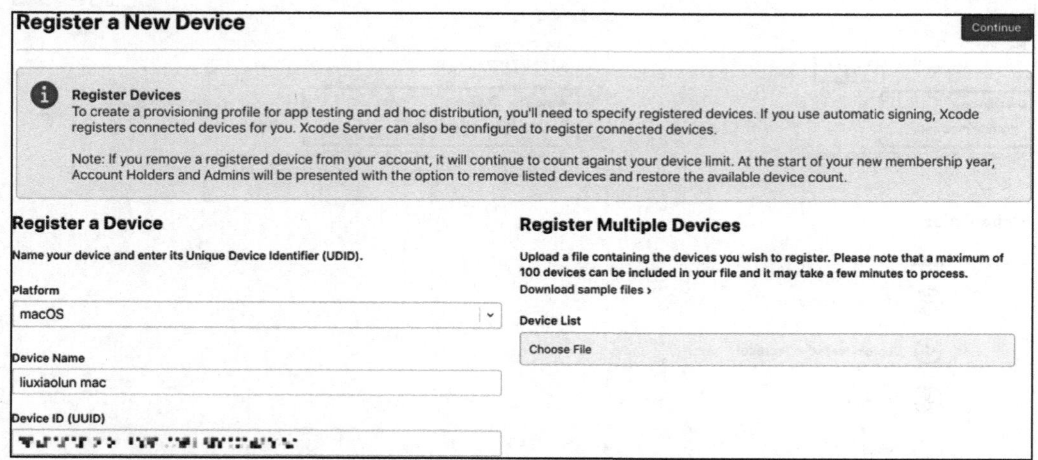

图 A-27　注册新设备

8）创建 Profiles

点击页面左侧的“Profiles”菜单，打开 Profiles 列表，点击右侧页面顶部蓝色加号按钮，新增一个 Profile，如图 A-28 所示。

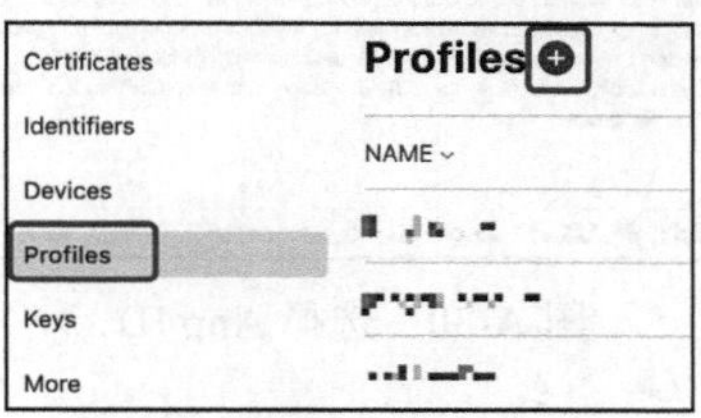

图 A-28　添加 Profiles

因为我们创建的是开发者证书，所以此处选择 macOS App Development 选项，点击“Continue”，如图 A-29 所示。

Register a New Provisioning Profile
Continue

Development

iOS App Development
Create a provisioning profile to install development apps on test devices.

tvOS App Development
Create a provisioning profile to install development apps on tvOS test devices.

macOS App Development
Create a provisioning profile to install development apps on test devices.

Distribution

Ad Hoc
Create a distribution provisioning profile to install your app on a limited number of registered devices.

tvOS Ad Hoc
Create a distribution provisioning profile to install your app on a limited number of registered tvOS devices.

App Store
Create a distribution provisioning profile to submit your app to the App Store.

tvOS App Store
Create a distribution provisioning profile to submit your tvOS app to the App Store.

Mac App Store
Create a distribution provisioning profile to submit your app to the Mac App Store.

Developer ID
Create a Developer ID provisioning profile to use Apple services with your Developer ID signed applications.

图 A-29　选择 Profiles 类型

此页面会显示你在上一节中创建的 App ID，点击“Continue”，进入下一步，如图 A-30 所示。

此页面中会显示你前面创建的证书，并默认处于选中状态，点击“Continue”，进入下一页，如图 A-31 所示：

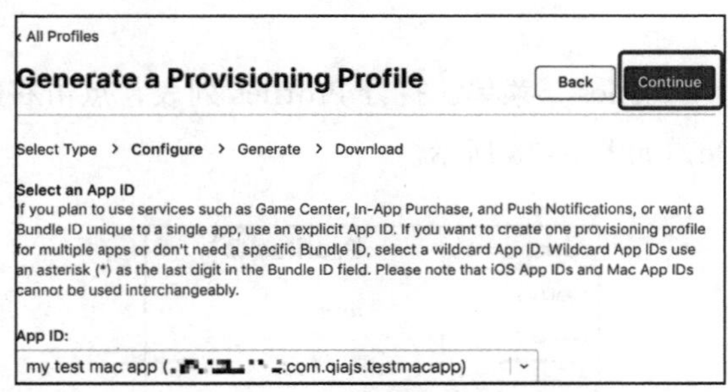

图 A-30 选择 App ID

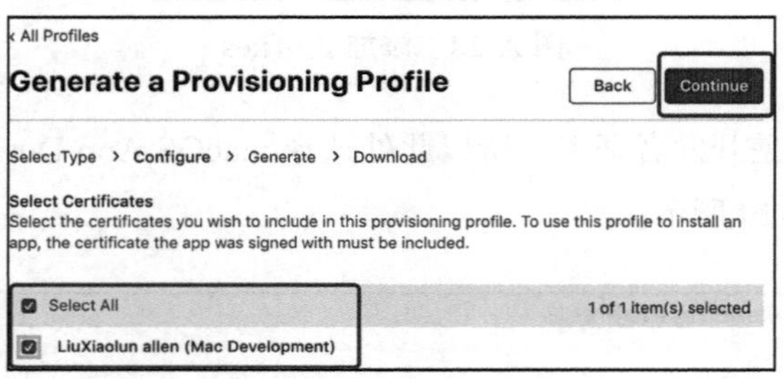

图 A-31 选择证书

此页面会显示你创建的设备，并默认处于选中状态，点击“Continue”，进入下一个页面，如图 A-32 所示。

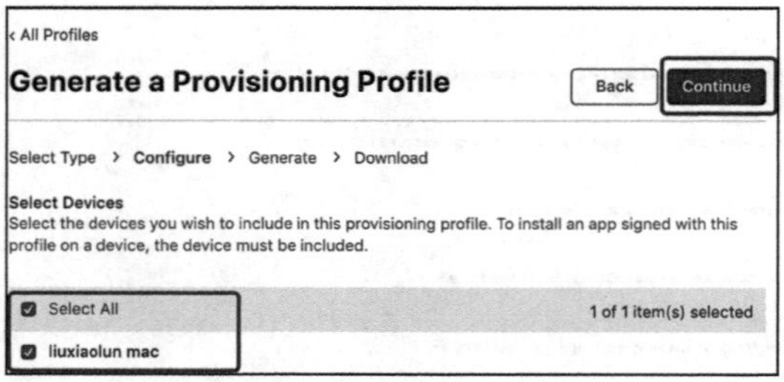

图 A-32 选择设备

此页面主要用途是确认前面几个页面填写的信息，输入 Profile 的名字后，点击“Generate”，生成 Profile 文件，如图 A-33 所示。

生成 Profile 文件后，点击“Download”下载文件备用。至此 Profile 文件创建完成，如图 A-34 所示。

打开 Mac 电脑的钥匙串程序，在菜单中选择“导入项目”，导入你的 Profiles 文件，如图 A-35 所示。

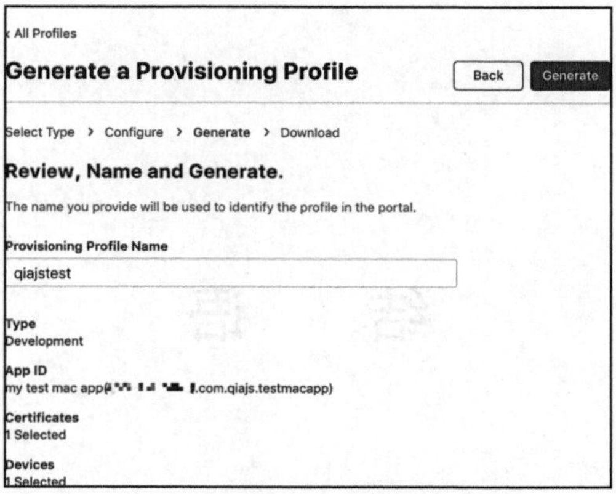

图 A-33　生成 Profiles

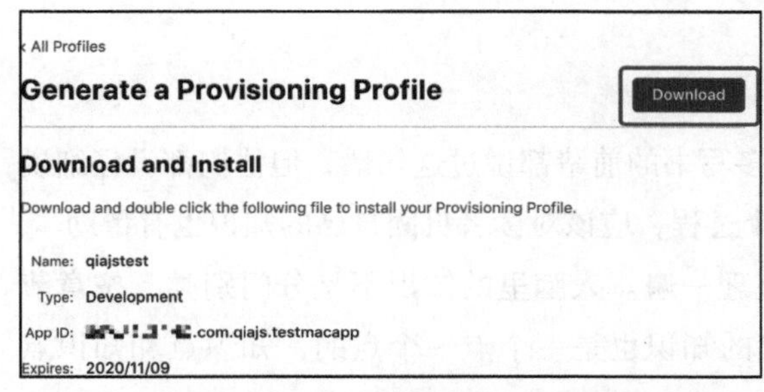

图 A-34　下载 Profiles

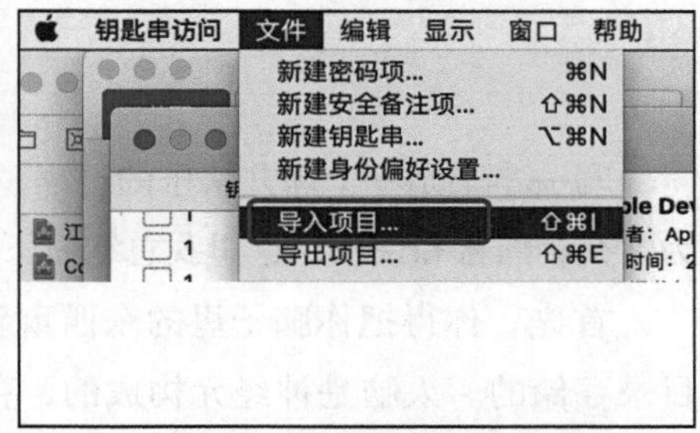

图 A-35　导入 Profiles 到设备

导入成功后，你会发现左侧登录菜单下，已经有了你的证书。此时编译打包 Electron 应用时，会自动加载此证书。如果需要把应用程序发布到 Mac Store 可能还需要生成 P12 证书，可以在此行记录上点击右键，选择导出证书，把证书导出成 P12 证书，如图 A-36 所示。

图 A-36　导出 P12 证书

结　语

写一本书是一个痛并快乐的过程，很多写书的前辈都说过这句话，但他们都没仔细说为什么会痛苦和快乐。这里我总结一下这个过程，应该对读者巩固自己的知识也有帮助。

首先，你得把你脑子里的东西重新整理一遍。人脑里的知识不是分门别类、按章节目录存储的。人脑是神经元构成的，存储的知识也是一个点一个点的，知识点和知识点之间存在联系，就像我们计算机科学里的图数据库一样。你想把这些知识点按章节目录串起来，得把知识从脑海里全捞出来，理一遍才行。有些知识点放在这个章节里合适，放在另一个章节里也合适，你得掂量一下。有些知识点在你脑海里比较模糊，你把它拎出来，角角落落都验证一遍，确认无误后，写到书里，发现也就写了两三句话。这个重新整理的过程并不是一次就能完成的，在写书的过程中会反复进行，直到整本书写完才会停止。

其次，你要给别人一杯水，你至少要提前准备一桶水。一本书里至少会涉及到几百个知识点，但你脑子里得存几千个知识点才有能力写好一本书。我写的《Electron 实战：入门、进阶与性能优化》尤其明显，你不可能没做过客户端 GUI 编程就能写好一本关于 Electron 的书，同样，你也不可能没做过前端编程就能写好一本关于 Electron 的书。幸而这两个领域我都有所涉猎，甚至写书时痛苦于应不应该删掉某个知识点，而不要因它导致书的篇幅过长。

再次，国内的工作环境在我看来不像国外那么惬意，我给 Electron 提 Issue 时就深有体会，你在周五下班前提一个 Issue，不要指望接下来两天能得到任何回复，因为他们要休息。国外的开发者有大量的个人时间，我们则要从生活和工作的间隙挤时间，而写书又是一项需要占用大量个人时间的工作。时间不够，即使你再厉害，也写不好一本书。你要措辞、要润色、要修饰，比如你少写了个"一般情况下"、"大部分时候"这样的短语，就可能会导致你书里存在一个硬伤。

但这个过程也是快乐的，因为写书本身也是一个巩固和再学习的过程。做项目的时候，某个知识点在某个场景下可用就是可用。你一般不会关心它在另一个场景下是否也可用，但写书就要你锤炼、打磨这些细节：做实验验证、查源码确认等。因为你希望你的读者能确切地了解到这个知识点的所有适用场景，甚至适用或不适用的具体原因。这个过程能很有效地巩固你的知识，也能提升你的技术水平。这可以说是一个再学习的过程。学习从来不是一件容易的事，但永远是一件快乐的事。

除此之外，相信这本书能帮到你，能帮到所有喜欢并想进入这个领域的读者，看到你们能从中得到知识，也是一件让我开心的事。同时也真心地希望你能与我交流，谢谢。